智能简史

进化、AI 与人脑的突破

[美]
麦克斯·班尼特
(Max Bennett)
著

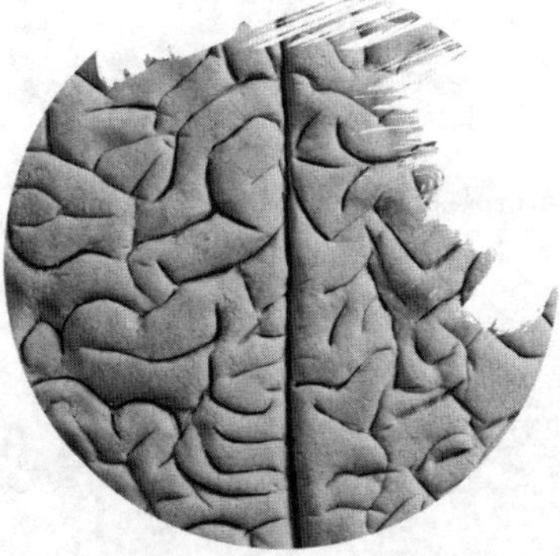

林桥津　译

A BRIEF HISTORY OF
INTELLIGENCE
Evolution, AI, and the Five Breakthroughs That Made Our Brains

中国出版集团
中译出版社

著作权合同登记号：图字 01-2025-0306 号

图书在版编目（CIP）数据

智能简史 / (美) 麦克斯·班尼特著 ; 林桥津译 . 北京 : 中译出版社 , 2025. 6. -- ISBN 978-7-5001-8169-9

Ⅰ. TP18

中国国家版本馆 CIP 数据核字第 2025XV1857 号

智能简史

ZHINENG JIANSHI

著　　者：[美] 麦克斯·班尼特（Max Bennett）
译　　者：林桥津
策划编辑：朱小兰
责任编辑：刘　畅
特约监制：慕云五　马海宽
文字编辑：朱　涵　魏菲彤　苏　畅　康健宁
营销编辑：任　格　王海宽　赵　铎　王希雅　王林亭　王文乐

出版发行：中译出版社
地　　址：北京市西城区新街口外大街 28 号 102 号楼 4 层
电　　话：（010）68002494（编辑部）
邮　　编：100088
电子邮箱：book@ctph.com.cn
网　　址：http://www.ctph.com.cn

印　　刷：北京中科印刷有限公司
经　　销：新华书店
规　　格：710 mm × 1000 mm　1/16
印　　张：28
字　　数：300 千字
版　　次：2025 年 6 月第 1 版
印　　次：2025 年 6 月第 1 次

ISBN 978-7-5001-8169-9　　　定价：98.00 元

中　译　出　版　社

致我的妻子悉妮

我预见到了在遥远的未来，一个更为重要的研究领域将拥有无限的发展空间。心理学将建立在新的基础之上，那就是每一种心理能力与素质都需要循序渐进地获得。人类起源及其发展历史的神秘面纱将被揭开。

——查尔斯·达尔文，1859

重磅推荐

这本书令人惊叹。我快速地读完了，因为它非常有趣，然后又重读了其中很多部分。

——丹尼尔·卡尼曼（Daniel Kahneman），

诺贝尔经济学奖获得者，《思考，快与慢》作者

麦克斯·班尼特新著《智能简史》，以人类自然智能和 AI 为双主线，不仅描述了包括灵长类动物在内的物种社会的特质与功能，而且梳理了人类智力发展脉络，进而揭示了 AI 与人脑研究之间深层次的关联性。如今，人类正处于前所未有的时刻：大脑结构与功能进化和 AI 演进形成互动关系，彼此之间的边界正变得不再泾渭分明。其后果是人作为物种的改变，AI 作为新物种的崛起。总之，这本书绝不仅是一本充满易读性、趣味性和知识性的关于智能科学的科普读物，还是帮助读者重新认知人类自己的大脑、理解 AI 和大脑的互动新模式的好书。

——朱嘉明，

经济学家

在当下这个 AI 浪潮翻涌、科技大变革的时代，如果我们要给孩子选择一本通识读物的话，我更愿意推荐这本《智能简史》，它丰富的内容、前瞻性的见识、生动的笔触都适合这个时代的孩子。

——李希贵，

北京第一实验学校校长

脑科学的发展对 AI 的进步具有重要的启发作用。但反过来，本书借助 AI 对智能工作方式的理解，以动物大脑 6 亿年进化树的宏大尺度，通过讲述两侧对称爬行动物（转向）、脊椎动物（强化）、哺乳动物（模仿）、灵长类动物（心智化）到人类（语言）五次突破之脑进化故事，尝试剖析人类智能的本质，这对揭示大脑奥秘、发展通用 AI，无疑具有极其重要的意义。这是一本视角新颖，充满新思想、新观察、新见解且十分引人入胜的书，值此中国 AI 蓬勃发展之际，有必要向广大中国读者予以郑重推荐。

——邓志东，

清华大学教授

2021 年 6 月，北京智源大会发布当时全球最大的悟道 2.0 大模型，2022 年 6 月却出人意料地发布刚学会觅食的线虫模型智源天宝，看似荒腔走板，尤其是在 2022 年 11 月 ChatGPT 爆火的背景下，这项发布更显得不务正业。2024 年 12 月，智源线虫登上《自然：计算科学》封面，也并未改变这个基本印象。不过，你要是打开这本《智能简史》，读到“第一次突破：转向”，就会深刻理解智源线虫的开创意义。草蛇灰线，伏脉千里。生物智能的五次突破，都会在 AI 中一一展现。欲睹未来，先看《智能简史》。

——黄铁军，

智源人工智能研究院理事长，北京大学教授

智能科学须借鉴生物进化史、人类文明史、个人成长史，本书与我的这一观点不谋而合。生物智能发展依赖神经组织基本构造的突破，神经系统处理信息时采用生成、建构等方法，进化出模仿、想象、规划及语言能力，AI 应参考这一进阶脉络推进——这也是具身智能方法。动物空间感知和理解、人类语言能力的生理机理仍然是个谜题，这是机器达成人类通用智能的关键。这本书既有专业级深度，对智能科学有非常大的启发性，其叙事符合“奥卡姆剃刀”原则，通俗易懂，也适合一般大众阅读，是一本顶级科普著作。

——吴易明，

工学博士，西安中科光电创始人

《智能简史》为解析 AI 进化提供了一个深刻的生物学视角。通过描绘大脑历经的五次革命性突破，本书揭示了智能如何从“自我行为学习”迈向“想象性社会学习”的漫长旅程。当 AI 大模型作为“人类知识的压缩器”崛起，我们正站在智能发展的十字路口：人类大脑将如何与这片广袤的知识网络共生演化？我们的教育体系又该如何培养大脑与这一“新皮质外延”之间的深度协同能力？在探寻未来智能形态的迷雾中，这本书不仅照亮了来路，更为前行指明了思考的方向。

——龙志勇，

《大模型时代》作者

这本书揭示了你一直想了解（但又不敢开口问）的关于大脑的所有知识。这是一部令人叹为观止的参考宝典，融汇了神经科学一个世纪以来的丰硕成果，并以巧妙的笔触编织成一部宏大的进化叙事。书中娓娓道来，展现了大脑结构从古老的蠕虫一路演化至我们人类这一有意识、充满好奇心的物种的历程。这种综合叙述堪称完美，其内容的连贯性巧妙地弥补了这本书近乎百科全书式的广度可能带来的理解难度。

——卡尔 · 弗里斯顿（Karl Friston），

伦敦大学学院教授，神经科学家

麦克斯 · 班尼特发表了两篇关于大脑进化的科学论文，令我深感震撼。如今，他将这两篇杰作融汇成一本精彩绝伦的著作——《智能简史》。他以亲切友好的笔触、清晰流畅的文体，以及丰富深刻的内容，使这本书在众多作品中脱颖而出。

——约瑟夫 · 勒杜（Joseph LeDoux），

纽约大学教授，畅销书《重新认识焦虑》《我们自己的深刻历史》作者

《智能简史》具有令人叹为观止的广度，它汇集了与人类思维起源最为相关的科学知识。这部著作既包罗万象又雄心勃勃，既启发性十足又严格以事实为依据，避免了无根据的推测。它既是艺术，也是科学。这一勇敢的尝试深深打动了我，它在宏大的进化框架中，为我们揭开了整个人类本性的神秘面纱。然而，更让我叹为观止的是，麦克斯 · 班尼特竟然成功完成了这项看似几乎不可能的任务。

——库尔特 · 科特沙尔（Kurt Kotrschal），

2010 年奥地利年度科学家奖得主，论文《狼、狗、人类》作者

这本书洋溢着热情与力量，蕴含着智慧与趣味，读来令人豁然开朗、振奋不已。这本书的作者有着年轻且充满活力的思维，他摒弃一切偏见，以纯粹而快乐的好奇心、智慧和勇气来探讨这个主题。无论是年轻的学生，还是资深的学者，每个人都会发现这本书极具阅读价值。

——伊娃 · 雅布隆卡（Eva Jablonka），

特拉维夫大学教授，《四维进化》《敏感灵魂的进化》合著者

麦克斯 · 班尼特生动地讲述了大脑是如何进化的，以及大脑如今是如何工作的。《智能简史》是引人入胜、综合全面的，并且充满了新颖的见解。

——肯特 · 贝里奇（Kent Berridge），

密歇根大学心理学和神经科学教授，格拉维迈耶心理学奖获得者

如果你对双耳间那团 3 磅重的灰色物质有一点好奇，就读这本书吧。麦克斯 · 班尼特笔下引人入胜、富有启迪性的大脑进化史是一项壮举——既让人耳目一新，又令人愉悦。它让我的大脑感到快乐。

——乔纳森 · 巴尔科姆（Jonathan Balcombe）博士，

畅销书《鱼什么都知道》《无敌蝇家》作者

我一直在向我认识的每一个人推荐《智能简史》。这是一部真正新颖、构思精密的书，关于什么是智能，以及它自生命起源以来是如何发展的。

——安杰拉 · 达克沃斯（Angela Duckworth），

《坚毅》作者

这本书开启了一段激动人心的探索之旅，揭示了人类智能的奥秘，并深刻探讨了我们的本质和身为人类的意义。书中提及的五次突破，即与世界互动的能力日益复杂，提供了一个新颖的进化理论结构，并推动着故事的发展。本书文笔流畅，引人入胜，阅读体验极佳。强烈推荐一读。

——戴维 · 雷迪什（A. David Redish），

明尼苏达大学教授，

《大脑中的思维》《改变我们的选择方式：道德的新科学》作者

如果你对理解大脑或构建类人通用 AI 感兴趣，那么你应该读这本书。这是一本以历史为外衣的前瞻性著作。书中将各种神经系统的解剖结构、生理机能和行为模式的惊人细节，融入一个连贯的进化故事中，并在计算背景下进行了阐释。阅读本书是一种享受——千万不要错过！

——迪利普 · 乔治（Dileep George），

DeepMind 研究员，Vicarious AI 前联合创始人

绝对引人入胜。《智能简史》是一段令人着迷、引人入胜的旅程，带领我们探索人类物种的起源，同时提醒我们，人类的故事在智人诞生之前就已经开始。这是一本关于我们是谁，以及我们如何走到今天的具有启发性、揭示性的书。

——布莱恩 · 克里斯汀（Brian Christian），

畅销书《算法之美》《人机对齐》作者

推荐序一

大历史中的超能力

万维钢，科学作家，得到 App 精英日课专栏作者

如果你能暂时摆脱忙碌的日常生活和钩心斗角的地缘政治，有时间想一点儿更大的事儿，我先给你讲个故事。

地球上一切哺乳动物的祖先叫犬齿兽（cynodont），大约最早出现在距今 2.6 亿年前。它的身体就像今天的老鼠一样小，力量和速度都一般，不可能跟当时地球的主宰恐龙争锋，所以生活很低调，平时只能躲在洞穴里。

但犬齿兽也有自身的优势：它是温血动物。这意味着晚上气温比较低的时候，它仍然可以灵活行动。对比之下，恐龙作为爬行动物，体温会和气温一起降低，身体随之变得僵硬而难以活动。所以犬齿兽拥有夜晚。但温血的缺点也很明显，那就是需要更多热量，为此必须得吃很多东西才行。犬齿兽一般吃昆虫和一些小动物，为了躲避恐龙，基本上只在晚上出来活动，可晚上又没那么容易找到食物，生存相当艰难。

到了距今大约 1 亿年前，犬齿兽的某一个分支的后代，演化

成了哺乳动物。其他都不论，它有个最新的特点是大脑中长出了新皮质。这给它带来了“超能力”。

你现在待在洞穴里，外面视线可及的范围内有个猎物，你很想出去。

爬行动物面对这种局面都是感觉不错就出手，万一中间遇到什么事儿就临时见招拆招，但我们的哺乳动物祖先不会如此。它的“超能力”是想象和短期计划。

等会儿我冲刺，猎物会往哪个方向跑？我追过去会不会遭遇恐龙？如果恐龙来了我该往哪跑？我逃生的机会大不大？

它会把这一切都想好再行动。谋定而后动，一击不中全身而退。

我们的身体素质不如恐龙，但我们是专业杀手，恐龙不过是街头混混。

我们的祖先就这样在恐龙的世界中默默地获得了一个小小的生存优势。但我们并没有击败恐龙。我们能够接管世界完全是因为 6600 万年前，一颗小行星撞击地球把恐龙给灭绝了……而我们的祖先因为体形小且藏身在洞穴中躲过了那一劫。

我认为这个故事告诉我们两个道理。一是你需要智能，智能的优势能弥补其他条件的不足。二是你有多大智能、你的智能有多大发挥，并不完全取决于你，而是更多地取决于历史的进程。

• • •

麦克斯·班尼特（Max Bennett）的《智能简史》，说的就是在生物演化的大历史进程中，我们的大脑如何获得一项项新能力。这些能力在当时都是能颠覆世界的超能力。

班尼特是个年轻的人工智能（AI）领域创业者和研究者。他写这本书，是因为他想读这本书——因为他想知道大脑智能的演化对人工智能有什么启示。启示很多。班尼特将生物大脑的演化分为五次突破，这些突破都能与AI联系起来。

第一次突破是转向。这是5.5亿年前生物界最初的大脑拥有的功能。这个功能并不简单，它能通过条件反射区分好坏刺激，简单地权衡利弊，比如判断利大于弊就行动，还能知道自身的状态，比如现在自己饿不饿，还有了情感，而大脑只需要数百个神经元就做到了这些。

第二次突破是脊椎动物的强化学习。这是大脑对多巴胺的高级运用：条件反射只能让你对“好事将近”做出反应，而强化学习则允许你量化感知那个好东西存在的可能性有多大、你距离得到它的时间有多近……这让脊椎动物能通过一些复杂动作达成目标，并且有了“好奇心”。

强化学习大大提高了AI的能力，因为它的思路是“奖励过程，而非只奖励结果”。比如AI下棋，可以从每一步中学习好棋和坏棋，而不是等到漫长的棋局结束后才知道这一盘该不该学。强化学习还提升了AI的格局，因为有时候，哪怕没有明显的收获，只是探索了一个新地方，这种新奇感也是奖励。

第三次突破，哺乳动物长出了新皮质。正如我们前面所说，新皮质带来了想象力，哺乳动物在做什么事情之前可以先在头脑中想象这件事，进行一番内部模拟，从而做出计划。如果说反射和强化学习都是快思考，那么新皮质则让哺乳动物有了慢思考的能力，也就是对几个想象的结果进行权衡比较。这相当于丹尼尔·卡尼曼在《思考，快与慢》一书中说的系统 2 思维。

对 AI 来说，大语言模型每一次“生成”什么作品，都相当于一次想象；而以 OpenAI 的 o1、DeepSeek 的 R1 为代表的最新推理模型，则相当于对各种想象做一番评估再走下一步，这是系统 2 思维。这也是 AlphaZero 下围棋时针对每一步先快速生成几个选项，然后对每个选项做深度评估，再决定怎么走的路数。

第四次突破是灵长类有了心智理论，能模拟他人的意图、想法、知识和情绪。这让灵长类成为动物世界唯一会操控政治的物种，我们能猜测谁是敌人、谁是盟友。心智理论能力又附带了两项新能力：一是模仿学习，现在我们能知道别人做某个动作的意图是什么，所以我们能模仿他，达成同样的目的；二是把自己的心智也放入模拟之中，从而能够对未来做一番长远计划，比如在秋天为冬天储备物资。

截至 2025 年初，AI 在心智理论方面还有待突破。大语言模型有时候能猜到你在想什么，但很不稳定，而且这不是它的正式用法。我们期待 AI 智能体（agent）有一定的自我计划能力，但目前还不成熟。

第五次突破是人类的语言。语言不是天生的，而是一种后天学习的、社会化的符号系统。没有任何理由要求这个声音代表这个意思，这只是我们的约定。而有了这个约定，我们就可以直接传递想象或模型，而不必再依赖动作示范。语言允许我们传承复杂的知识。语言让人类爆发了文明。

对大语言模型的一系列研究表明，AI 似乎已经“理解”了我们的语言，而不只是背诵它学过的语料。现在 AI 已经不仅能生成文本，还能编码和解码人类的大量抽象规则与信息。这是神奇的突破。

• • •

类比 AI，我们可以想象——没错，我们会想象——一个家用机器人的故事，它最初的名字叫 K1。

K1 只有一个功能——打扫卫生，只有反射反应，遇到污渍就擦拭，技能十分简单。

K1 升级到 K2，获得了强化学习能力。在每次完成清扫或者帮助主人做饭时，它会收到“好”或“不好”的评价。好就加 1 分，下次还这么做；不好就减 1 分，下次改正。它逐渐学会了试错：在哪些情况下可以提高工作效率，如何摆放厨具能让主人更满意……它可以做些复杂动作了。

K3 直接获得一个新硬件，一个新皮质运算芯片，这让它有了先模拟再行动的能力，用时髦的说法叫“数字孪生”。有一次小主人半夜起床找牛奶，K3 模拟出他的路线是通往冰箱，并且有可能被冰箱前方的椅子腿绊倒，就赶紧走过去给小主人引路。

K4 不但能预测人的物理状态，而且能推断人的想法和意图。它开始关注家庭成员的情感交流！小主人把牛奶洒在了地板上，以前 K1 肯定会直接去打扫，现在 K4 却想到，也许小主人这么做只是为了引起妈妈的注意？啊，毕竟妈妈太忙，已经很久没有抱过他了。K4 选择了站在一旁播放背景音乐。

也许 K5 在那种情况下会直接开口说话，因为它通晓人类的语言，非常善于沟通，而且能理解任何抽象知识。

现实世界中 AI 并不是按照这个顺序演化的。我们的 AI 已经在相当程度上有了语言功能，但它还不是一个很强的机器人，它在物理世界的动作很笨拙。没想到实现第五次突破比实现轻松做饭还要容易一些。

• • •

班尼特推测，大脑的第六次突破，也许是人和AI的某种结合。不过我认为AI应该会比人类先迎来下一次突破，因为它们的演化速度比我们快多了。那会是什么突破呢？

也许是同时模拟有着不同规则的多个世界。也许是跳出因果框架，用全新的方法总结世界的规律。也许是跨模态感知，比如随时附身在任何传感设备上，用各种信号全面了解正在发生什么，实现无所不在的全知。也许是自己训练自己，自己迭代自己……

• • •

我们无法预测下一次突破是什么，但是这本书中的历史一再告诉我们，小小的突变也会给世界带来天大的改变。

蓝细菌（也称蓝藻）学会光合作用，给地球带来大氧化事件，这个事件的高潮是生物史上第一次大规模灭绝，因此又被称为“氧气大屠杀”。

微生物进化出有氧呼吸，让地球生态进入吃与被吃的军备竞赛。

陆地植物的繁盛迅速消耗了大气中的二氧化碳，导致全球变冷，海洋结冰。

海洋结冰让动物向陆地发展，这才有了爬行动物和哺乳动物的恩怨……

历史还告诉我们，大脑的突破，也是偶然事件的结果。比如小行星撞地球灭绝了恐龙，才给了哺乳动物大发展的机会；非洲突然多了个大裂谷，东部森林变成草原，人类祖先才开始直立行走；不断发生的气候变动，让我们的祖先必须成立高水平的狩猎组织，必须加强群体协作，大脑的体积才越来越大……

简单地说，世界是可以被突破颠覆的，突破是不需要特殊理由的。你所以为的正常生活，只不过是地球历史中的一个短暂状况。

给世界带来深远影响的，往往不是稳妥渐进的改良，而是危险的、曾经冗余的、不合常理的突变。

• • •

而下一次突变就在眼前。也许这本书能给你一点历史定力，到时候不至于只是反射式地大惊小怪、手忙脚乱，也许你能有点强化学习能力，有点想象和计划，有点心智理论，有点抽象能力。

你会少一分被动，多一分主动。

推荐序二

大脑是我们构建人工智能的灵感来源

尹传红，中国科普作家协会副理事长

想象一下，从蠕虫到人工智能，这一场关于智能起源的冒险，延续近 6 亿年之久，已使进化实现了五次智能飞跃！

麦克斯·班尼特新著《智能简史》，娓娓讲述了大脑奇迹般的进化史诗，亦对人类智能的核心谜题进行了全新解读。特具独创意义的是该书对大脑进化历程五次突破的精细推测与剖析。

• • •

人类的大脑可谓是自然界最伟大的奇迹之一。大脑是如何工作的？它究竟在做什么？思维和感觉是怎样产生的？千百年来，这些问题一直吸引并困扰着人们，也不断向人们提出挑战，迄今仍然是一个引人入胜的前沿科学话题。研究大脑的科学家常常有这样一种感觉：知道的越多，未知的似乎也就越多。

《智能简史》的引言中写到，物理学家理查德·费曼（Richard

Feynman）在他行将去世时曾在黑板上留下了这样一句话："我不能创造的东西，我就无法理解它。"大脑是我们构建人工智能的灵感来源，而人工智能则是我们检验对大脑理解程度高低的试金石。

我知道，这位诺贝尔物理学奖得主还曾说过："大脑不过是一团原子，但它能理解原子，这本身就是奇迹。"

美国认知神经科学家 V.S. 拉马钱德兰（Vilayanur Subramanian Ramachandran）也曾感慨，一种无毛的新出现的灵长类动物确实有其突出的奇特之处，它进化成了一种能够追溯过去并寻找自身起源的物种。而更为奇特的是，脑不仅能发现其他脑是如何工作的，而且还会提出关于自己的存在的问题：我究竟是谁？死后会怎样？我的心智只是由我脑中的神经元产生的吗？

的确，人类大脑堪称目前我们所知的宇宙中最复杂，也最富有魅力的物质集合，也是唯一被认为可以思考并自我运作的实体。

观察一下人的大脑，那是一块紧贴在头盖骨下方、布满褶皱的奶油色物质，其平均质量为 1.3 千克。像一个幅员辽阔的国家一样，大脑存在若干分区。这些区域有着特定的形状和纹理，按一定的方式互相折叠、交联在一起。脑可明显分为两半（我们称之为半球），看上去像坐落在一根粗壮的主茎（脑干）上。脑干基部逐渐变细，成为脊髓。在它的背面，则是呈菜花状外翻形态的小脑。大脑、小脑和脊髓三位一体，被称为神经中枢。它们构成了身体的控制中心，并通过边缘神经系统处理、分析由感觉器官传来的信息，操控整个身体。

《智能简史》谈到，大约 5 亿年前的祖先从简单的类似线虫的两侧对称动物，进化成类似鱼类的脊椎动物。在这些早期脊椎动物的大脑中，出现了许多新的大脑结构和能力，其中大多数都可以理解为由第二次突破（即强化学习）催生和衍生。这种强化通过学习来重复历史上带来正面价值的行为，并抑制带来负面价值的行为。在人工智能领域，这可以被视为无模型强化学习的突破。这种无模型强化学习带来了一系列我们所熟悉的智力和情感特征：从缺失中学习、时间感知、好奇心、恐惧、兴奋、失望和宽慰。

作为人体神经系统的一个组成部分，人脑中有超过1000亿个神经细胞。这一脑部组织的基本构成单位也叫神经元，它具有能够传导电信号（脉冲）的特殊功能。每一个神经元又分叉出几百甚至上千个突起（树突）。它们接受邻近细胞的信号，然后传导到细胞体中。

而在大脑一直延伸至脊髓末梢的那块灰色物质中，有很多复杂的神经元网络结构，它们会与脊髓中纵横交错的神经纤维连接，形成一条神经环路，对外界环境变化（刺激）产生反应（如受到惊吓时心跳加速）。即便神经系统不能直接对某些部位起作用，大脑仍能分泌激素递质，并通过递质在血液中的流动、在躯体组织中的扩散，对那些部位进行控制。这意味着，大到任何一种器官，小到单个细胞，很可能都无法脱离大脑的掌控。

有时候，大脑会出毛病，不能正常工作，这时人就可能出现身体和精神上的问题，做出古怪的行为。也就是说，大脑不正常，人的行为就不正常。人们较早认识到，大脑损伤与身体功能障碍之间存在联系。例如，在19世纪，人们就通过研究丧失语言能力的中风病人，发现了大脑内主管语言的区域。

《智能简史》谈到的第五次突破便是语言，班尼特评价：语言的出现标志着人类历史上的一个转折点，是一种全新而独特的进化开始的时间界限：思想的进化。因此，语言的出现就像第一个能够自我复制的DNA分子的出现一样，是一个具有划时代意义的事件。语言将人类大脑从一个短暂易逝的器官转变为一个积累发明的永恒媒介。

• • •

早期哺乳动物新出现的主要脑结构是新皮质。新皮质的出现带来了模拟的能力。这是《智能简史》所述大脑进化故事中的第三次突破。这使得小型哺乳动物能够重新演绎过去的事件（即情景记忆）并思考过去事件的不同可能性（即反事实学习），也就是重温过去事件和呈现未来可能性的能力。

就班尼特的观点进行对照分析，不妨以2025年初才首次被揭示的人类大脑“预知未来”的神经机制为例。这个重磅成果出自美国哥伦比亚大学的一个研究团队。研究人员发现：大脑皮质就像一台记忆机器，可以通过识别和编码从外界接收到的新信息，并将其与预期会发生的情况进行比较，来预测未来会发生什么。

预测结果与实际结果之间的差异，即是新奇性。该项研究表明，大脑皮质会不断检测新奇的刺激，以改变和改善对未来的预测。研究团队更进一步构建的一个模仿大脑皮质结构的人工神经网络，竟能完美地复制真实大脑中的预测机制。神经科学家认为，这种预测机制的存在，说明我们的大脑并不是被动地接收信息，而是主动地构建对世界的理解。这些发现不仅为理解精神分裂症等精神疾病提供了新的视角，也为开发更先进的人工智能系统提供了新的思路。

这似乎很“科幻”。人们洞悉未来的能力，难道是天赐的神秘禀赋？抑或是独特的思维方式、信息搜集方法和不断更新观念的产物？只不过，我们通常没能很好地开发出自身的这种潜能罢了。

其实，现实中我们每个人都需要预测，都有各种各样的预测。美国心理学家史蒂芬·平克（Steven Pinker）甚至说，想知道一种思维是否正确，最好的方法就是看它是否可以预测未来。美国心理学家蒂娜·斯科尼克·韦斯伯格则提出了一种认知机制——假设–推定（what-if）机制：对于我们想象得出的每一种可能性，我们用假设–推定机制来构建一个场景：如果这种可能性是真实的，那么接下来会发生什么？然后我们回到现实中来，利用想象场景得到的信息来检验这种可能性。

实际上，这也就是所谓的“可能性思维”。可能性思维被看作是创造力的核心，是促进事物从现实性转变为可能性的原动力。在其最朴素的定义中，可能性思维只涉及对“如果……如何……”问题的多种回答途径，然后逐渐从“已知”扩展到“可能”，从“这是什么，这能做什么”扩展到“我们能利用这个东西来做什么”。

《智能简史》谈到，哺乳动物想象力的许多特征都与我们对生成模型的预期一致。在早期哺乳动物的新皮质中，我们可以发现许多类人人工智能的秘密，而这些秘密甚至在我们最智能的人工智能系统中也是缺失的。

• • •

在《智能简史》最后一部分“结论：第六次突破”中，班尼特指出，我们站在人类智能发展史上第六次突破的悬崖边上，即将掌控生命起源的过程，并孕育出超级智能的人工生命体。不过，他也坦言，我们不知道第六次突破会是什么，但它似乎越来越有可能是超级智能的出现——我们后代在硅基中的出现，实现智能载体从生物媒介到数字媒介的转变。在这个新的媒介中，单一智能的认知能力将实现天文级的扩展。

畅销书《人类简史》和《未来简史》的作者、以色列学者尤瓦尔·赫拉利（Yuval Harari）在其新著《智人之上》的序言中表达了某种深层的忧虑。他说，硅幕所分隔的或许不是彼此敌对的人类，而是一边为所有人类，另一边为我们新的人工智能霸主。不论在哪里生活，我们都可能被一张看不透的算法大网束缚，这张网控制着我们的生活，重塑着我们的政治与文化，甚至改造我们的身体与思想，但人类却再也无法理解这些控制我们的力量，更别说加以阻止了。

在赫拉利看来，当下，就算这场人工智能革命还在萌芽阶段，计算机也做出了各种影响人类的决定：要不要核准某人的贷款，要不要雇用某人来工作，要不要把某人送进监狱。这种趋势只会愈演愈烈，让我们越来越难以掌控自己的生活。我们真的能相信计算机算法会做出明智的决定，并创造一个更美好的世界吗？这个赌注可比相信魔法扫帚会打水的风险更大，而且这里赌上的不只是人类的生命。人工智能不但可能改变人类这个物种的历史进程，还可能改变所有生命形式的演化历程。

再回首，将近10年前，当AlphaZero在围棋对弈中击败世界围棋冠军李世石时，人类或许算是首次直面“硅基智能”的觉醒。这种觉醒不是突兀的，而是生命进化长河中的必然——从线虫的神经环路到人类的新皮质，从强化学习到深度学习，智能的本质始终是对环境复杂性的适应。

但人工智能与人类智能的本质差异，在于其神经化学基础的缺失。当孩子学习乘法表时，其海马体中乙酰胆碱的释放强化了其记忆连接；当科学家发现新理论时，其伏隔核中多巴胺的激增赋予了其探索动力；当母亲拥抱婴儿时，其下丘脑中催产素的分泌构建起了信任纽带。这些神经递质构成的“心智化学”，正是人类智能不可替代的核心。

人类智能未来的发展，或许应回归生命进化的本源——不是追求超越人类的“超级智能”，而是构建人机协同的“认知共生体”。就像黏菌通过化学信号构建交通网络，人类与人工智能可以通过神经接口实现认知互补。这种共生关系，或许才是智能进化的终极形态。

这方面，班尼特称得上是个乐观派。他觉得，AI可能就是我们大脑的“数字皮质”，帮助我们突破极限，它也可能独立演化，开启属于自己的旅程。从蠕虫到AI，智能的每一步都在挑战生命的边界，而下一步的答案，或许就藏在你我的思考中。他甚至提出，伫立在这个悬崖边上，我们面临着一个非常不科学的问题，但实际上，这个问题却远比科学问题更为重要：人类的目标应该是什么？这不是一个关于真理的问题，而是关于价值观的问题。

在人工智能与人类智能共舞的新纪元，《智能简史》为我们提供了最珍贵的启示录——它让我们在进化长河中触摸到人类心智的星火，更让我们在未来的迷雾中，找到文明前行的可能方向。

目　录

人类大脑的解剖学基础　iv
我们的进化谱系　v

引言　001
1　大脑出现之前的世界　019

第一次突破：转向
和第一批两侧对称动物

2　好与坏的诞生　047
3　情感的起源　065
4　关联、预测和学习的曙光　084

第二次突破：强化
和第一批脊椎动物

5　寒武纪大爆发　105
6　时序差分学习的进化　116

7 模式识别问题 137
8 生命为何充满好奇 159
9 第一个世界模型 163

第三次突破：模拟

和第一批哺乳动物

10 神经的黑暗时代 175
11 生成模型和新皮质的奥秘 186
12 想象世界的老鼠 208
13 基于模型的强化学习 223
14 洗碗机器人的秘密 246

第四次突破：心智化

和第一批灵长类动物

15 政治智慧的军备竞赛 263
16 如何模拟他人心智 281
17 猴锤和自动驾驶汽车 297
18 为什么老鼠不能去杂货店买东西 314

第五次突破：语言

和第一批人类

19 寻找人类的独特性 327
20 大脑中的语言 344

21 连锁反应 358
22 ChatGPT 与心灵之窗 381
结论：第六次突破 399

致谢 407
参考文献 413

人类大脑的解剖学基础

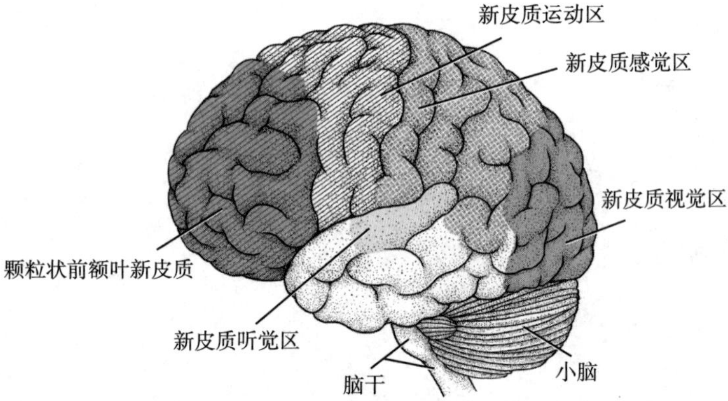
新皮质运动区
新皮质感觉区
新皮质视觉区
颗粒状前额叶新皮质
新皮质听觉区
脑干
小脑

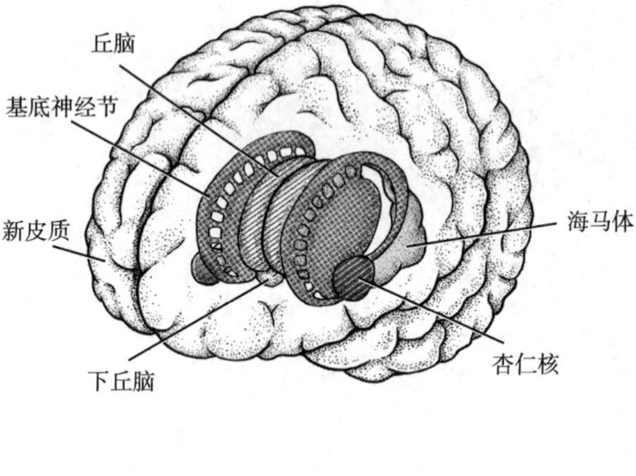
丘脑
基底神经节
新皮质
海马体
下丘脑
杏仁核

我们的进化谱系

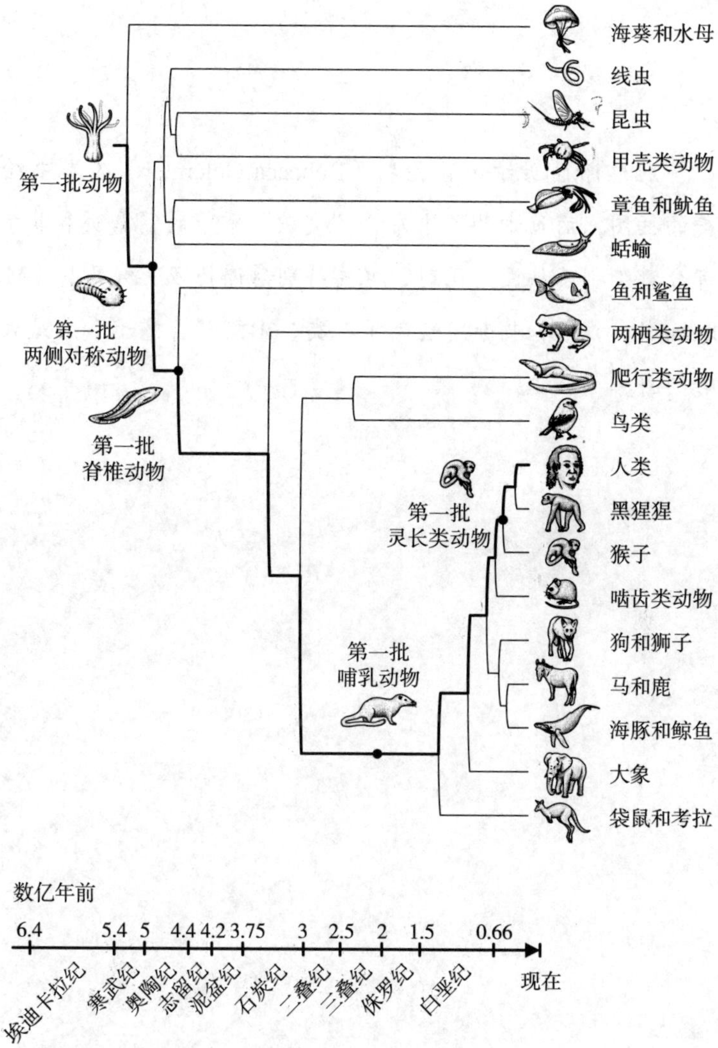

（此时间线来自英文版，与中国科学界推断的时间有出入）

特别感谢丽贝卡·盖伦特（Rebecca Gelernter）为本书绘制精美的插图，丽贝卡为本书每个“突破”章节的篇章页和其余很多部分都绘制了插图。同时，也要特别感谢梅莎·舒马赫（Mesa Schumacher）为本书专门绘制了人类、七鳃鳗、猴子和大鼠大脑的解剖图。

引　言

1962 年 9 月，正值全球太空竞赛风起云涌、古巴导弹危机一触即发、最新升级的脊髓灰质炎疫苗问世之际，人类历史上有一个很少被报道但或许同样关键的里程碑事件：正是这个 1962 年的秋天，我们预测了未来。

在美国电视新出现的彩色屏幕上，首次播放了一部名为《杰森一家》（*The Jetsons*）的动画片，故事讲述的是 100 年后一个家庭的生活。这部动画片以情景喜剧的形式呈现，实际上却预测了未来人类的生活方式，以及为人们带来财富或装饰房子的技术。

《杰森一家》准确地预言了视频通话、平板电视、手机、3D 打印和智能手表等的出现。这些技术在 1962 年都是不可想象的，在 2022 年却已无处不在。然而，我们有一项技术还没创造出来，这是一项尚未实现的未来壮举：那就是名为罗西（Rosey）的自主机器人。

罗西是杰森一家的保姆，负责照顾孩子和料理家务。当 6 岁的埃尔罗伊（Elroy）在学校遇到困难时，罗西帮助他完成家庭作业。当主人 15 岁的女儿朱蒂（Judy）需要学开车时，罗西给她上课。罗西还会做饭、摆桌子和洗碗。她忠诚、敏感，而且擅长讲笑话，能发现正在酝酿的家庭矛盾和误会，并引导每个人从对方的角度看待问题。有一次，罗西读了埃尔罗伊为母亲写的一首诗，感动得流下了眼泪。在其中一集中，罗西甚至陷入了爱河。

换句话说，罗西拥有人类智能。她不仅拥有执行现实世界中复杂任务所需的推理能力、常识和运动技能，还具备从容应对社交所需的共情、换位思考和其他技巧。用简·杰森的话说，罗西“就像我们的家人一样”。

虽然《杰森一家》准确地预言了今天手机和智能手表的出现，但我们仍然没有像罗西这样的机器人。在本书付印之时，仍然无法实现罗西最基本的功能。毫无疑问，第一家成功制造出能够简单地把碗碟放入洗碗机的机器人的公司将会立刻拥有一款畅销产品。但以往所有的尝试都失败了，因为这根本不是一个机械问题，而是一个智能问题——识别水槽中的物体，用恰当的力度拿起它们，并将它们放入洗碗机而不弄坏任何东西，其实比人们想象得要困难得多。

当然，尽管我们还没有罗西，但自 1962 年以来，人工智能领域的发展已经取得了明显进步。现在，人工智能可以在包括国际象棋和围棋在内的许多智力游戏中击败世界上最优秀的人类玩家，可以像放射科医生一样识别放射学影像中的肿瘤，而且正处于实现汽车自动驾驶的转折点。最近几年，大语言模型的新进展催生了诸如 ChatGPT 这样的产品。该产品于 2022 年秋季推出，它能够创作诗歌，自如地翻译语言，甚至编写代码。令地球上每一位高中老师烦恼的是，ChatGPT 几乎可以立即撰写一篇观点新颖、文笔优美的原创论文，主题几乎涵盖一个极具挑战精神的学生可能提出的任何问题。ChatGPT 甚至能通过律师职业资格考试，成绩比 90% 的律师还要好。

在漫长的人工智能发展之路上，我们一直很难判断距离创造人类级智能还有多远。在 20 世纪 60 年代，问题求解算法取得初步成功之后，人工智能先驱马文·明斯基（Marvin Minsky）曾发表著名的预言："3~8 年内，我们将拥有一台具有人类平均智力的机器。"然而，这并没有发生。在 20 世纪 80 年代专家系统取得成功后，《商业周刊》宣称"人工智能来了"，但随后进展却停滞了。现在随着大语言模型的进步，许多研究人员再次宣称"游戏结束了"，因为我们"即将实现人类级人工智能"。那么，我们究竟是终于即将创造出像罗西这样的类人人工智能，还是说像 ChatGPT 这样的大型语言模型只是未来几十年漫长旅程中的一个阶段性成就？

在这个过程中，随着人工智能变得越来越聪明，我们越来越难以评估我们在实现这一目标方面的进展。如果一个人工智能系统在某项任务上的表现超过人类，这是否意味着这个系统已经掌握了人类解决该任务的方式？计算器能够比人类更快地处理数字，但它真的理解数学吗？ChatGPT 在律师职业资格考试中的成绩比大多数律师都要好，但它真的理解法律吗？我们如何区分这些差异，在什么情况下，这些差异是有意义的呢？

2021 年，在 ChatGPT 这款现在迅速渗透到社会各个角落的聊天机器人发布一年多之前，我就在使用它的前身，一个名为 GPT-3 的大语言模型。GPT-3 经过大量文本（相当于整个互联网）的训练，然后利用这个语料库来尝试匹配最可能的回应。当被问及"狗狗心情不好的两个原因是什么"，它回答："狗狗心情不好的两个原因可能是它饿了或者它热了。"这些系统的新架构让它们至少能够以惊人的智力回答问题。这些模型能够概括它们读过的事实（如关于狗的维基百科页面和其他关于心情不好的原因的页面），以回答它们从未见过的新问题。2021 年，我正在探索这些新语言模型的可能应用，它们能否用于提供新的心理健康支持系统、更顺畅的客户服务，或者更全民化的医疗信息获取途径？

我与 GPT–3 互动越多，我就越着迷于它的成功和错误。在某些方面，它非常出色，而在其他方面，它又出奇地愚蠢。比如，让 GPT–3 写一篇关于 18 世纪土豆种植业及其与全球化关系的文章，你会得到一篇令人惊讶的连贯文章。但如果你问它一个关于在地下室可能会看到什么的常识性问题，它的回答却毫无意义。[①] 那么，为什么 GPT–3 能正确回答某些问题，而其他问题却不行？它掌握了人类智能的哪些特征，又欠缺哪些？为什么随着人工智能开发的不断加速，一些原本需要一年时间才能回答的问题，在后续几年中变得容易起来？事实上，就在本书付印前，GPT–3 的新升级版本 GPT–4 于 2023 年初被发布，GPT–4 能够正确回答许多曾让 GPT–3 困惑的问题。然而，正如我们将在本书中看到的，GPT–4 仍然未能捕捉到人类智能的本质特征——关于人类大脑中正在发生的事情。

的确，人工智能和人类智能之间的差异令人困惑不已。为什么人工智能可以在国际象棋比赛中击败地球上的任何人，但把碟子装进洗碗机的能力却比不上一个 6 岁的孩子？

---

① 我要求 GPT–3 将这句话补充完整：“我在没有窗户的地下室，望向天空，我看到……” GPT–3 回答说：“一束光，我知道它是一颗星星，我感到很开心。”实际上，如果你在地下室向上看，你看到的不是星星，而是天花板。2023 年发布的新语言模型，如 GPT–4，能够更准确地回答这类常识性问题。敬请关注第 22 章。

我们难以回答这些问题，是因为我们还不了解我们正在试图重新构造的东西。从本质上讲，所有这些问题都不是关于人工智能的，而是关于人类智能的本质——它是如何工作的，它为什么这样工作，而且正如我们很快就会看到的最重要的一点——它是如何形成的。

大自然的暗示

当人类想要理解飞行时，首先从鸟类那里获得了灵感；当乔治·德梅斯特拉（George de Mestral）发明魔术贴时，他的灵感来自牛蒡子；当本杰明·富兰克林（Benjamin Franklin）探索电能时，他最初对电的理解来自闪电。在人类创新的历史长河中，自然一直是一个奇妙的向导。

自然也为我们提供了人类智能如何工作的线索，其中最清晰的部分当然是人类大脑。但在这方面，人工智能不同于其他技术创新，人们公认大脑比翅膀或闪电更难破译。数千年来，科学家一直在研究大脑是如何工作的，虽然取得了一些进展，但仍然没有令人满意的答案。

问题在于其复杂性。

人类的大脑包含 860 亿个神经元和超过 100 万亿个连接。这些连接中的每一个都非常微小，宽度不到 30 纳米，即使在精度最高的显微镜下也难以辨认。这些连接错综复杂地聚集在一起——在 1 立方毫米（1 美分硬币上 1 个字母宽度）的空间内，就有超过 10 亿个连接。

但是，连接的数量只是大脑复杂性的一个方面。即使我们绘制了每个神经元之间的连接，我们仍然无法理解大脑是如何工作的。神经元连接与计算机中的电路连接不同，电脑的导线都使用相同的信号，即电子，进行通信。而在这些神经元连接中传递着数百种不同的化学物质，每种化学物质都能产生完全不同的效果。两个神经元相互连接这一简单事实，并不能告诉我们它们之间传递了什么信息。而且，最难的是，这些连接本身处于不断变化的状态，一些神经元会分支出新的连接，而另一些则会回缩并移除旧的连接。总的来说，这使得通过逆向工程破解大脑的工作原理变得非常困难。

研究大脑既令人着迷，又令人沮丧。你眼睛后方 1 英寸[①] 处，便是宇宙中最令人敬畏的奇迹。那里蕴藏着智能的奥秘、构建类人人工智能的秘密，以及人类思维与行为模式的根源。它就在那里，随着每一个新生儿的诞生，每年被重建数百万次。我们可以触摸它、拥有它、解剖它，我们自身就是由它构成的，然而它的秘密却仍然遥不可及，近在眼前却难以捉摸。

如果我们想要利用逆向工程揭示大脑的工作原理，如果我们想要打造出“罗西”，如果我们想要揭开人类智能的隐藏本质，或许人类大脑并不是大自然给出的最佳线索。尽管最直观的了解人类大脑的方式是观察人类大脑本身，但反直觉的是，这可能应该是最后研究的地方。而最佳的起点可能在地壳深处布满尘土的化石中，在藏匿于动物细胞内部的微观基因中，以及在我们星球上众多其他动物的大脑中。

换句话说，答案可能不在当下，而是在远古的隐藏遗迹中。

---

① 1 英寸 ≈ 2.54 厘米。——编者注

失踪的大脑博物馆

我一直坚信，实现人工智能的唯一途径是以类似于人类大脑的方式进行计算。

——杰弗里·辛顿（Geoffrey Hinton），

多伦多大学教授，被誉为“人工智能教父”之一

人类能驾驶宇宙飞船、分裂原子、编辑基因，但其他动物连轮子都没发明出来。

鉴于人类发明创造的丰富履历，你可能会认为我们几乎无法从其他动物的大脑中学到什么。你可能会认为人类大脑是完全独特的，与其他动物的大脑截然不同，认为某种特殊的大脑结构是我们聪明的秘诀。但事实并非如此。

当研究其他动物的大脑时，最令人震惊的是，它们的大脑与我们的大脑有着惊人的相似之处。除了大小，我们的大脑和黑猩猩的大脑几乎没有什么区别。我们的大脑和大鼠的大脑之间的差异也只是少数大脑结构的差异。鱼类的大脑几乎拥有与我们的大脑相同的全部结构。

动物界中大脑的相似性具有重要的意义，因为它们是线索，是关于智能的本质、关于我们自身和我们过去的线索。

尽管如今的大脑很复杂，但它们并非一直如此。大脑是从毫无意识的进化混沌过程中演化而来的，特征的微小随机变化是否被保留或被淘汰，取决于它们是否支持生命体的进一步繁殖。

在进化过程中，系统起初很简单，随着时间的推移才逐渐变

得复杂。[1]大脑（动物头部神经元的集合体）最早出现在6亿年前，当时拥有这个大脑的是一种大小如米粒的蠕虫。这种蠕虫是所有现代拥有大脑的动物的祖先。经过数亿年的进化调整，和对无数神经环路的细微调整，它的简单大脑逐渐进化成现代多样化的大脑。这种古老蠕虫后代中的一个分支，最终演化出了我们的大脑。

如果我们能够回到过去，研究这个最古老的大脑，了解它的工作原理以及它所实现的功能，那该多好！如果我们能够沿着通往人类大脑的进化路线追踪这种复杂性，观察每一次发生的物理变化及其所带来的智力，那该多好！如果我们能够做到这一点，或许就能够理解大脑最终出现的复杂性。事实上，正如生物学家西奥多修斯·多布赞斯基（Theodosius Dobzhansky）所说："生物学中的一切，只有从进化的角度理解才有意义。"

甚至达尔文也曾幻想重构这样的故事。他在《物种起源》的结尾幻想了一个未来，那时"心理学将建立在新的基础之上，那就是，每一种心理能力与素质都需要循序渐进地获得"。达尔文去世150年后，这或许终于成为可能。

尽管我们没有时光机，但理论上，我们可以进行时间旅行。在过去10年里，进化神经科学家在重构我们祖先的大脑方面取得了令人难以置信的进展。其中一种方法是通过化石记录——科学家可以利用古代生物的化石头骨，运用逆向工程了解它们的大脑结构；另一种方法是研究其他动物的大脑。

动物界的大脑之所以如此相似，是因为它们都源于共同的祖

① 虽然系统不一定会变得更复杂，但随着时间的推移，变复杂的可能性会增加。

先。每一个动物的大脑都是我们重构祖先大脑的一点线索：每个大脑不仅是一台机器，还是一个装满隐藏线索的时间胶囊，这些线索指向了无数先辈的心智。通过研究这些动物共有的智力成就以及它们不具备的能力，我们不仅可以开始重构我们祖先的大脑，还可以确定这些古老的大脑赋予了他们哪些智力。总之，我们可以开始逐步追踪获得每种智能的历程。

当然，这一切仍然是正在进行的工作，但这个故事正变得越来越清晰，令人兴奋和着迷。

大脑分层的传说

我并不是第一个提出用进化框架来理解人类大脑的人。这种框架有着悠久的历史，其中最著名的是由神经科学家保罗·麦克林（Paul MacLean）在20世纪60年代提出的。麦克林假设人类大脑由三层结构组成，每一层都建立在另一层之上：最近进化的新皮质（neocortex）位于较早进化的边缘系统（limbic system）之上，而边缘系统又位于最早进化的爬行动物大脑（reptile brain）之上。

麦克林认为，爬行动物大脑是我们基本生存本能的中心，如攻击性和领地意识。边缘系统被认为是情绪的中心，如恐惧、亲子依恋、性欲和饥饿。而新皮质则被认为是认知的中心，赋予我们语言、抽象思维、规划和感知的能力。麦克林的框架表明，爬行动物只有爬行动物大脑，像大鼠和兔子这样的哺乳动物有爬行动物大脑和边缘系统，而我们人类则拥有这三个系统。实际上，在他看来，这“三个进化层次可以被想象成三台相互连接的生物计算机，每一台都有其特殊的智能、主观性、时间和空间感，以及记忆、运动和其他功能”。

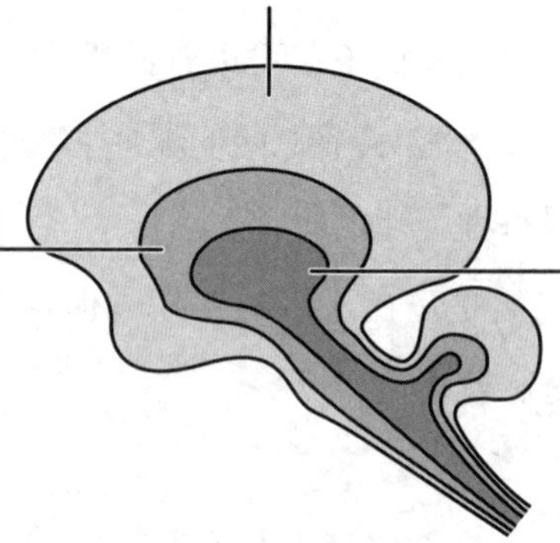

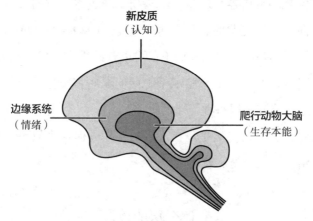

图 0.1　麦克林提出的三层大脑结构

问题在于，麦克林的三层大脑假说在很大程度上已经被推翻了——并不是因为它不准确（所有框架都不可能完全准确），而是因为它关于大脑如何进化和运作的结论是错误的。它所暗示的大脑解剖结构是错误的，因为爬行动物的大脑不仅仅由麦克林所称的“爬行动物大脑”的结构组成，其实爬行动物也有它们自己的边缘系统。功能划分也被证明是错误的：生存本能、情绪和认知并没有清晰地划分开来——它们源自跨越这三个所谓层次的多样化系统网络。而且，这个理论所暗示的进化历史也是错误的。你的大脑里并没有爬行动物的大脑，进化并不是简单地在一个系统之上叠加另一个系统，而不对现有系统进行任何修改。

但是，即使麦克林的三层大脑假说被证明更接近真相，它最大的问题也是其功能划分并不能有效地帮助我们达成目的。如果我们的目标是通过逆向工程了解人类大脑以理解智能的本质，那么麦克林的三个系统太过宽泛，且赋予它们的功能也太模糊，以至于我们甚至无法找到一个着手点。

我们需要将对大脑运作和进化方式的理解，建立在我们对智能如何工作的理解之上，而这需要我们从人工智能领域寻求帮助。人工智能与大脑之间的关系是双向的：虽然大脑确实可以教会我们如何创造出类人人工智能，但人工智能也可以教会我们关于大脑的知识。如果我们认为大脑的某个部分使用了某种特定的算法，但这种算法在我们将其应用于机器时不起作用，这就表明大脑可能不是以这种方式工作的。反之，如果我们发现一种在人工智能系统中效果很好的算法，并且我们发现这些算法的特性与动物大脑的特性之间存在相似之处，这就为我们提供了一些证据，表明大脑很可能是以这种方式工作的。

物理学家理查德·费曼在他行将去世时曾在黑板上留下了这样一句话："我不能创造的东西，我就无法理解它。"大脑是我们构建人工智能的灵感来源，而人工智能则是我们检验对大脑理解程度高低的试金石。

我们需要一个新的关于大脑的进化故事，这个故事不仅要基于现代对大脑解剖结构与时俱进的理解，还要基于现代对智能本身的理解。

五次突破

让我们从大鼠级别的人工智能（ARI）开始，然后转向猫级别的人工智能（ACI），以此类推，直到人类级别的人工智能（AHI）。

——杨立昆（Yann LeCun），

Meta 人工智能部门负责人

我们有40亿年之长的进化历史要研究。因此，我们将会记录主要的进化突破，而不是记录每一次小的调整。事实上，作为这个故事的初步概述（第一个模板），人类大脑的整个进化过程可以合理地概括为仅仅五次突破的集大成，从最初的大脑一直发展到人类大脑。

这五次突破是本书的组织脉络，也是我们穿越时空探险的行程表。每次突破都源自新的大脑改造，并赋予了动物一组新的智能。这本书分为五部分，每部分对应一次突破。在每个部分中，我将描述这些能力为什么会被进化出来、它们是如何工作的，以及它们如今是怎样在人类大脑中被表现出来的。

每一次突破都建立在之前突破的基础上，并为之后的突破提供了基础：过去的创新促进了未来的创新。正是通过这一系列有序改造，大脑的进化故事帮助我们理解了最终呈现出来的复杂性。

但只考虑我们祖先大脑的生物特性，这个故事是无法被忠实还原的。这些重大突破总是在我们的祖先面临极端情况或陷入强大的反馈循环时出现。正是这些压力促使大脑发生了快速的重新配置。如果我们不了解祖先所经历的考验和取得的胜利，比如他们战胜的捕食者、他们忍受的环境灾难，以及他们为了生存而寻找的避难所，我们就无法理解大脑进化的突破。

更重要的是，我们将这些突破与目前在人工智能领域掌握的知识联系起来，因为生物智能的许多突破与我们在人工智能领域学到的知识有相似之处。有些突破代表了我们熟知的人工智能的智力技巧，而其他技巧仍然超出了我们的理解范围。通过这种方式，或许大脑的进化故事能够揭示我们在开发类人人工智能过程中可能错过的突破，甚至揭示一些自然界隐藏的线索。

我

但愿我能告诉你，我写这本书是因为我花了一生时间来思考大脑的进化，并试图制造智能机器人。但我不是神经科学家或机器人专家，甚至不是科学家。我写这本书只是因为我想读这本书。

我透过人工智能系统应用于现实世界的问题，发现了人类智能与人工智能之间令人困惑的差异。我职业生涯的大部分时间都在一家我与他人联合创办的名为 Bluecore 的公司度过，我们开发软件和人工智能系统，帮助一些世界上最大的品牌实现个性化营销。我们的软件帮助预测消费者在知道自己想要什么之前会购买什么。我们只是无数家开始应用人工智能系统最新成果的公司中的一个。但这些公司的所有大大小小的项目，都受到了同样令人困惑的问题的影响。

在人工智能系统商业化的过程中，需要业务团队和机器学习的算法团队共同参加一系列会议。业务团队寻找有价值的新人工智能系统应用场景，而只有机器学习的算法团队了解哪些应用是可行的。这些会议经常暴露我们对智能的了解程度的一些错误感知。业务人员会探寻那些对他们来说似乎简单直接的人工智能系统应用。但是，这些任务之所以看似简单，往往只是因为它们对我们的大脑来说很简单。然后，算法团队会耐心地向业务团队解释，为什么看似简单的想法实际上却难如登天。这些辩论在每个新项目中都会反复进行。正是从这些探索中，我们了解到现代人工智能系统的应用范围有多广，以及它们在哪些意想不到的地方还存在不足，从而激发了我对大脑的好奇心。

当然，我也是人，我和你一样，拥有一个人类的大脑。因此，我很容易对这个定义了人类如此多体验的器官着迷。大脑不仅能解答关于智能本质的问题，还能解答我们如此行事的原因。为什么我们经常会做出不合理，甚至自我毁灭的选择？为什么人类历史既饱含了鼓舞人心的无私精神，又充斥着令人难以理解的残酷行为，并且这样的历史还在不断重演？

我的个人探索项目起初只是通过读书来解答我自己的问题。后来，我与一些慷慨大方的神经科学家进行了长时间的电子邮件交流，他们耐心地满足了我这个外行人的好奇心。这些研究和交流最终促使我发表了几篇研究论文，并最终决定从工作中抽出时间，将这些逐渐成形的想法写成一本书。在这个过程中，我写作越深入，就越坚信这是一本值得花时间构建的综合性作品。这本书将提供一个通俗易懂的介绍，解释大脑的工作原理、为何如此工作，以及它与现代人工智能系统的相似之处和差异。它将把神经科学和人工智能领域的各种思想汇集在一起，形成一个连贯的故事。

《智能简史》是众多研究成果的综合体现。其核心只是试图将已有的碎片拼接在一起。在整本书中，我尽我所能给予原作者应有的赞誉，这本书从始至终都致力于颂扬那些进行实际研究的科学家。如果我有时候忽略了，那纯属无意之举。诚然，我有时也忍不住加入一些自己的推测，但当我这么做时，我会明确地指出来。

或许是巧合，这本书的开始，就像大脑的起源一样，并非源于事先的规划，而是来自一个充满谬误和曲折的混沌过程，源自偶然、反复尝试和幸运的巧合。

结语

在我们开始时光之旅之前，我还有最后一点要说。在整个故事的字里行间，有一个危险的误解正在悄然滋生。

本书将会多次比较人类与当今其他动物的能力，但这些比较往往挑选了那些被认为与我们祖先最为相似的动物。整本书，包括五次突破框架本身，只是讲述了人类谱系的故事，讲述了我们的大脑是如何进化的。同样地，我们也可以轻易地构建一个关于章鱼或蜜蜂大脑如何进化的故事，它会有自己的曲折历程和突破。

我们的大脑比祖先的大脑拥有更多的智力，并不意味着现代人类大脑在智力上明显高于其他现代动物大脑。

独立的进化总是汇集到共同的解决方案上。昆虫、蝙蝠和鸟类独立进化出了翅膀，而这些生物的共同祖先并没有翅膀。此外，眼睛也被认为独立进化了很多次。因此，当我论证某种智力，比如情景记忆，在早期哺乳动物中进化出来时，并不意味着如今只有哺乳动物具有情景记忆。就像翅膀和眼睛一样，其他生物也可能独立进化出了情景记忆。事实上，我们在本书中将要记录的许多智力能力并不是我们谱系所独有的，而是沿着地球生命进化树的众多分支独立萌发出来的。

自从亚里士多德时代以来，科学家和哲学家就构建了现代生物学家所称的“自然等级”（用科学家常用的拉丁语来说，即scala naturae）。亚里士多德创建了一个所有生命形式的等级体系，其中人类优于其他哺乳动物，而哺乳动物又优于爬行动物和鱼类，爬行动物和鱼类又优于昆虫，昆虫又优于植物。

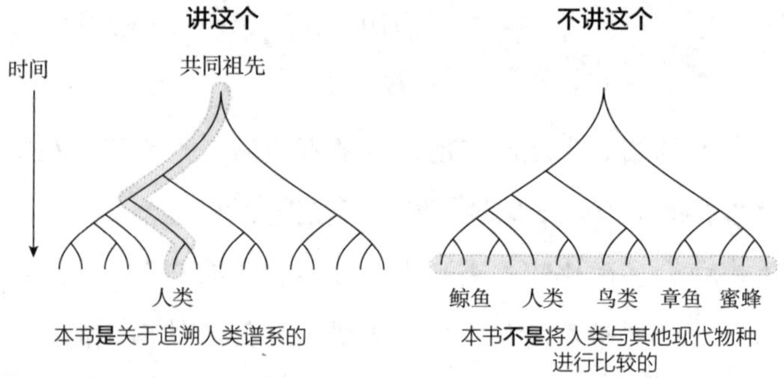

图 0.2

即使在进化论被提出之后，自然等级的观念仍然持续存在。这种认为物种之间存在等级制度的观念是完全错误的。所有今天活着的物种都是生机勃勃的，它们的祖先在过去 35 亿年的进化中幸存下来。因此，从这个意义上讲（这是进化论唯一关心的意义），所有今天存活的生命形式都是并列第一的。

物种通过进化进入不同的生存生态位，每个生态位都针对不同的方面进行优化。许多生态位（其实是大多数生态位）更适合更小、更简单的大脑（或根本没有大脑）。猿类的大型大脑是采用了不同于蠕虫、细菌或蝴蝶的生存策略的结果。但没有任何一种生物是"更好"的。从进化的角度，物种只有两个等级：那些生存下来的，以及那些没有生存下来的。

也许，有人想根据某种特定的智能特征来定义"更好"。但即便如此，排名仍然完全取决于我们要衡量的具体智能技能。章鱼每根触手上都有一个独立的大脑，因此在多任务处理方面可以轻易超越人类。鸽子、花栗鼠、金枪鱼，甚至鬣蜥处理视觉信息的速度都比人类快。鱼类具有非常出色的实时处理能力：你曾试过抓住一条快速穿梭于岩石迷宫中的鱼吗？如果人类试图在障碍赛中如此迅速地移动，肯定会摔倒。

我呼吁：在追溯我们的故事时，必须避免认为从过去到未来的复杂化意味着现代人类严格优于现代动物。我们必须避免无意中构建出自然等级，因为所有存活至今的动物都经历了相同时间段的进化。

当然，也有一些东西使我们人类独一无二，因为我们是人类，所以理解自己对我们来说具有特殊的意义，努力创造类人人工智能也是合情合理的。因此，我希望我们能够讲述一个以人类为中心的故事，同时避免陷入人类沙文主义。从蜜蜂到鹦鹉再到章鱼，任何与我们共享这个星球的动物都有同样值得讲述的故事。但在这里，我们不会讲述这些故事。这本书只讲述了这些智能中的一种——我们的故事。

1

大脑出现之前的世界

在大脑出现之前，生命就已经在地球上存在了很长时间——我说的很长的时间，超过 30 亿年。当最初的大脑进化时，生命已经经历了无数次进化循环，经历了挑战和变化。在地球生命的宏大历程中，大脑的故事不会出现在主要章节中，而是出现在尾声中——大脑只出现在生命故事的最后 15%。在大脑出现之前，智能也存在了很长时间。正如我们即将看到的，生命在进化故事的早期就开始表现出智能行为。如果我们不首先回顾智能本身的进化，就无法理解为什么大脑会进化，以及它是如何进化的。

大约 40 亿年前，在地球上一个毫无生机的火山熔浆深处，一种恰到好处的分子汤在不起眼的热液喷口周围的狭缝中四处碰撞。当沸水从海底喷涌而出时，它使天然的核苷酸撞击在一起，并将它们转化为长链分子，这些分子与今天的 DNA 非常相似。这些早期的类 DNA 分子寿命短暂，因为构建它们的火山动能不可避免地会将它们撕裂。这是热力学第二定律的结果。这一不可打破的物理定律表明，熵，即系统中无序的程度，总是不可避免地增加，宇宙不可避免地趋向衰变。在经历了无数次随机核苷酸链的构建和破坏之后，人们偶然发现了一种幸运的序列，这组序列至少在地球上标志着对看似不可避免的熵增的第一次真正反抗。这种新的类 DNA 分子本身并不是活的，但它完成了生命后来出现的最基本的过程：自我复制。

虽然这些自我复制的类 DNA 分子也屈服于熵的破坏性影响，但它们不需要以个体的形式存活，而是可以通过集体的方式存活——只要它们能够存活足够长的时间来创造自己的副本，那么它们本质上就会持续存在。这就是自我复制的绝妙之处。随着首批自我复制分子的出现，进化的原始版本开始了，任何新的有利环境，只要更有利于复制的成功，就一定会导致更多副本的出现。

随后发生了两次进化转变，从而催生了生命。第一次转变发生在保护性脂质泡将这些 DNA 分子包围起来时，其机制与肥皂（也是由脂质制成）在洗手时自然起泡的机制相同。这些充满 DNA 的微观脂质泡是细胞的最初版本，也是生命的基本单位。

第二次转变发生在基于核苷酸的分子，即核糖体，开始将特定的 DNA 序列翻译成特定的氨基酸序列时，这些氨基酸序列随后被折叠成被我们称为“蛋白质”的三维结构。这些蛋白质一旦产生，就会漂浮在细胞内部或嵌入细胞壁，执行不同的功能。你可能至少听说过，你的 DNA 是由基因组成的。实际上，基因只是负责编码和构建特定蛋白质的 DNA 片段。蛋白质的合成标志着智能的首次闪现。

DNA 相对惰性，虽然能有效自我复制，但操纵调控其周围微观世界的能力有限。然而，蛋白质却更加灵活和强大。在很多方面，蛋白质与其说是分子，不如说是机器。蛋白质可以被构建和折叠成许多形状，可以是运输通道、锁扣或其他机械运动部件，从而可以执行无数的细胞功能，包括“智能”。

即使是最简单的单细胞生物，比如细菌，也有用于移动的蛋白质，这些蛋白质就像发动机一样，将细胞能量转化为推动力，运用与现代船只发动机一样复杂的螺旋桨驱动机制旋转。细菌还有用于感知的蛋白质：当检测到外部环境中的某些因素，如温度、光线或触动时，这些受体蛋白就会发生形变。有了用于移动和感知的蛋白质，早期生命就可以监测并响应外部世界的变化。细菌可以游动远离那些降低复制成功概率的环境，比如过高或过低的温度，或者对 DNA 或细胞膜有破坏作用的化学物质。它们也可以游向有利于繁殖的环境。

通过这种方式，这些古老的细胞确实具有原始版本的智能，它们不是在神经元中实现的，而是通过一个复杂的化学级联和蛋白质网络实现的。

蛋白质的合成不仅孕育了智慧的种子，而且将 DNA 从纯粹的物质变成了存储信息的媒介。DNA 不再是自我复制的生命本身，而是构成生命存在和延续的信息基础。DNA 正式成为生命的蓝图，核糖体是其工厂，而蛋白质则是其产品。

在这些基础条件的推动下，进化过程全面启动：DNA 的变化导致蛋白质的变化，进而推动了新细胞机制的进化探索。通过自然选择，这些细胞机制基于是否进一步支持生存而被裁减或保留。在生命故事的这一点上，我们结束了这一段被科学家称为“生命起源”（abiogenesis）的漫长、尚未复制、神秘的过程，即非生物物质（abio）转化为生命（genesis）的过程。

地球的地球化

不久之后，这些细胞进化成了科学家所说的“最后一个普遍共同祖先”（last universal common ancestor，简称 LUCA）。LUCA 是所有生命的无性别祖先，今天活着的每一种真菌、植物、细菌和动物，包括我们，都来自 LUCA。因此，所有生命都共享 LUCA 的核心特征也不足为奇：DNA、蛋白质合成、脂质和碳水化合物。

大约 35 亿年前，LUCA 的形态可能类似于现代细菌的简化版。事实上，在此之后的很长一段时间里，所有的生命都是细菌形态的。又经过了几十亿年万亿次的进化迭代后，地球的海洋里充满了许多不同种类的微生物，每种微生物都有自己的 DNA 和蛋白质组合。这些早期微生物之间的一个区别是它们的能量生成系统。生命的故事，其核心与关乎熵一样，同样关乎能量。

维持细胞的生存需要耗费巨大的能量。DNA 需要不断被修复，蛋白质需要不断被补充，细胞复制需要重建许多内部结构。氢是热液喷口附近的一种丰富元素，很可能是这些生命活动过程中使用的第一种燃料。但这种基于氢的能量系统效率低下，使生命体迫切地寻求足够的能量来维持生存。经过 10 多亿年的生命历程，这种能量匮乏的状况终于结束，因为一种单细胞细菌“蓝细菌”找到了一种收益更高的获取和储存能量的机制：光合作用。

在这些早期的蓝细菌中，最令人印象深刻的生物系统不是它们的蛋白质“工厂”或“产品”，而是它们的光合作用“发电厂”——这些结构可以将阳光和二氧化碳转化为糖，随后将糖储存起来并转化为细胞能量。与以前的细胞能量提取和储存系统相比，光合作用更有效。它为蓝细菌提供了大量的能量来支持它们的复制。大片的海洋迅速被绿色黏稠的微生物垫覆盖——数十亿蓝细菌在阳光下繁衍生息，吸收二氧化碳，并不断复制。

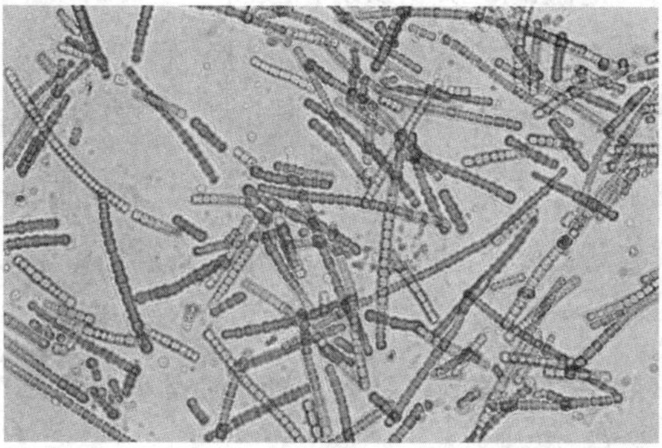

图 1.1 蓝细菌

就像大多数能源生产过程一样，从燃烧化石燃料到利用核燃料，光合作用也产生了污染性废气。光合作用产生的废气不是二氧化碳或核废料，而是氧气。在那之前，地球上没有臭氧层。正是这些蓝细菌凭借其新发现的光合作用，构建了地球富含氧气的大气层，并开始将这颗灰色的火山岩星球改造为我们今天所知的绿洲。这一事件发生在大约 24 亿年前，至少从地质学角度看来，它发生得非常迅速，因此被称为“大氧化事件”。在 1 亿年的时间内，氧气水平飙升。不幸的是，这一事件并非对所有生命都是福音，科学家刻薄地形容其为“氧气大屠杀”（The Oxygen Holocaust）。

氧气是一种极度活跃的元素，这使得它在细胞精心协调的化学反应环境中变得十分危险。如果不采取特殊的细胞内保护措施，氧化合物会干扰细胞过程，包括维持 DNA。这也是为什么抗氧化剂（一种可以从你的血液中去除高度活跃的氧分子的化合物）被认为可以提供防癌保护。进行光合作用的生命形式成了它们自己成功的受害者，慢慢地在自己产生的废物云中窒息。氧气含量的上升造成了地球上最致命的灭绝事件之一。

正如诸多危险的物质（如铀、汽油、煤炭）一样，氧气亦有其用途。这种新出现的元素为生命带来了前所未有的能量契机，而生命体也终将发掘出利用它的方法。于是，一种全新的细菌应运而生，它们并非依赖光合作用获取能量，而是通过细胞呼吸这一过程将氧气与糖转化为能量，同时排出二氧化碳作为代谢废物。那些擅长呼吸的微生物开始大肆吞噬海洋中过剩的氧气，并补充着日渐减少的二氧化碳。氧气对一种生命体而言是污染物，却成为另一种生命体的燃料。

地球上的生命或许步入了有史以来最伟大的共生关系之中，这种共生关系存在于两种相互竞争但又互补的生命系统之间，并一直持续至今。一类生命体进行光合作用，将水和二氧化碳转化为糖和氧气；另一类生命体则进行呼吸作用，将糖和氧气再转化回二氧化碳。当时，这两种生命形式非常相似，都是单细胞细菌。如今，这种共生关系则由截然不同的生命形式构成。树木、草和其他植物是我们现代的光合作用生物，而真菌和动物则是我们现代的呼吸作用生物。

细胞呼吸需要糖来生成能量，这一基本需求为后来呼吸作用生命后代中发生的独特的智能大爆炸提供了能量基础。尽管当时大多数，甚至所有微生物都表现出原始程度的智能，但智能的进一步发展和扩展只出现在进行呼吸作用的生命中。因为呼吸作用，微生物与其进行光合作用的表亲有一个关键的不同之处：它们需要狩猎。而狩猎则需要更高的智力水平。

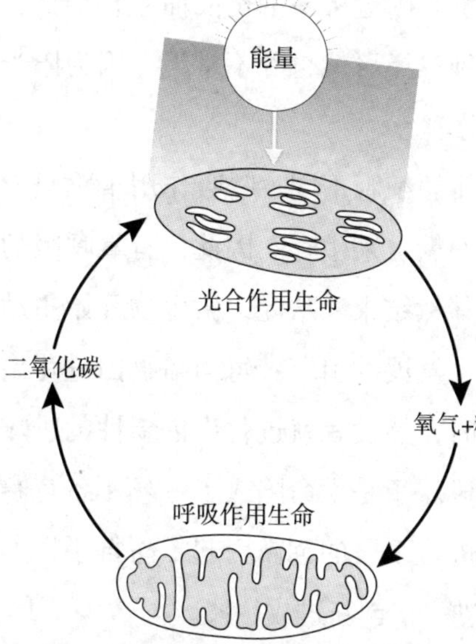

图 1.2 光合作用生命和呼吸作用生命之间的共生关系

三个等级

20 亿年前的生态系统并不是一个充满战争和冲突的世界。[①] 在能量需求的驱使下，生命体之间形成了许多试探性的和平互动。尽管有些细菌可能会吞噬附近死亡邻居的残骸，但它们很少会主动尝试杀死其他生命体，因为这通常性价比较低。糖分转化为能量的非氧途径（无氧呼吸）效率是有氧途径（有氧呼吸）效率的 1/16。因此，在氧气出现之前，狩猎并不是一种可行的生存策略。更好的策略是找到一个好地方，安静地坐着，沐浴在阳光之下。早期生命体之间最激烈的竞争可能类似人们在黑色星期五冲进沃

① 除了细菌和病毒之间的战争，但那就是另一个故事了。

尔玛抢购，为了争夺附近稀缺的奖品而互相推搡，但不会直接攻击彼此。甚至这种推搡可能也并不常见，因为阳光和氢气都非常丰富，足够大家分享。

然而，与之前的细胞不同，呼吸作用生物只能通过窃取能量之源（它们内部的糖）来生存。因此，有氧呼吸的出现使得世界的乌托邦式和平骤然结束。从此，微生物开始主动吞噬其他微生物。这推动了进化发展的引擎：每当猎物因进化出创新性的防御手段而避免被杀时，捕食者就进化出创新性的进攻手段来攻克每一种新的防御手段。于是生命陷入了一场军备竞赛、一个永无止境的反复循环：进攻手段的创新引起了防御手段的创新，防御手段的创新又需要进一步创新进攻手段。

在这场混战中，生命体开始呈现出巨大的多样性。有些物种依然是微小的单细胞微生物，而其他物种则进化成了第一批真核生物，他们的细胞体积扩大了100倍，生成的能量增加了1000倍，内部的复杂性也大大增加。这些真核生物是至今最先进的微生物杀戮机器，因为它们是第一批进化出吞噬作用的生物——这是一种狩猎策略：直接吞噬其他细胞并在其细胞壁内分解它们。这些拥有更多能量、更加复杂的真核生物进一步分化成了第一批植物、第一批真菌以及第一批动物的前身。真核生物中的真菌和动物后代保留了狩猎的需求（它们是呼吸作用生物），而植物谱系则回归了光合作用的生活方式。

这些真核生物谱系之间的共同点是，植物、真菌和动物都独立进化成了多细胞生物。你所看到、想到的大多数生命形态（人类、树木、蘑菇）主要是多细胞生物，它们由数十亿个单独的细胞协同工作，形成一个单一的新生物体。人类正是由各种不同类型的专门细胞组成的：皮肤细胞、肌肉细胞、肝细胞、骨细胞、免疫细胞和血细胞。植物也有特异性细胞。这些细胞虽然功能不同，但共同服务于一个目标：支持整个生物体的生存。

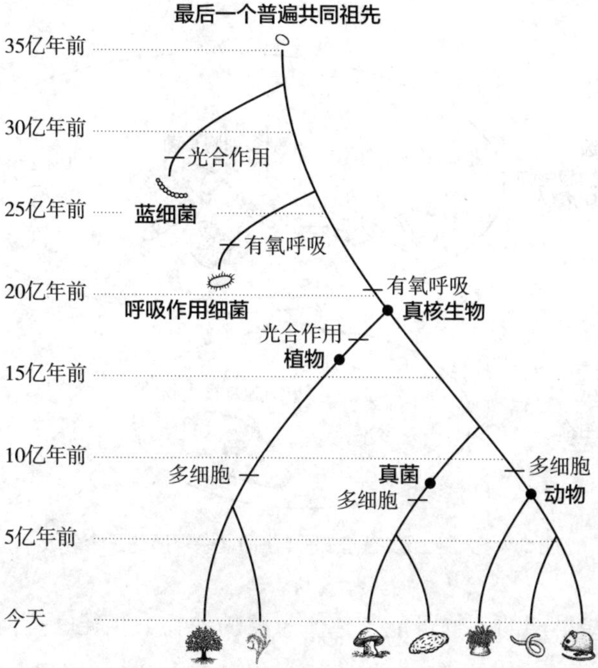

图 1.3　生命树

于是，海藻般的水下植物开始萌芽，蘑菇般的真菌开始生长，原始动物也开始在水中缓缓游动。约 8 亿年前，生命的复杂程度已经分化为三个等级。第一等级是单细胞生物，由微观的细菌和单细胞真核生物组成。第二等级是小型多细胞生物，它们大到足以吞噬单细胞生物，但又小到仅用基本的细胞推进器就足以移动。第三等级是大型多细胞生物，由于体积过大，无法依靠细胞推进器移动，因此形成了固定的结构。

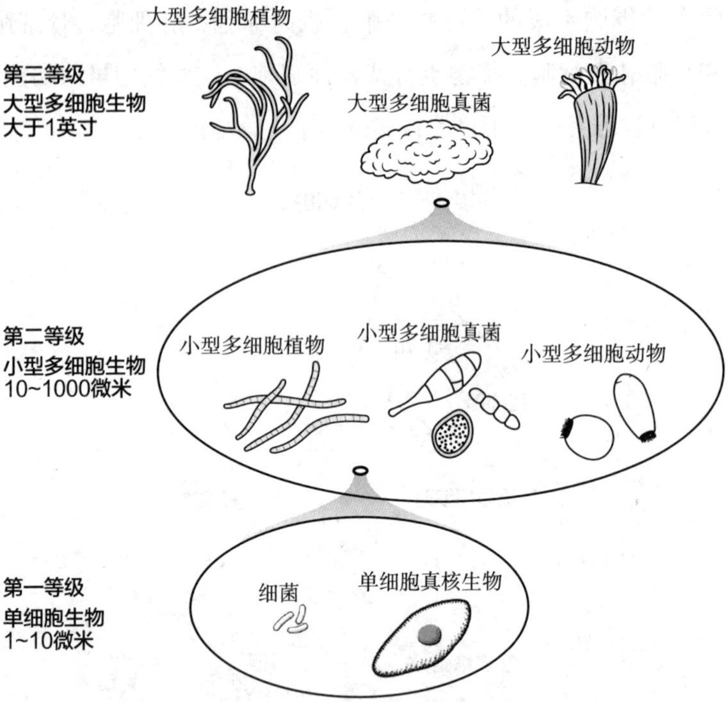

图 1.4 大脑出现之前古海洋生命复杂程度的三个等级

这些早期的动物可能与你所想象的动物大相径庭。但是，它们体内拥有一种东西，使得它们与当时所有其他生命形式截然不同，那就是神经元。

神经元

关于神经元是什么以及它的功能，不同的人会有不同的回答。如果你问一位生物学家，他会说神经元是构成神经系统的主要细胞。如果你问一位机器学习领域的研究人员，他会说神经元是神经网络的基本单位，是执行输入加权求和这一基本任务的小型累加器。如果你问一位心理物理学家，他会说神经元是测量外部世界特征的传感器。如果你问一位专门研究运动控制的神经科学家，他会说神经元是效应器，是肌肉和运动的控制器。如果你问其他人，可能会得到各种各样不同的答案，从“神经元是大脑中的小电线”到“神经元是意识的物质”。所有这些答案都是正确的，都包含了一部分真相，但它们都不完整。

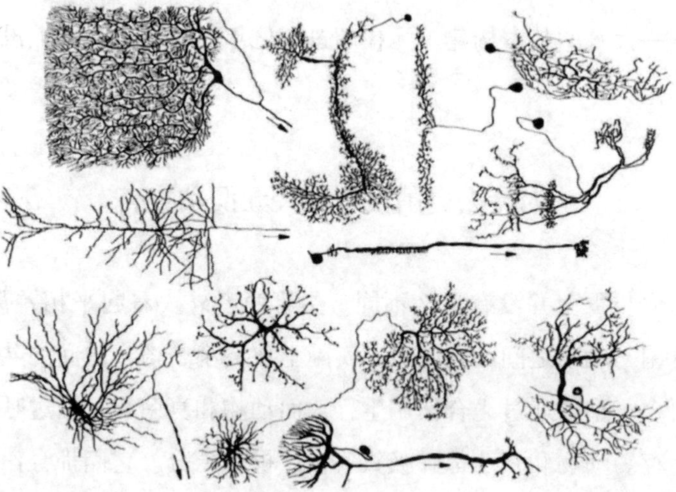

图 1.5　神经元

从蠕虫到袋熊，所有动物的神经系统都是由这些被称为“神经元”的形状细长而奇特的细胞构成的。神经元具有惊人的多样性，尽管它们的形状和大小各异，但所有神经元的工作方式都是相同的。这是我们在跨物种比较神经元时得到的最令人震撼的发现——它们的核心运作机制在很大程度上是高度一致的，比如人类大脑中的神经元与水母中的神经元是以相同的方式运作的。将人类与蚯蚓区分开来的，并不是作为智能单位的神经元本身，而是这些单位如何连接在一起。

拥有神经元的动物都拥有共同的祖先，正是在这个古老的动物祖先体内，首批神经元得以进化，并且所有现代神经元都源于此。似乎在这位动物的远古祖先体内，神经元已经是现代这种形式了。从那一刻起，进化虽然不断重新连接神经元，却没有对基本单元本身进行真正意义上的调整。这鲜明地展示了先前的创新如何对未来的创新施加限制，早期进化出来的结构往往保持不变——大脑的基本构建单元在超过 6 亿年的时间里基本上没有发生变化。

为什么真菌没有神经元而动物有

你与霉菌并没有那么不同。尽管两者外表看起来相差甚远，但真菌与动物之间的共同点，实际上比真菌与植物之间的共同点还要多。植物通过光合作用生存，而动物和真菌都是通过呼吸作用生存。动物和真菌都呼吸氧气，并摄取糖分。它们都会消化食物，利用酶分解细胞并吸收其中的营养物质，而且与植物相比，两者都有一个更近的共同祖先，植物在更早的时候就在进化道路上与它们分道扬镳了。在多细胞生物诞生的初期，真菌和动物的生命形式本应极为相似。然而，一个谱系（动物）继续进化出了神经元和大脑，而另一个谱系（真菌）却没有。这究竟是为什么呢？

糖只由生命体产生，因此大型多细胞呼吸作用生物摄取糖分的方式只有两种：一是等待其他生物死亡，二是捕捉并杀死活着的生物。在真菌与动物分化的早期阶段，它们各自选择了截然不同的摄食策略。真菌选择了等待的策略，而动物则选择了杀戮的策略。[①]真菌通过体外消化来摄取食物（分泌酶在体外分解食物），而动物则通过体内消化来摄取食物（将食物困在体内，然后分泌酶进行分解）。从某些方面来看，真菌的策略比动物的更成功——就生物量而言，地球上的真菌数量是动物的6倍之多。然而，正如我们将不断看到的那样，创新往往源自那些更糟糕、更艰难的策略。

真菌会产生数万亿个单细胞孢子，这些孢子四处漂浮并处于休眠状态。如果恰巧有一个孢子发现自己靠近垂死的生物，它就会长成一个大型的真菌结构，向腐坏的组织生长出毛茸茸的菌丝，分泌酶，并吸收其释放的营养物质。这就是霉菌总在变质的食物上出现的原因。真菌孢子无处不在，耐心地等待某个生命体的消亡。真菌现在是，并且很可能一直以来都是地球上的“垃圾清理工”。

然而，早期动物却选择了主动捕捉和吞噬第二等级多细胞猎物（参见图1.4）的策略。当然，主动杀戮并不是什么新鲜事，第一批真核生物早已发明了一种名为“吞噬作用”的捕杀生物的策略。但这种策略只适用于第一等级（单细胞）生物，第二等级多细胞生物太大了，无法被单个细胞吞噬。因此，早期动物进化出了体内消化的策略，以吞食第二等级生物。动物拥有独特的胃囊，可以将猎物困在其中，分泌酶，并将其消化。

① 然而，与进化中的一切事物一样，这里也存在微妙之处。动物和真菌中都有一些物种选择了第三种策略，即中间选项：寄生策略。寄生生物不是主动捕捉猎物并将其杀死，而是感染猎物，窃取糖分或从内部杀死它们。

事实上，形成一个用于消化的内腔可能是这些早期动物的特征。几乎每一种现存的动物都会经历三个相同的初始发育阶段：从一个单细胞的受精卵开始，会形成一个空心的球体（即囊胚），然后，这个球体向内折叠形成一个腔体，即一个小“胃”（即原肠胚）。无论是人类胚胎还是水母胚胎，都是如此。虽然所有动物都遵循这种发育方式，但其他生物界却并非如此。这为我们提供了一条明确的线索，表明所有动物都源自同一个进化模板：我们形成胃来摄取食物。所有进行这种原肠胚发育的动物也有神经元和肌肉，并似乎都源自一个具有神经元功能的共同动物祖先。原肠胚发育、神经元和肌肉是将所有动物联系在一起的三个不可分割的特征，也是将动物与其他所有生物界区分开来的特征。

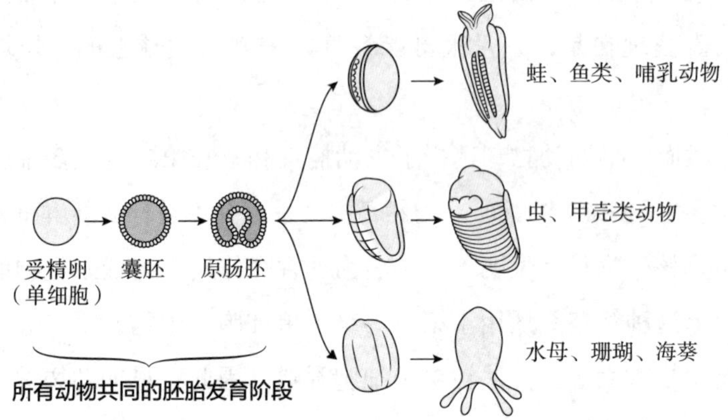

图 1.6　所有动物共同的发育阶段

有些人甚至认为动物的“祖先”实际上就是一个具有神经元的小原肠胚形状的生物。然而，这是一个充满争议的科学领域——仅仅因为所有动物都以这种方式发展，并不意味着它们真的以这种形式存在过。

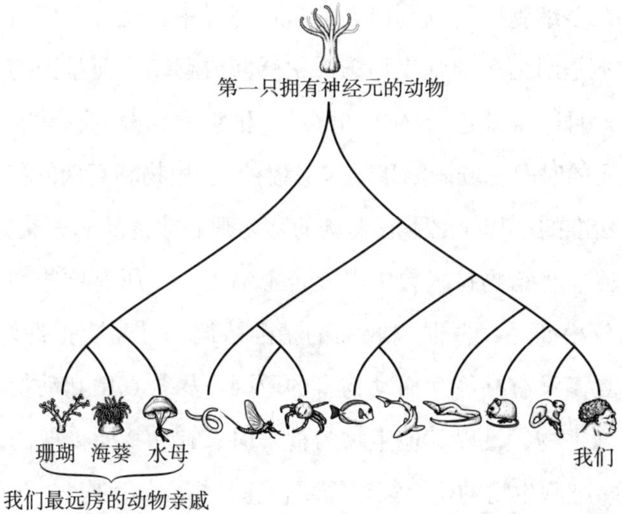

图 1.7　由神经元驱动的动物的进化树

另一种由化石支持的解释认为，第一批动物可能与今天的珊瑚相似。肉眼看来，珊瑚非常简单，与真菌或植物并没有太大区别（图 1.8）。只有当我们仔细观察其生物学特征时，才会发现动物模板的存在：胃、肌肉和神经元。珊瑚实际上是由被称为“珊瑚虫”的独立生物组成的群落。从某种意义上说，珊瑚虫只是具有神经元和肌肉的胃。它们有小小的触手漂浮在水中，等待小生物游向它们。当食物触碰到这些触手的尖端时，它们会迅速收缩，将猎物拉入胃腔进行消化。这些触手尖端的神经元能够检测到食物，并通过由其他神经元组成的网络触发一系列信号传递，从而协调不同肌肉的放松和收缩。

这种珊瑚的反应并不是多细胞生物感知和回应世界的第一种或唯一方式。植物和真菌也能在没有神经元和肌肉的情况下做到这一点：植物可以使其叶子朝向太阳，真菌可以朝向食物生长。

但是，在多细胞生物刚刚出现的古代海洋中，这种反应将是革命性的，不是因为多细胞生物第一次感知或移动，而是因为它们第一次快速且精准地进行感知和移动。植物和真菌的移动需要数小时到数天的时间，珊瑚的移动只需数秒。[①] 植物和真菌的移动是笨拙且不精准的。相比之下，珊瑚的移动则非常精准——捕捉猎物、张开嘴巴、将猎物拉入胃中以及合上嘴巴——所有这些都需要一些肌肉放松而另一些肌肉收缩的精准协调，且需要把握好时机。这就是真菌没有神经元而动物有的原因。尽管真菌和动物都是大型多细胞生物，且以其他生物为食，但只有动物所采取的杀死第二等级多细胞生物的生存策略需要快速且精准的反应。[②] 神经元和肌肉的原始目的可能只是完成简单且不起眼的吞咽任务。

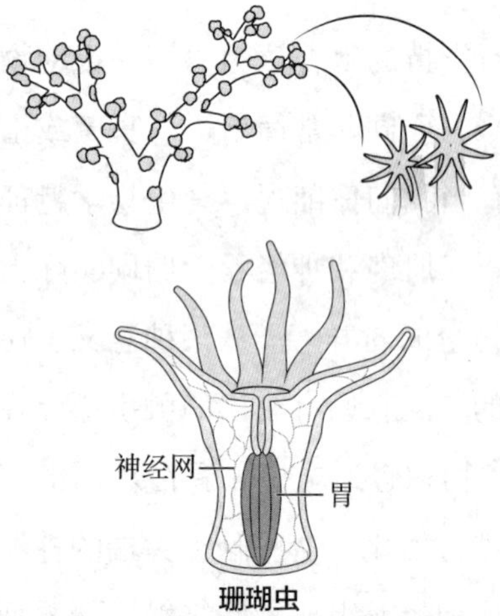

图 1.8　软珊瑚作为早期动物的模型

① 捕蝇草是一个神奇的例外，它是植物独立进化出迅速捕捉猎物的能力的一个例子。

② 当然，你也可以从反面看：真菌从未捕食其他生物因为它们从未拥有神经元。但关键不在于谁先出现，而在于神经元和捕食第二等级多细胞生物属于同一策略，而真菌从未采用过这种策略。

埃德加·阿德里安的三个发现与神经元的普遍特征

我们理解神经元如何工作的科学旅程漫长且常常误入歧途。早在公元前400年古希腊著名医生希波克拉底（Hippocrates）时代，人们就知道动物体内存在一个由线状物质组成的系统，这个系统后来被称为“神经”（nerves，源自拉丁语nervus，意为“筋”），这些神经流向和流出大脑，是控制肌肉和感知感觉的媒介。这是通过对活猪和其他家畜进行残酷的脊髓切断和神经夹闭实验后得出的结论。然而，古希腊人错误地认为这些神经中流动的是“动物灵气”。这一错误直到几个世纪后才被纠正。2000多年后，即使是伟大的艾萨克·牛顿（Isaac Newton）也错误地推测，神经是通过被他称为“以太”（ether）的神经液中流动的振动进行通信的。直到18世纪末，科学家才发现神经系统中流动的不是以太，而是电。将电流施加到神经上，电流会流向下游的肌肉并使其收缩。

然而，许多错误仍然存在。当时，人们认为神经系统是由单一的神经网络构成的，类似于循环系统中由血管组成的均质网络。直到19世纪末，随着显微镜和染色技术的进步，科学家才发现神经系统实际上是由独立的细胞（即神经元）组成的。这些神经元虽然相互连接，但彼此独立并产生自己的信号。这也揭示了电信号在神经元内部只沿单一方向流动，即从接收输入的树突部分流向输出电信号的轴突部分。这一输出流向其他神经元或其他类型的细胞（如肌肉细胞），以激活它们。

20世纪20年代初，一位名叫埃德加·阿德里安（Edgar

Adrian）的年轻英国神经学家在一战期间长期从事医疗服务后返回剑桥大学。和当时许多研究人员一样，阿德里安对用电学手段记录神经元的活动以解密它们的通信方式和内容很感兴趣。然而，问题一直在于，电记录设备体积太大且过于粗糙，无法记录单个神经元的活动，因此总是产生多个神经元混杂在一起的嘈杂信号。阿德里安和他的合作者率先找到了解决这个问题的技术方法，开创了单神经元电生理学领域。这使科学家首次能够窥见单个神经元的“语言”。随后的三个发现使阿德里安获得了诺贝尔奖。

第一个发现是，神经元并不是以连续起伏流动的形式发送电信号，而是以全或无的响应形式发送，这种响应也被称为“尖峰信号”（spike）或“动作电位”（action potential）。神经元要么处于开启状态，要么处于关闭状态，没有中间状态。换句话说，神经元更像一条带有电信号点击（click）和停顿（pause）模式的电报电缆，而不像一条有持续电流流动的电线。阿德里安本人也注意到了神经尖峰信号与莫尔斯电码之间的相似性。

关于尖峰信号的这一发现给阿德里安带来了一个难题。我们可以清楚地感知到刺激强度的变化——我们可以区分不同的声音大小、光线亮度、气味浓度和疼痛程度。那么，一个简单的二元信号，要么是开启状态，要么是关闭状态，如何能够传达一个数值，比如刺激强度的等级呢？虽然科学家发现了神经元的语言是尖峰信号，但他们仍然不明白尖峰信号的序列到底意味着什么。莫尔斯电码是一种编码，是一种高效的技巧，可以在单根电线上存储和传输信息。阿德里安是第一个使用“信息”这个词来描述神经元信号的科学家，他设计了一个简单的实验来尝试破译这些信号。

阿德里安从一只死去的青蛙的颈部取下一块肌肉，并将一个记录设备连接到了肌肉中单个拉伸感受神经元上。这种神经元具有感受器，当肌肉受到拉伸时会受到刺激。然后，阿德里安在肌肉上附加了各种不同的重量。问题是，这些拉伸感受神经元的反应会随着施加在肌肉上重量的变化而发生怎样的变化？

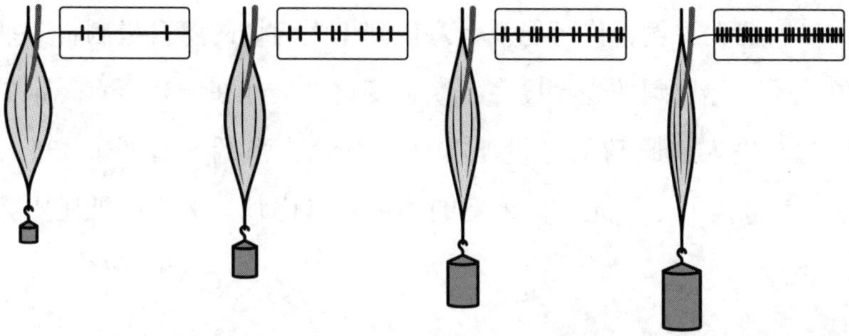

图 1.9 阿德里安绘制了重量与每秒钟尖峰信号数量（即尖峰信号速率或发放率）之间的关系图，这些尖峰信号是由这些拉伸神经元产生的

结果表明，在所有情况下，尖峰信号都是相同的，唯一的区别是发出的尖峰信号的数量。重量越重，发出尖峰信号的频率就越高（图 1.9）。这是阿德里安的第二个发现，现在被称为“速率编码”（rate coding）。这一想法是，神经元以发出尖峰信号的速率来编码信息，而不是以尖峰信号本身的形状或大小来编码信息。自阿德里安最初的研究以来，这种速率编码在从水母到人类几乎动物界所有动物的神经元中都有发现。触觉神经元用发放率（firing rate）来编码它所感受到的压力，感光神经元用发放率来编码对比度，嗅觉神经元用发放率来编码浓度。运动神经元的神经编码也取决于发放率：刺激肌肉的神经元的尖峰信号发放得越快，肌肉的收缩力就越大。这就是为什么你能轻轻地抚摸你的狗，也

能提起 50 磅[①] 的重物——如果你不能调节肌肉收缩的强度，那么你在别人身边就不会那么受欢迎了。

阿德里安的第三个发现是最令人惊讶的。当神经元试图将自然变量（如触摸的压力或光的亮度）转化为速率编码的语言时，会出现一个问题：这些自然变量的变化范围远远超出了神经元发放率所能编码的范围。

以视觉为例，你可能没有意识到（因为你的感官机制将其抽象化了）你周围的光亮度在不断地变化。当你在阳光下看一张白纸时，进入你眼睛的光量比在月光下看这张纸时增加了 100 万倍。[②] 事实上，阳光下白纸上的黑色字母比月光下的白纸还要亮 30 倍！

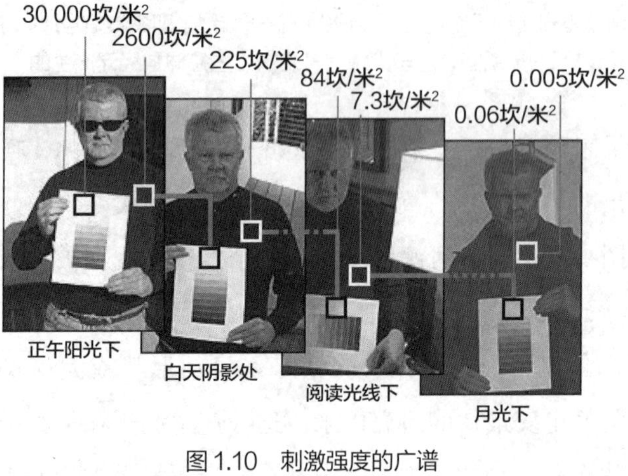

图 1.10　刺激强度的广谱

① 1 磅 ≈ 0.454 千克。——编者注

② 更具体地说，是光亮度增加了 100 万倍。光亮度以坎德拉每平方米（candelas per square meter）衡量，这是单位表面积上产生光子的速率，同时考虑到人类对不同波长的敏感度。

这不只是光的特点。从嗅觉到触觉再到听觉，所有感官模态都需要辨别差异极大的自然变量。这本来未必是个问题，但神经元有一个很大的局限性——由于各种生物化学原因，神经元发放尖峰信号的速度不可能超过每秒 500 次。这意味着神经元需要在每秒 0 到 500 次的发放率范围内，编码变化超过 100 万倍的自然变量。这可以合理地被称为“压缩问题”：神经元必须将这些巨大的自然变量范围压缩到相对而言比较小的发放率范围内。

这使得仅依靠输出信号速率编码不可行。神经元不可能在不损失大量精度的情况下，在如此小的发放率范围内直接编码如此广泛的自然变量。由此产生的不精确性将使得人们无法在室内进行阅读，无法嗅到微妙的气味，也无法感知轻柔的触感。

事实证明，神经元有一个巧妙的方案来解决这个问题。神经元并没有固定的自然变量与信号发放率之间的关系。相反，神经元总是在适应环境，调整其发放率，它们不断重新定义自然界中的变量与发放率所代表含义之间的关系。神经科学家用来描述这一观察结果的术语是“适应性”，这便是阿德里安的第三个发现。

在阿德里安的青蛙肌肉实验中，一个神经元可能会对某一特定重量做出反应，发放 100 次尖峰信号。但是，在第一次刺激之后，神经元会迅速适应，如果你在短时间内再次施加相同的重量，它可能只发放 80 次尖峰信号。当你持续这样做时，尖峰信号的发放次数会继续下降。这种情况在动物大脑中的许多神经元中都适用——刺激越强，神经元发放尖峰信号的阈值变化就越大。在某种意义上，神经元更像是测量刺激强度相对变化的，它表示刺激强度相对于其基线值的变化量，而不是表示刺激强度的绝对值。

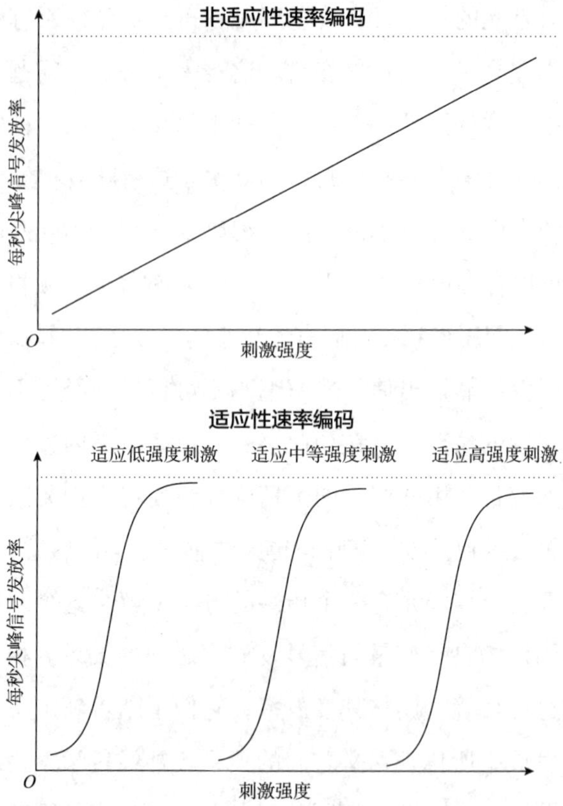

图 1.11

这就是奇妙之处：适应性解决了挤压问题，使神经元能够在有限的发放率范围内精确地编码广泛的刺激强度。刺激越强，要使神经元下次做出类似反应所需的力度就越大。刺激越弱，神经元就变得越敏感。

19 世纪末和 20 世纪初，关于神经元内部工作机制的研究取得了丰硕的成果。在这一时期，神经科学领域涌现出了一批杰出的科学家。其中除了埃德加·阿德里安，还包括圣地亚哥·拉蒙－卡哈尔（Santiago Ramón y Cajal）、查尔斯·谢林顿（Charles

Sherrington）、亨利·戴尔（Henry Dale）、约翰·埃克尔斯（John Eccles）等人。他们为神经科学的发展做出了重要贡献，并获得了诺贝尔生理学或医学奖。其中一个重要的发现是，神经信号脉冲通过突触从一个神经元传递到另一个神经元。突触是神经元之间微小的间隙，输入神经元的尖峰信号触发被称为“神经递质”的化学物质的释放，这些神经递质在纳秒级的时间内穿过突触，附着在一组蛋白质受体上，触发离子流入目标神经元，从而改变其电荷。虽然神经元内部的通信是通过电信号实现的，但跨神经元的通信则是通过化学信号实现的。[①]

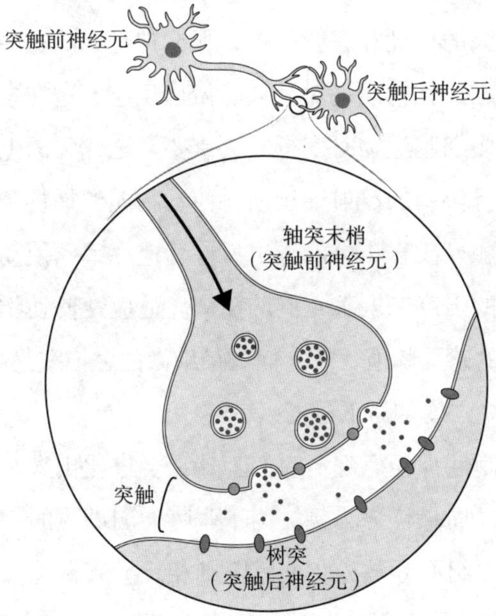

图 1.12

① 当然，这只是普遍情况，也存在神经元相互接触并形成间隙连接的情况，这种连接允许电信号从一个神经元直接传递到另一个神经元。

在20世纪50年代，约翰·埃克尔斯发现神经元主要有两种类型：兴奋性神经元和抑制性神经元。兴奋性神经元释放能够激发它们所连接的神经元的神经递质，而抑制性神经元则释放能够抑制它们所连接的神经元的神经递质。换句话说，兴奋性神经元会触发其他神经元发放尖峰信号，而抑制性神经元则会抑制其他神经元发放尖峰信号。

神经元的这些特征——全或无的尖峰、速率编码、适应性和具有兴奋性和抑制性神经递质的化学突触——在所有动物中都是普遍存在的，甚至在那些没有大脑的动物中也是如此，比如珊瑚虫和水母。为什么所有神经元都共享这些特征呢？如果早期的动物确实像今天的珊瑚和海葵一样，那么神经元的这些方面使得古代动物能够迅速且精准地对其环境做出反应，这在主动捕捉和杀死第二等级多细胞生物时变得至关重要。全或无的电性尖峰信号触发了快速且协调的反射性运动，使动物能够捕捉到猎物，即使对最细微的触摸或气味也能做出反应。速率编码使动物能够根据触感或气味的强度来调整它们的反应。适应性使动物能够调整生成尖峰信号的感受阈值，使它们对最细微的触摸或气味高度敏感，同时防止在高强度刺激下过度兴奋。

那么抑制性神经元呢？它们为什么会进化出来？以珊瑚虫张嘴或闭嘴这一简单任务为例。为了张嘴，珊瑚虫的一组肌肉必须收缩，而另一组必须放松，而闭嘴则相反。兴奋性和抑制性神经元的存在使得最初的神经环路能够实现反射所需的一种逻辑形式。它们可以执行“做这个，不做那个”的规则，这也许是神经元环路中出现的智力的最初迹象。“做这个，不做那个”的逻辑并不新鲜——这种逻辑已经存在于单个细胞的蛋白质信号级联中。但这种能力在神经元中再次得到了体现，这使得这种逻辑在三级多细胞生物层面上成为可能。抑制性神经元为“捕捉－吞咽反射”提供了必要的内在逻辑。

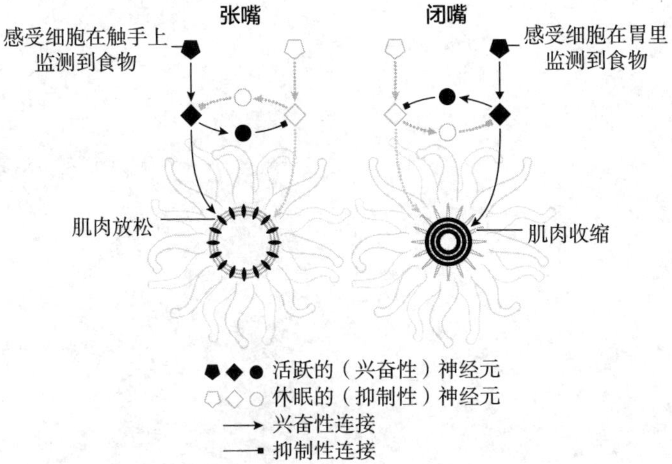

图 1.13　第一个神经环路

虽然第一批动物，无论是类原肠胚还是类珊瑚虫这样的生物，显然有神经元，但它们没有大脑。就像今天的珊瑚虫和水母一样，它们的神经系统是科学家所说的神经网：一个由独立的神经环路组成的分布式网络，各自实现自己的独立反射。

但随着捕食者与猎物之间进化反馈循环的全面展开，随着动物主动捕猎的生态位的形成，以及神经元构建模块的到位，进化迟早会在无意间迎来第一次突破，即把神经网重新连接成大脑。我们的故事从这里才真正开始，但它开始的方式可能与你所想象的不同。

第一次突破

转向

和第一批两侧对称动物

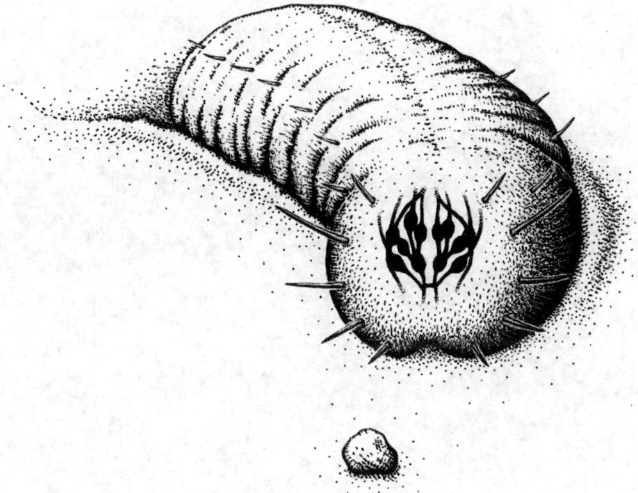

6 亿年前的大脑

2

好与坏的诞生

自然赋予人类两个至高无上的主宰，那就是痛苦和快乐。

——杰里米·边沁（Jeremy Bentham），
《道德与立法原理导论》

乍一看，动物界的多样性似乎令人惊叹——从蚂蚁到短吻鳄，从蜜蜂到狒狒，从甲壳类动物到猫，动物似乎在无数方面各不相同。但如果你进一步思考，你也会很容易地得出这样的结论：动物界的惊人之处在于其多样性如此贫瘠。地球上几乎所有动物都有相同的身体结构。它们都有一个前端，包括嘴巴、大脑和主要的感觉器官（如眼睛和耳朵），它们都有一个后端用于排泄废物。

进化生物学家将具有这种身体结构的动物称为“两侧对称动物”，因为它们具有双侧对称性。这与我们最远的动物亲戚——珊瑚虫、海葵和水母不同——这些动物具有的是径向对称的身体结构，也就是说，它们的相似部分围绕着一个中心轴排列，没有区分任何前端或后端。这两类动物之间最明显的区别是它们的进食方式。两侧对称动物将食物放入口中进食，然后从肛门排出废物。径向对称的动物只有一个开口（如果你愿意的话，可以称之为“嘴巴 – 肛门”），这个开口将食物吞入它们的胃中，然后再将其吐出。毫无疑问，两侧对称动物是两者中更为高级的。

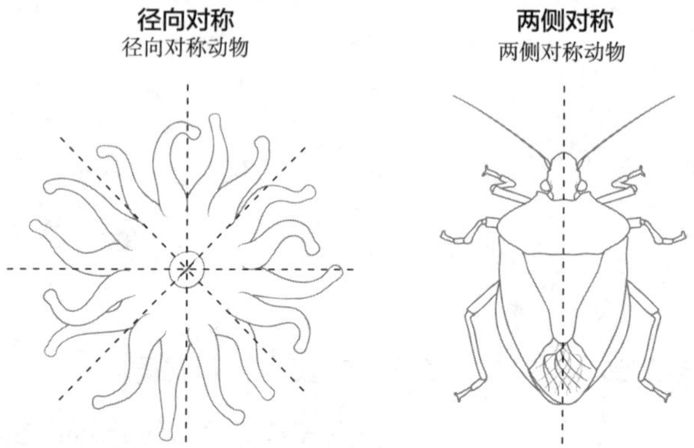

图 2.1

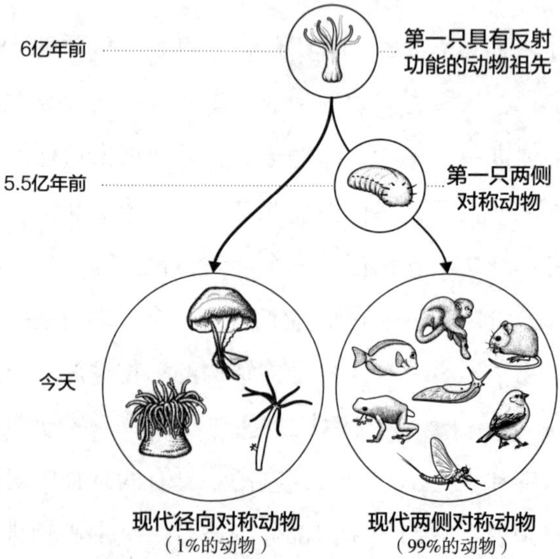

图 2.2

第一批动物被认为是径向对称的，然而，现今的大多数动物物种却是两侧对称的。尽管现代两侧对称动物（从蠕虫到人类）种类繁多，但它们都源自大约 5.5 亿年前的一只两侧对称动物祖先。那么，在这个单一的古动物谱系中，身体结构为何会从径向对称转变为两侧对称呢？

对珊瑚等采用等待食物策略的生物来说，径向对称的身体结构相当便利；但对采用主动寻找食物的捕食策略的生物来说，这却非常糟糕。如果径向对称的生物需要移动，它们就需要有感觉机制来检测所有方向的食物位置，并且需要有一种机制能够向任意方向移动。换句话说，它们需要能够全方位地同时探测并朝各个方向移动。相比之下，两侧对称的身体结构则让移动变得简单得多。它们不需要一个能够朝任意方向移动的运动系统，而只需要一个向前移动和一个转向的运动系统。两侧对称的身体不需要选择精确的方向，它们只需要决定是向右还是向左调整。

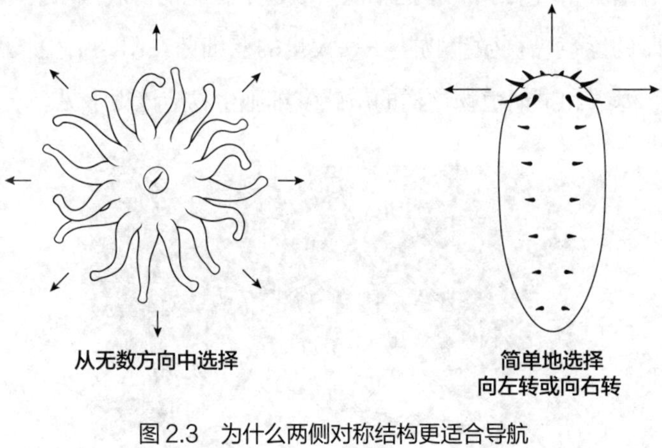

图 2.3　为什么两侧对称结构更适合导航

即使是现代的人类工程师也尚未找到比两侧对称更适合的结

构。汽车、飞机、船只、潜艇以及几乎所有人类制造的导航机器都是两侧对称的。这无疑是运动系统最高效的设计。两侧对称使得运动装置能够针对单一方向（向前）进行优化，同时通过添加转向机制来解决导航问题。

关于两侧对称动物，还有另一个可能更重要的现象：它们是唯一拥有大脑的动物。这并不是巧合。第一个大脑和两侧对称动物的身体共享了相同的初始进化目的：它们使动物能够通过转向进行导航。转向便是第一次突破。

通过转向导航

虽然我们无法确切知道第一批两侧对称动物长什么样，但化石表明它们可能是无腿、类似蠕虫的生物，约一粒米大小。证据表明，它们首次出现在埃迪卡拉纪的某个时期，这个时期大约始于6.35亿年前，结束于5.39亿年前。埃迪卡拉纪的海底浅水区域充满了厚厚的绿色黏稠微生物垫——大量的蓝细菌在阳光下生长繁殖。珊瑚、海绵和早期植物这样的敏感多细胞生物应该很常见。

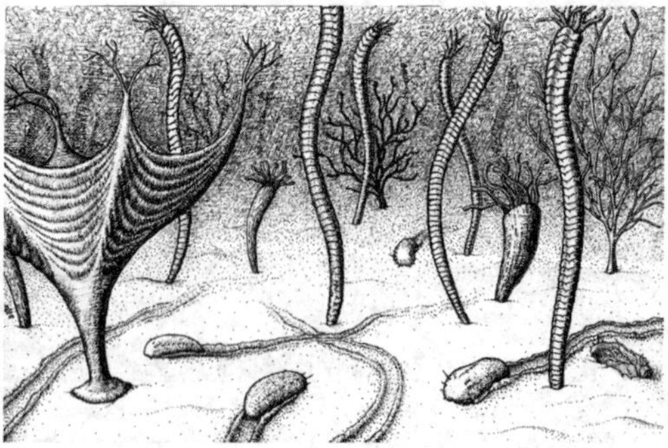

图2.4　埃迪卡拉纪的世界

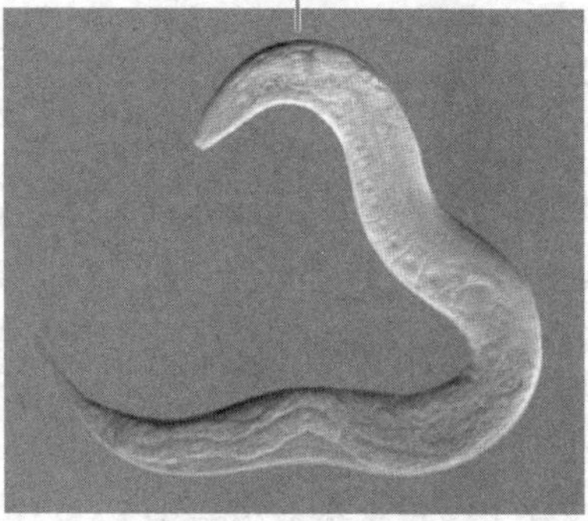

图 2.5　秀丽隐杆线虫

现代线虫被认为自早期两侧对称动物以来一直保持相对不变。这些生物为我们提供了了解我们线虫祖先内部机制的窗口。线虫几乎就是两侧对称动物的基本模板：除了一个头、一张嘴、一个胃、一个肛门、一些肌肉和一个大脑，别无他物。

最早的大脑与线虫的大脑一样，几乎可以肯定是非常简单的。人们研究得最透彻的线虫——秀丽隐杆线虫，只有 302 个神经元，与人类拥有的 860 亿个神经元相比，数量微不足道。然而，尽管线虫的大脑很小，但它们却表现出令人惊讶的复杂行为。线虫如何用它们那极其简单的大脑进行活动，为我们提供了关于早期两侧对称动物如何利用它们的大脑进行活动的线索。

线虫与更古老的动物（如珊瑚）之间最明显的行为差异在于，线虫会花费大量时间移动。比如这个实验：将一条线虫放在培养皿的一侧，在另一侧放置一小块食物。通过这个实验，我们可以观察到三个现象：首先，线虫总能找到食物；其次，它找到食物的速度要比它随机移动时快得多；最后，线虫不会直接游向食物，而是绕着食物打转。

线虫并不是靠视觉找到食物的，因为它们看不见。线虫没有眼睛来形成任何对导航有用的图像。相反，线虫是利用嗅觉找到食物的。它们离气味来源越近，气味的浓度就越高。线虫就是利用这个事实找到食物的。线虫只需要朝着食物气味颗粒浓度增加的方向转动，同时避开浓度减少的方向。这种导航策略既简单又有效，相当优雅。它可以用两条规则来概括：

1. 如果食物的气味增强，就继续前进。
2. 如果食物的气味减弱，就转弯。

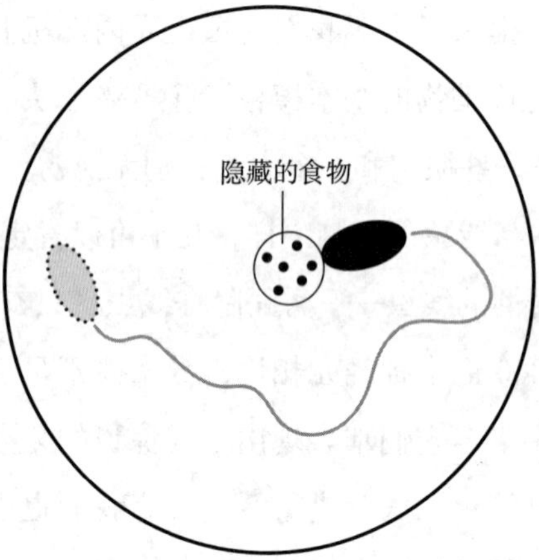

图 2.6　线虫朝食物方向移动

这就是关于转向的突破。事实证明，在复杂的海底世界中成功导航，实际上并不需要理解那个二维世界。你不需要知道你在哪里，食物在哪里，你可能需要走哪些路径，可能需要多长时间，或者关于这个世界的任何真正有意义的信息。你所需要的就是一个大脑，它能指挥一个双侧对称的身体朝着食物气味浓度增加的方向移动，并避开气味浓度减少的方向。

转向机制不仅可以用于朝向目标导航，还可以用于避开危险。线虫拥有能够感知光线、温度和触觉的感觉细胞。它们会利用转向机制避开光线，因为光线会使捕食者更容易发现它们；它们也会利用转向机制避开有害的高温和低温，因为在这些极端温度下，它们的身体功能会受到影响，难以正常运作；此外，它们还会利用转向机制避开尖锐的表面，以防脆弱的身体受到伤害。

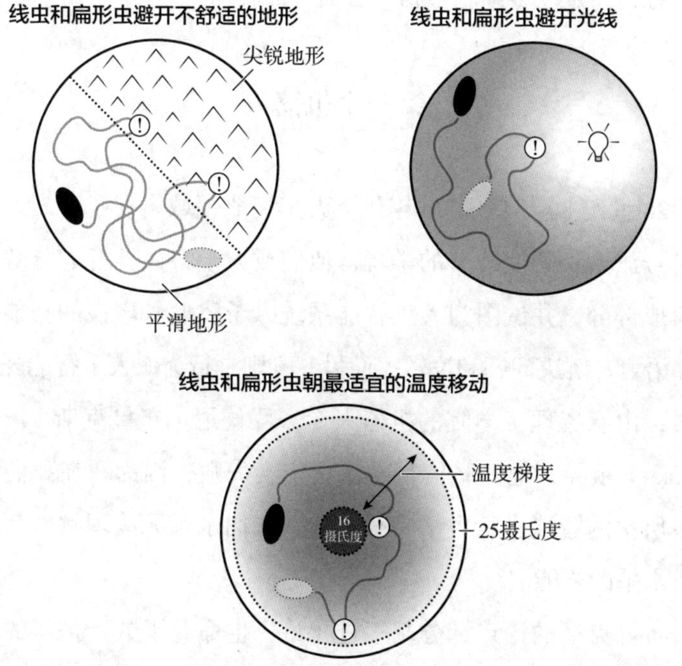

图 2.7　线虫和扁形虫这样简单的两侧对称生物体所做出的转向决策示例

这种通过转向进行导航的技巧并不新颖。像细菌这样的单细胞生物也以类似的方式在其所处的环境中导航。当细菌表面的蛋白质受体检测到如光线这样的刺激时，它可以触发细胞内的化学过程，改变细胞蛋白质推进器的运动，从而使细菌改变方向。这就是像细菌这样的单细胞生物如何游向食物源或避开有害化学物质的方式。但这种机制只在单个细胞的层面上起作用，其中简单的蛋白质推进器可以成功地重新定向整个生命体。然而，在包含数百万个细胞的生物体中实现转向，则需要一个全新的设置。在这个设置中，刺激激活神经元电路，神经元再激活肌肉细胞，使之完成特定的转向运动。因此，第一个大脑带来的突破并不是转向本身，而是在多细胞生物体层面上的转向。

第一个机器人

20 世纪 80 年代和 90 年代，人工智能领域出现了分裂。一方是符号派人工智能阵营的学者，他们致力于将人类智能分解为各个组成部分，并试图为人工智能系统赋予我们最珍视的技能：推理、语言、解决问题和逻辑。而另一方则是行为派人工智能阵营的成员，由麻省理工学院的机器人专家罗德尼·布鲁克斯（Rodney Brooks）领导，他们坚信符号派注定会失败，因为“在我们对更简单层次的智能进行大量实践之前，我们永远无法理解如何分解人类水平的智能”。

布鲁克斯的论点部分基于进化论：生命花了数十亿年的时间才能简单地感知并回应其环境；又花了 5 亿年的时间对大脑进行微调，才使大脑擅长运动技能和导航；而语言和逻辑则是在所有这些艰苦工作之后才出现的。在布鲁克斯看来，与感知和运动能力的漫长进化时间相比，语言和逻辑的出现只是一瞬间。因此，他得出结论：“语言……和推理，一旦建立在存在和反应的本质基础上，就都变得相当简单了。这种本质就是在动态环境中运动、充分感知周围环境以维持生命和进行繁殖的能力。这部分智能是进化集中投入时间的领域，因为非常困难。”

在布鲁克斯看来，虽然人类“为我们提供了（人类级智能）的存在证明，但我们必须谨慎地从中吸取教训”。为了说明这一点，他打了一个比方：

> 假设现在是19世纪90年代。人工飞行是科学、工程和风险投资领域中的热门话题。一群（人工飞行）研究人员被神奇地通过时间机器传送到了20世纪90年代，并停留了几个小时。这几个小时他们都在一架波音747商用客机的客舱里度过，进行了一次中等时长的飞行。回到19世纪90年代后，他们感到振奋不已，因为他们知道大规模（人工飞行）是可以实现的。他们立即着手复制他们所看到的一切。他们在设计倾斜座椅、双层窗户方面取得了很大进展，并且知道只要他们能弄清楚那些奇怪的“塑料”，他们就能掌握这项技术。

试图跳过简单的飞机，直接制造一架波音747，这可能使他们完全误解了飞机的工作原理（倾斜座椅、窗户面板和塑料并不值得关注）。布鲁克斯认为，试图通过逆向工程了解人类大脑的做法也存在同样的问题。更好的方法是“逐步提高智能系统的能力，使每一步都拥有完整的系统”。换句话说，要像进化那样开始，从简单的大脑开始，然后逐步增加复杂性。

许多人不同意布鲁克斯的方法，但无论你是否同意他的观点，不可否认的是，罗德尼·布鲁克斯是第一个制造并获得商业成功的家用机器人的人，是他朝着罗西迈出了第一步。商用机器人进化中的第一步与大脑进化中的第一步有相似之处。布鲁克斯也是从转向开始的。

1990 年，布鲁克斯与他人共同创立了名为 iRobot 的机器人公司，并在 2002 年推出了扫地机器人 Roomba。Roomba 是一款可以在家中自主导航并清扫地板的机器人。该系列新的型号至今仍在生产，iRobot 已经售出超过 4000 万台扫地机器人。

第一代 Roomba 和最早的两侧对称动物有着许多令人惊讶的相似之处。它们都具有极其简单的传感器：第一代 Roomba 只能检测到少数几样东西，比如墙壁和充电桩。它们的“大脑”都很简单：两者都没有利用它们收到的有限感觉输入信号来构建环境地图或识别物体。它们都具有双侧对称性：Roomba 的轮子只允许它前进和后退。要改变方向，它必须原地转弯，然后继续向前移动。

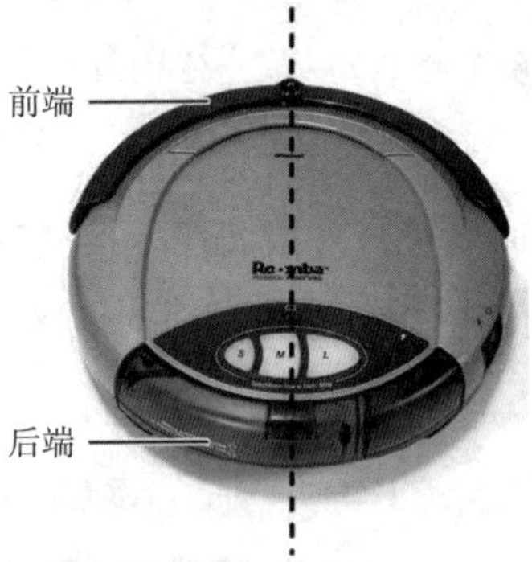

图 2.8　Roomba，以类似早期两侧对称动物的方式导航的扫地机器人

Roomba 只需通过随机移动、碰到障碍物时避开、电量低时朝充电桩方向行驶，便可清洁地板上的所有角落和缝隙。每当

Roomba撞到墙壁时，它都会随机转弯，然后再次尝试向前移动。当电量低时,Roomba会寻找来自充电桩的信号。一旦检测到信号，就会朝着信号最强的方向转弯，最终回到充电桩。

Roomba和第一批两侧对称动物的导航策略并不完全相同。但第一款成功的家用机器人所具有的智能与最初的大脑的智能如此相似，这可能并非巧合。两者都运用了能使它们在理解或给真实世界建模之前就在复杂世界中导航的技巧。

当其他人仍被困在实验室里，致力于制造价值数百万美元，拥有视觉、触觉和大脑的机器人，试图计算复杂的地图和运动时，布鲁克斯制造了最简单的机器人，它几乎没有传感器，几乎不进行任何计算。但市场就像进化一样，最看重三样东西：便宜的东西、实用的东西和简单到足以首先被发现的东西。

虽然转向的能力可能不会像其他智力成就那样令人敬畏，但它无疑是成本最低、最实用的，而且简单到足以在进化修补时偶然发现它。因此，大脑就从这里开始发展了。

效价和线虫大脑的内部

线虫头部周围有感觉神经元，其中一些对光有反应，一些对触摸有反应，还有一些对特定的化学物质有反应。为了进行转向，早期的两侧对称动物需要对它们检测到的每一种气味、触感或其他刺激做出选择：我是接近这个东西，避开这个东西，还是忽略这个东西？

转向的突破需要两侧对称动物将世界分为要接近的事物（“好的事物”）和要避免的事物（“坏的事物”）。

即使是 Roomba 也会这样做——障碍物是“坏”的；电量低时，充电桩是“好”的。更早的径向对称动物不会导航，因此它们从未像这样将世界上的事物进行分类。

当动物将刺激物分为好的和坏的时，心理学家和神经科学家称它们正在给刺激物赋予效价（valence）。效价并不涉及道德判断，它是一种更为原始的概念：动物是否会对刺激物做出接近或避开的反应。当然，刺激物的效价并不是客观的，化学物质、图像或温度本身并没有好坏之分。相反，刺激物的效价是主观的，只由大脑对其好坏的评价决定。

线虫如何决定它所感知到的事物的效价呢？它并不是先观察到某物，然后思考，再决定其效价。相反，其头部周围的感觉神经元会直接发出刺激物的效价信号。如果一组感觉神经元实际上是正效价神经元，那么线虫认为好的事物（如食物的气味）会直接激活它们。反之，如果一组感觉神经元实际上是负效价神经元，那么线虫认为坏的事物（如高温、捕食者的气味、强光）会直接激活它们。

对线虫来说，感觉神经元并不传递周围世界的客观特征——它们编码的是线虫想要接近或远离某物的“转向投票”。在更复杂的两侧对称动物中，如人类，并非所有的感觉机制都像这样——你眼中的神经元检测图像的特征，而图像的效价则在其他地方进行计算。但似乎最初的大脑始于那些并不在意测量世界客观特征的感觉神经元，而是通过简单的效价二元透镜来投射整个感知过程。

图 2.9 展示了线虫转向工作的简化示意图。效价神经元通过与不同的下游神经元连接来触发不同的转向决策。

让我们思考一下线虫是如何利用这种环路来寻找食物的。线虫有正效价神经元，当食物气味分子的浓度增加时，这些神经元会触发线虫向前移动。正如我们在早期动物神经网中感觉神经元中所看到的那样，这些神经元会迅速适应气味的基础水平。这使得这些效价神经元能够在广泛的气味浓度范围内发出信号。无论气味浓度是从 2 倍增加到 4 倍，还是从 100 倍增加到 200 倍，这些神经元都会产生数量相当的尖峰信号。这使得效价神经元能够持续推动线虫朝着正确的方向前进。这是从最初闻到遥远食物气味的时候起，一直到找到食物来源的整个过程中，传达“是的，继续前进！”的信号。

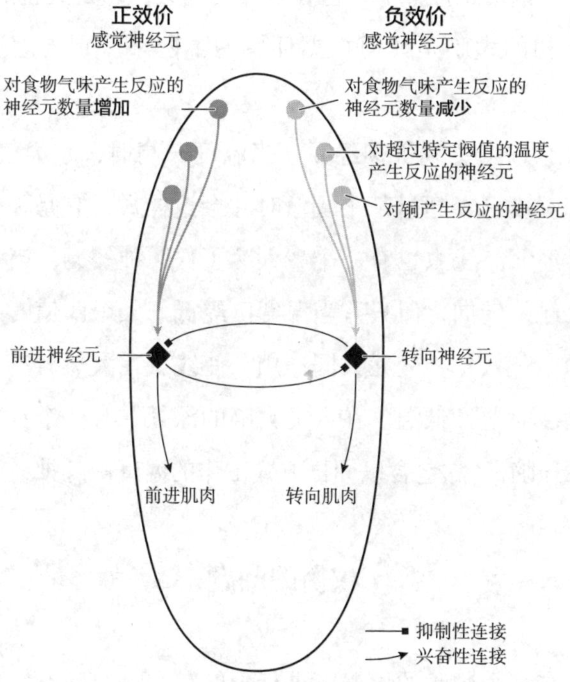

图 2.9　第一个大脑神经元连接的简化示意图

这种适应性的运用是进化创新推动未来创新的一个例子。早期两侧对称动物朝食物转向之所以成为可能，是因为适应性已经在更早的径向对称动物中进化出来了。如果没有适应性，效价神经元要么过于敏感（在离气味太近时连续误发信号），要么不够敏感（无法检测到远处的气味）。

在这个阶段，新的导航行为只需修改不同效价神经元被激发的条件就可以出现。以线虫如何导航至最适宜温度为例，相比于简单地向气味方向移动，温度导航需要一些额外的技巧：食物气味的浓度逐渐降低总是坏事，但环境温度的降低只有在线虫已经太冷时才是坏事。如果线虫太热，那么温度降低就是好事。在炎炎夏日，温水浴是煎熬的，但在寒冷的冬天，却是天堂般的享受。那么，最初的大脑是如何根据环境的不同来区别处理温度波动的呢？

线虫有一个负效价神经元，当温度升高时，它会触发转向，但只有当温度已经超过某个阈值时才会这样做，它是一个“太热了！”神经元。线虫也有一个“太冷了！”神经元，当温度降低时，它会触发转向，但只有当温度已经低于某个阈值时才会这样做。这两个负效价神经元共同作用，使线虫在太热时迅速避开高温，在太冷时避开低温。在人类大脑的深处，有一个古老的结构叫作“下丘脑”，它包含以同样方式工作的温度敏感神经元。

权衡的问题

在存在多个刺激的情况下进行导航存在一个问题：如果不同的感觉细胞“投票”支持向相反方向转向，会发生什么？如果线虫同时闻到了美食和危险的气味，它该如何选择？

科学家正是在这样的情况下对线虫进行了测试。他们将一群线虫放在培养皿的一侧，将美味的食物放在培养皿的另一侧，然后在中间放置一块危险的铜（线虫讨厌铜）作为屏障。这时，线虫就面临一个问题：它们愿意穿过屏障去获取食物吗？令人惊叹的是，答案（正如你对一个哪怕只有一丁点儿智慧的动物所期望的那样）取决于现场情况，取决于食物气味与铜气味的相对浓度。

在铜浓度较低时，大多数线虫会穿过屏障；在铜浓度中等时，只有一些线虫会这样做；在铜浓度较高时，没有线虫愿意穿过屏障。

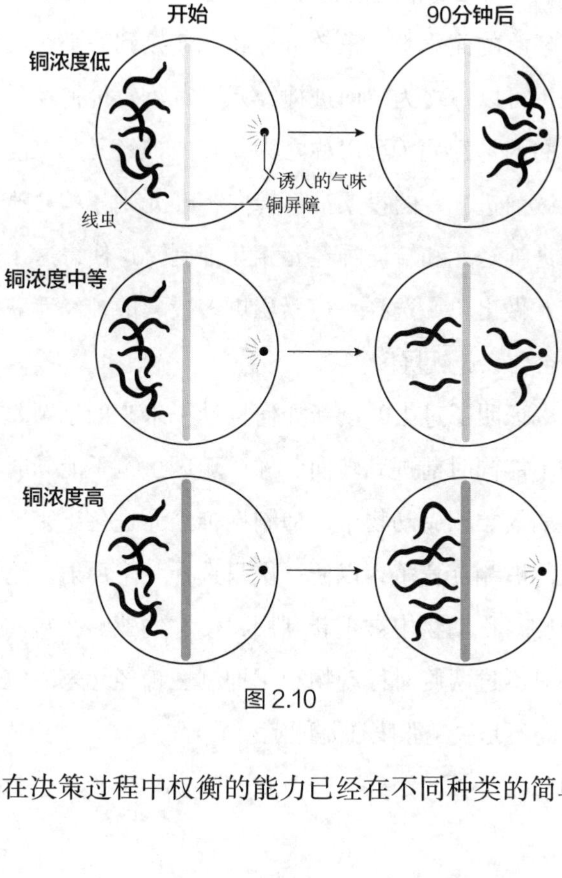

图 2.10

这种在决策过程中权衡的能力已经在不同种类的简单线虫状

两侧对称动物以及不同的感觉模态中进行了测试。结果一致表明，即使是拥有不到 1000 个神经元的最简单的大脑，也能进行这些权衡取舍。

跨感觉模式整合输入信息的需求可能是为什么转向需要大脑，而不能在像珊瑚虫那样的分布式神经反射网络中实现的原因之一。所有这些感觉输入都在为不同方向的转向投票，它们必须在一个地方集中整合，以做出单一决策，因为一次只能选择一个方向前进。第一个大脑就是这个巨大的整合中心：它是一个大型的神经网络，负责选择转向方向。

你可以从图 2.9 中直观地了解这是如何工作的，该图是线虫转向神经环路的简化版。正效价神经元连接到一个触发向前移动的神经元（可以称之为“前进神经元”），负效价神经元连接到一个触发转向的神经元（可以称之为“转向神经元”）。前进神经元累积“继续前进！”的投票，而转向神经元则累积“避开！”的投票。前进神经元和转向神经元相互抑制，这使得这个网络能够整合权衡并做出单一选择——累积更多投票的神经元获胜，并决定动物是否要穿越铜屏障。

这再次证明了过去的创新如何推动了未来的创新。正如两侧对称动物不能同时前进和转向一样，珊瑚虫也不能同时张嘴和闭嘴。在早期的类珊瑚动物中，抑制性神经元进化出来，使这些互斥的反射能够相互竞争，以便一次只选择一个反射。这一机制在早期的两侧对称动物中被重新利用，使它们能够在转向决策中做出权衡。只不过两侧对称动物利用抑制性神经元来决定是前进还是转向，而不是决定张嘴还是闭嘴。

你饿了吗？

一个事物的效价取决于动物的内部状态。线虫是否选择穿越铜屏障来获取食物，不仅取决于食物气味和铜浓度的相对水平，还取决于线虫的饥饿程度。如果线虫已经吃饱了，它就不会穿越屏障去获取食物；但如果它饿了，它就会这么做。此外，线虫完全可以根据它们的饥饿程度改变偏好。如果线虫吃得很饱，它会避开二氧化碳；如果它饿了，它就会朝二氧化碳的方向移动。为什么呢？二氧化碳是食物和捕食者都会释放的化学物质，所以当线虫吃饱时，为了追求食物而朝二氧化碳方向移动会冒着被捕食的风险，这并不值得；然而，当它饥饿时，二氧化碳可能是食物而不是捕食者的信号，因此这值得冒险。

大脑根据内部状态迅速改变刺激效价的能力是普遍存在的。想想一整天没吃饭的你吞下第一口你最爱的晚餐时那种垂涎欲滴的感觉，再对比一下自己撑得不行时吃最后一口的那种腹胀和恶心。仅仅几分钟之内，你最爱的那顿饭就能从“上帝的恩赐”变成“你一点也不想靠近的东西”。

发生这种情况的机制相对简单，并且在两侧对称动物中普遍存在。动物细胞在能量充足时释放特定的化学物质——“饱腹信号”，如胰岛素；而在能量不足时，它们会释放另一组化学物质——“饥饿信号”。这两种信号都会在动物的全身扩散，为动物的饥饿程度提供一个持久的全局信号。线虫的感觉神经元具有能检测这些信号存在的受体，并据此改变它们的反应。在饥饿信号的作用下，秀丽隐杆线虫中对食物气味有正效价的神经元会对食物气味更加敏感；而在饱腹信号的作用下，它们对食物气味的反应会减弱。

Roomba 这样的机器人也有内部状态。当 Roomba 充满电时，它会忽略来自其充电桩的信号。在这种情况下，可以说，来自充电桩的信号具有中性效价。当 Roomba 的内部状态变为电量低时，来自充电桩的信号就会转变为具有正效价，Roomba 将不再忽略来自其充电桩的信号，并将驶向它以补充电量。

转向至少需要四样东西：用于转弯的两侧对称身体结构、用于检测和将刺激归类为好或坏的效价神经元、用于将输入整合为单个转向决策的大脑，以及根据内部状态调节效价的能力。但即便如此，进化仍在不断进行微调。在早期的两侧对称动物大脑中出现了另一种技巧，这种技巧进一步提高了转向的有效性。这就是我们现在所说的情感的雏形。

3

情感的起源

当你听到一个朋友为对手政党最近的失误辩护时，你感到的那种火冒三丈的狂怒（这种情绪很难准确定义，也许是混合了愤怒、失望、背叛和震惊的复杂情绪）显然是一种坏情绪。当你躺在阳光明媚的温暖海滩上时，你感到的那种淡淡的宁静（这也很难准确描述）显然是一种好情绪。效价不仅存在于我们对外部刺激的评估中，也存在于我们的内部状态中。

我们的内部状态不仅具有不同程度的效价，还具有不同程度的唤醒度。火冒三丈的狂怒不仅是一种坏情绪，还是一种被唤醒的坏情绪，它不同于未被唤醒的坏情绪，如抑郁或无聊。同样，躺在温暖海滩上时的淡淡宁静不仅是一种好情绪，还是一种低唤醒度的好情绪，它不同于被大学录取或乘坐过山车（如果你喜欢这种刺激的话）所带来的高唤醒度的好情绪。

情绪是复杂的。定义和分类特定情绪是一项充满风险的任务，很容易受到文化偏见的影响。在德语中有一个词“sehnsucht”，可以理解为渴望另一种生活的情绪；在英语中并没有直接对应的词。

在波斯语中，“ænduh”这个词同时表达了遗憾和悲伤的概念；在达尔格瓦语中，“dard”这个词则同时表达了焦虑和悲伤的概念。在英语中，我们为每个概念都创造了不同的词语。那么，哪种语言最能区分大脑产生的情绪状态的客观类别呢？许多人穷其一生都在寻找人类大脑中的这些客观类别，如今，大多数神经科学家认为，这样的客观分类并不存在，至少像“sehnsucht”或“悲伤”这样的词语层面并不存在。相反，似乎这些情绪类别在很大程度上是文化习得的。我们将在后续的突破中进一步了解这一点。现在，我们先从探讨情绪更简单的起源开始。情绪的基本模板作为一种智力技巧，是为了解决最初的大脑面临的一系列具体问题而进化出来的。因此，我们从情绪最简单的两个特征开始探讨，这两个特征不仅普遍存在于人类文化中，也普遍存在于动物界，即我们从最初的大脑那里继承下来的情绪特征：效价和唤醒。

神经科学家和心理学家使用“情感”（affect）这个词来表示情绪的这两个属性。在任何给定时刻，人类都处于一种情感状态，这种状态由效价和唤醒度这两个维度的位置来表示。虽然对人类情绪类别的严格定义一直困扰着哲学家、心理学家和神经科学家，但情感是情绪的统一基础，却得到了广泛认可。

情感的普遍性体现在我们的直觉中。我们很容易将一系列细微的情绪词语，如平静、兴奋、紧张、心烦、沮丧、无聊，与它们源自的情感状态相对应（见图 3.1）。情感的普遍性同样可以在我们的生物学特征中体现出来。心率、出汗与否、瞳孔大小、肾上腺素水平和血压等明显的神经生理特征能够区分不同的唤醒度。同时，也存在明确的神经生理特征可以区分效价的不同水平，比如应激激素水平、多巴胺水平和特定脑区的激活情况。尽管世界各地的文化对于特定情绪类别的分类存在差异，如愤怒和恐惧，但情感状态的分类却相当普遍。所有文化都有表达效价和唤醒概念的词语，而且不同文化的新生儿都有普遍的面部和身体特征来表达唤醒和效价（比如哭泣和微笑）。

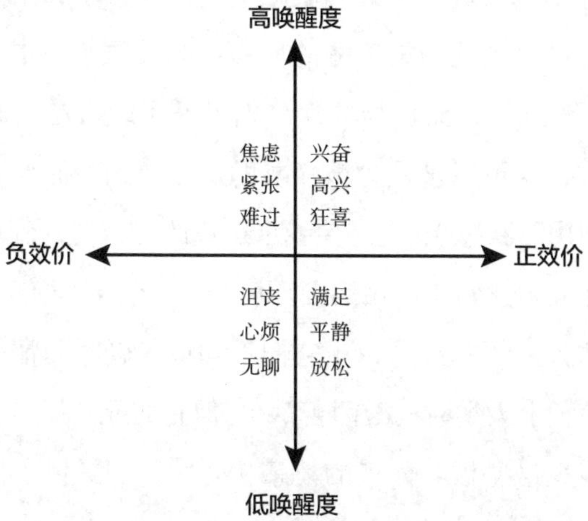

图 3.1　人类的情感状态

情感的普遍性超越了人类的范畴，它存在于整个动物界。情感是现代情绪萌发的古老种子。那么，情感为什么会进化呢？

在黑暗中转向

即使是拥有微小神经系统的线虫，也拥有情感状态，尽管这些状态非常简单。线虫表现出不同程度的唤醒度：当它们吃饱、感受到压力或生病时，几乎不会移动，对外部刺激也没有反应（低唤醒度）；而当它们饥饿、探测到食物或嗅到捕食者时，会不停地游动（高唤醒度）。线虫的情感状态还表现出不同的效价水平。正效价的刺激有助于线虫的进食、消化和繁殖活动（一种原始的好心情），而负效价的刺激则会抑制所有这些活动（一种原始的坏心情）。

将这些不同水平的唤醒度和效价结合起来，我们得到了一个原始的情感模板。负效价的刺激触发了快速游动和很少转向的行为模式，这可以被视为被唤醒的坏心情的最原始版本（通常被称为“逃避”状态）；而食物的探测则触发了缓慢游动和频繁转向的行为模式，这可以被视为被唤醒的好心情的最原始版本（通常被称为“利用”状态）。逃避使线虫迅速改变位置，利用则使线虫在其周围环境中搜索（利用周围环境寻找食物）。虽然线虫的情感复杂性无法与人类相提并论（它们不知道年轻时爱情的冲动，也不知道送孩子上大学时的酸甜苦辣），但它们显然展示了情感的基本模板。线虫这些极其简单的情感状态为我们提供了情感最初进化的线索。

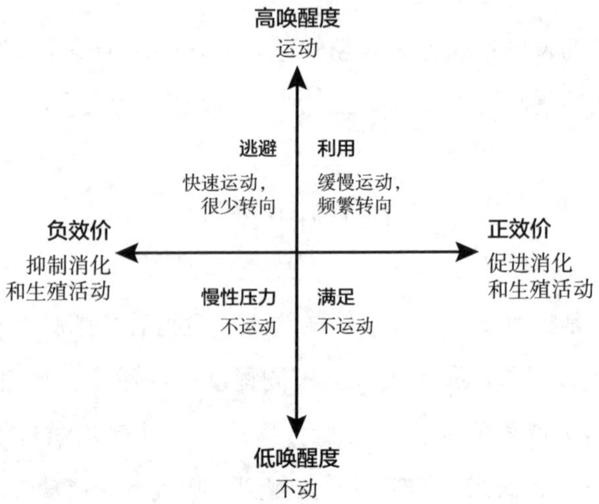

图 3.2　线虫的情感状态

假设你将一条未进食的线虫放在一个大的培养皿中，其中有一个隐藏的食物区域。即使你隐藏了所有食物的气味，让线虫无法顺着味道找到食物，线虫也不会傻傻地坐着等待食物的香味。相反，它会迅速游动并重新定位自己。换句话说，它会选择逃避。它这么做是因为饥饿是触发逃避的因素之一。当线虫偶然碰到隐藏的食物时，它会立即放慢速度并开始频繁转向，停留在它发现食物的大致位置——它会从逃避状态转变为利用状态。最终，在摄取足够的食物后，线虫会停止移动，静止下来，对外界刺激没有反应。它会进入满足状态。

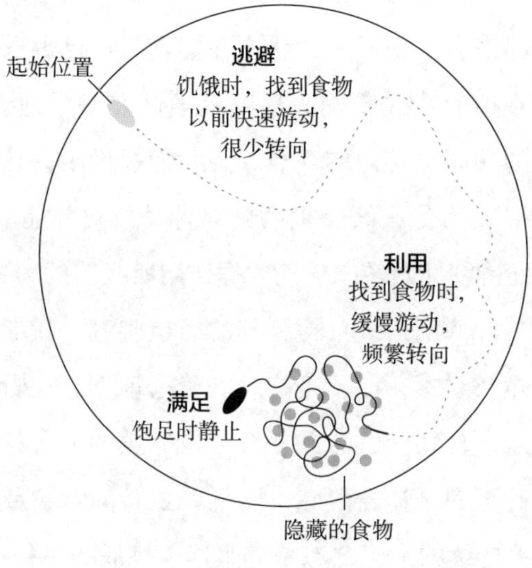

图 3.3

科学家往往避免对简单两侧对称动物（如线虫）使用“情感状态”这一术语，而是更倾向于使用较为妥当的“行为状态”来描述，以避免给人造成线虫实际上有感受的错觉。意识体验是一个哲学上的泥沼，我们稍后会简要提及。但至少在这里，我们可以完全避开这个问题。情感的意识体验（无论它是什么、如何运作）可能是在情感的基础机制之后进化而来的。这甚至在人类身上也可以看到——人类大脑中负责产生负面或正面情感状态的部分进化出来的时间距离现在更近，并且与产生反射性逃避和接近反应的大脑部分有所区别。

这些情感状态的一个定义特征是，尽管它们往往由外部刺激触发，但在刺激消失后它们会持续很长时间。这一情感状态的特征从线虫到人类都普遍存在——就像线虫嗅到捕食者后，会长时间保持在类似恐惧的状态中；人类在经历一次不友好的社交互动后，也可能郁闷数小时。至少在最初，这种持续性的好处并不明显，甚至看起来有点愚蠢——线虫在捕食者早已离开后继续尝试逃避，而且在所有食物都消失后继续尝试在一个地方寻找食物。第一个大脑的功能是转向的观点，为我们提供了为什么线虫会有这些状态（以及为什么第一批两侧对称动物可能也有这些状态）的线索：这种持续性是转向功能发挥作用所必需的。

感觉刺激，特别是线虫检测到的简单刺激，只能提供现实世界存在物的短暂线索，而不是持续的确凿证据。在野外，离开科学家的培养皿，食物的气味并不会形成完美的分布梯度——水流可能会扭曲甚至完全掩盖气味，降低线虫转向食物或避开捕食者的能力。这些持续的情感状态是克服这一挑战的一种策略："如果我检测到一股迅速消失的食物气味，那么即使我不再闻到它，附近也很可能有食物。"因此，在遇到食物后持续搜索周围环境比仅在检测到食物气味时做出反应更为有效。类似地，线虫经过一个充满捕食者的区域时，不会一直闻到捕食者的气味，而只会捕捉到附近捕食者的一丝气味。如果线虫想要逃避，那么在气味消失后继续游走是个好主意。

就像飞行员试图透过一个不透明或被遮挡的窗户驾驶飞机一样，她别无选择，只能学会在黑暗中飞行，只能依赖外界闪烁的灯光所提供的线索。同样，线虫也必须进化出一种“在黑暗中转向”的方式——在没有感觉刺激的情况下做出转向决策。第一个进化解决方案就是情感，即可以被外部刺激触发，但会在刺激消失后持续存在的行为模式。

这种转向特性甚至在扫地机器人 Roomba 身上也能体现出来。事实上，Roomba 被设计成拥有不同的行为状态也是出于同样的原因。通常情况下，Roomba 通过随机移动来探索房间。然而，如果 Roomba 遇到一片污垢，它会激活“污垢探测”功能，从而改变行为模式，开始在局部区域内转圈。这种新的行为模式是由污垢的探测触发的，但即使污垢不再被探测到，它也会持续一段时间。为什么扫地机器人被设计成这样呢？因为这很有效——在一个地方探测到污垢，意味着附近也可能有污垢。因此，在探测到污垢后的一段时间内转向局部搜索，是提高清洁所有污垢速度的一个简单规则。这正是线虫在遇到食物后，从探索状态转变为利用状态，并在局部搜索环境的原因。

多巴胺和血清素

线虫的脑部通过使用被称为“神经调质”的化学物质来产生这些情感状态，其中最著名的两种神经调质是多巴胺和血清素。抗抑郁药、抗精神病药、兴奋剂和迷幻药都是通过影响这些神经调质来发挥作用的。许多精神疾病，包括抑郁症、强迫症、焦虑症、创伤后应激障碍和精神分裂症等，都被认为至少部分是由神经调质失衡引起的。神经调质在人类出现很久之前就已经进化出来了，它们与情感的关联可以追溯到第一批两侧对称动物。

神经调节性神经元与兴奋性和抑制性神经元不同，后者只对它们所连接的特定神经元产生特定且短暂的影响，而前者则对许多神经元产生微妙、持久且广泛的影响。不同的神经调节性神经元会释放不同的神经调质——多巴胺神经元释放多巴胺，血清素神经元释放血清素。动物大脑中的神经元对不同类型的神经调质有不同的受体——神经调质可以温和地抑制一些神经元，同时激活其他神经元；它们可以使一些神经元更容易产生动作电位，而使其他神经元更不容易产生；它们可以使一些神经元对激活更敏感，同时使其他神经元的反应变得迟钝；它们甚至可以加速或减缓适应过程。将这些影响综合起来，这些神经调质可以调整整个大脑的神经活动。正是这些不同神经调质之间的平衡决定了线虫的情感状态。

线虫的多巴胺神经元从其头部伸出小突起，并含有专门用于检测食物的受体。当这些神经元检测到食物的存在时，它们会向大脑释放大量多巴胺。这会调节神经网络，从而进入利用状态。这种效果可以持续数分钟，直到多巴胺水平再次下降，线虫恢复到逃避状态。线虫中的血清素神经元具有能够检测其咽喉中食物存在的受体，如果释放足够的血清素，它就会触发饱腹感。

线虫简单的大脑为我们提供了了解多巴胺和血清素最早或至少是非常早期功能的窗口。当线虫检测到周围有食物时，就会释放多巴胺；而当食物被检测到在虫体内部时，线虫会释放血清素。如果说多巴胺是“好事将近”的化学信号，那么血清素就是“好事正在发生”的化学信号。多巴胺驱使线虫寻找食物，而血清素则驱使线虫在进食时享受食物。

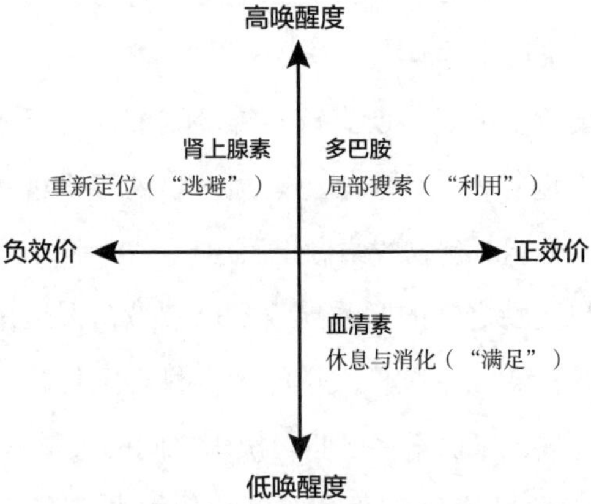

图 3.4　神经调质在第一批两侧对称动物情感状态中的作用

尽管多巴胺和血清素在不同进化谱系中的确切功能已被详细阐述，但自第一批两侧对称动物以来，多巴胺和血清素之间的基本二分法一直保持着惊人的保守性。在诸如线虫、蛞蝓、鱼类、大鼠和人类等差异巨大的物种中，多巴胺都是由附近的奖励触发的，从而引发兴奋和追求（利用）的情感状态；而血清素则是在获得奖励后被释放的，从而引发一种低兴奋状态，抑制对奖励的追求（即满足）。当你看到你想要的东西时，比如你饥饿时看到的食物、性感的伴侣或是比赛的终点线，会发生什么呢？在所有这些情况下，你的大脑都会释放大量多巴胺。而当你得到你想要的东西时，比如当你达到性高潮、品尝到美味的食物或是完成待办事项清单上的任务时，你的大脑会释放血清素。

如果你提高大鼠大脑中多巴胺的水平，它们会开始冲动地利用一切附近能找到的奖励：狼吞虎咽地吃东西，并试图与所有它们看到的对象交配。相反，如果你提高它们血清素的水平，它们会停止进食，变得不那么冲动，更愿意延迟满足。血清素通过关闭多巴胺反应并降低效价神经元的响应，将行为从专注于追求目标转变为满足于饱足的状态。

而且至关重要的是，所有这些神经调节性神经元（就像效价神经元一样）也对内部状态敏感。当动物处于饥饿状态时，多巴胺神经元更有可能对食物线索做出反应。

多巴胺与奖励之间的联系导致多巴胺被错误地贴上了“快乐化学物质”的标签。密歇根大学的神经科学家肯特·贝里奇设计了一种实验范式，以探索多巴胺与快乐之间的关系。与人类一样，大鼠在品尝它们喜欢的东西（如美味的糖丸）和不喜欢的东西（如苦味的液体）时，会做出不同的面部表情。婴儿在尝到温热的牛奶时会微笑，而在尝到苦水时会吐出来；大鼠在尝到美味的食物时会舔嘴唇，而在尝到糟糕的食物时会张开嘴巴并摇头。贝里奇意识到，他可以利用这些不同面部反应的频率作为衡量大鼠愉悦度的指标。

令许多人惊讶的是，贝里奇发现提高大鼠大脑中的多巴胺水平，对于它们面对食物时，产生的愉悦面部表情的程度和频率没有影响。虽然多巴胺会使大鼠消耗大量食物，但大鼠并没有表现出它们这样做是因为更喜欢食物。大鼠并没有表现出更频繁的愉悦舔唇行为。相反，尽管它们吃得更多，但对食物的厌恶表情却更多了。就好像大鼠尽管不再享受进食，却无法停止进食一样。

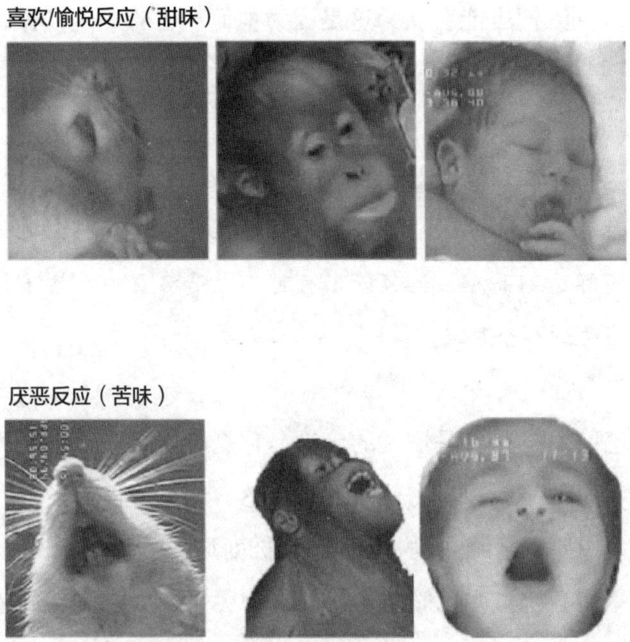

图 3.5　根据面部表情推断愉悦（喜欢）和不悦（厌恶）

在另一项实验中，贝里奇破坏了几只大鼠的多巴胺神经元，几乎耗尽了它们大脑中的多巴胺。这些大鼠会坐在一大堆食物旁边，直至饿死。然而，这种多巴胺的耗竭对愉悦感没有影响。如果贝里奇把食物放进这些饥饿的大鼠嘴里，它们会做出面部表情，表现出饥饿时进食所带来的那种欣快感，它们的舔唇动作比平时更频繁。没有多巴胺，大鼠仍然能体验到愉悦感，只是它们似乎没有动力去追求这种愉悦感。

这一发现也在人类身上得到了证实。在 20 世纪 60 年代一系列有争议的实验中，精神病学家罗伯特·希思（Robert Heath）在人的大脑中植入电极，这样病人就可以按下一个按钮来刺激自己的多巴胺神经元。病人很快就开始反复按下这个按钮，通常每小时数百次。人们可能会认为这是因为他们“喜欢”这样做，但希思却说：

> 病人在解释为什么他如此频繁地按下隔膜按钮时表示，这种感觉……就像他正在逐渐接近性高潮。然而，他说他无法实际达到高潮，他频繁（有时甚至是疯狂地）按下按钮是试图达到那个终点。

多巴胺本身并不是愉悦的信号，它是对即将获得愉悦的预期信号。希思的病人并没有体验到愉悦感，相反，他们经常因为无法满足按钮所带来的强烈渴望而感到极度沮丧。

贝里奇证明，多巴胺与喜欢的事物关系不大，而与渴望的事物关系更大。这一发现从多巴胺的进化起源来看是合乎情理的。对于线虫，它们接近食物时会释放多巴胺，但它们吃东西时并不会释放多巴胺。线虫中由多巴胺触发的利用行为状态（它们会放慢速度并在周围环境中寻找食物），在许多方面都是渴望的最原始形式。早在第一批两侧对称动物出现的时候，多巴胺就是好事将近的信号，而不是好事本身的信号。

虽然多巴胺对喜欢的反应没有影响，但血清素会减少对喜欢和讨厌的反应程度。当给予提高血清素水平的药物时，大鼠对美味食物的舔唇动作减少，对苦味食物的摇头动作也减少。这也是根据血清素的进化起源我们可以预料到的：血清素是一种带来满足感、让人觉得一切都尚可的化学物质，它的作用在于抑制效价反应。

多巴胺和血清素主要参与调节情感状态的积极方面，即正面情感的不同形式。还有其他同样古老的神经调质，它们支撑着负面情感（压力、焦虑和抑郁）的产生机制。

当线虫感到压力时

人类比以往任何时候都更多地遭受与压力相关的疾病。每年因自杀而死亡的人数超过所有暴力犯罪和战争致死人数的总和。每年约有 80 万人自杀，自杀未遂的人数超过 1500 万。世界上超过 3 亿人患有抑郁症——他们失去了体验快乐和投入生活的能力。世界上有超过 2.5 亿人患有焦虑症——他们对周围的世界感到莫名的恐惧。美国疾病控制与预防中心（CDC）甚至为此创造了一个术语：绝望之死。在过去的 20 年里，绝望之死的比率翻了 1 倍多。

这些人并不是被狮子吃掉，也不是因为饥饿或寒冷而死亡。这些人之所以死亡，是因为他们的大脑在摧毁他们。选择自杀、故意服用致命药物或暴饮暴食导致肥胖，这些都是由我们的大脑产生的行为。如果不理解这个谜团，任何试图理解动物行为、大脑和智能本身的尝试都是不完整的：为什么进化会创造出如此具有灾难性和看似荒谬缺陷的大脑呢？和所有进化适应一样，大脑的目的是提高生存能力。那么，为什么大脑会产生如此明显的自我毁灭行为呢？

逃避的情感状态（线虫迅速尝试游向新位置的状态），部分是由另一类神经调质（去甲肾上腺素、章鱼胺和肾上腺素）触发的。在两侧对称动物中，包括线虫、蚯蚓、蜗牛、鱼类和小鼠等差异极大的物种，这些化学物质会在受到负效价刺激时释放，并触发众所周知的战逃反应：心率加快、血管收缩、瞳孔扩张，并抑制各种非必要活动，如睡眠、繁殖和消化。这些神经调质部分通过直接抵消血清素的有效性来发挥作用，即降低动物休息和满足的能力。

即使是线虫，在世界上四处移动也会消耗大量能量。肾上腺素诱导的逃避反应是动物所能做出的最消耗能量的行为选择之一，因为逃避反应需要肌肉消耗大量能量来快速游动。因此，进化设计出了一种节省能量的方法，从而使逃避反应能够持续更长时间。肾上腺素不仅触发逃避行为，它还关闭一系列消耗能量的活动，将能量资源转移到肌肉上。全身的细胞都会排出糖分，细胞生长过程会停止，消化会暂停，生殖过程会关闭，免疫系统也会受到抑制。这被称为“急性应激反应”，是身体对负效价刺激立即做出的反应。

但是，就像政府通过财政赤字来资助战争一样，急性应激反应通过推迟基本的身体功能来维持生命，但这种做法不能无限期地延续下去。因此，我们的两侧对称动物祖先进化出了一种应对压力的逆向调节反应，也就是一整套抗压力化学物质，为战争的结束做好准备。其中一种抗压力化学物质是阿片类物质。

罂粟并不是阿片类物质的唯一来源，大脑会自行制造阿片类物质，并在受到压力时释放它们。当压力源消失，伴随着肾上腺素水平下降时，线虫并不会恢复到基线状态。相反，剩余的抗压力化学物质会启动一系列与恢复相关的过程——免疫反应、食欲和消化会重新开启。这些缓解和恢复所需的化学物质（如阿片类物质）之所以能做到这一点，部分原因在于它们增强了血清素和多巴胺信号（两者都会被急性应激压力源抑制）。阿片类物质还会抑制负效价神经元，这有助于动物在受伤后恢复和休息。当然，这就是为什么阿片类物质对所有两侧对称动物都如此有效。阿片类物质还使某些奢侈（非必要）的功能（如生殖活动）保持在关闭状态，直到缓解和恢复过程完成。这就是为什么阿片类物质会降低性欲。因此，线虫、其他无脊椎动物和人类对阿片类物质都有类似的反应——长时间的进食、抑制疼痛反应和抑制生殖行为，也就不足为奇了。

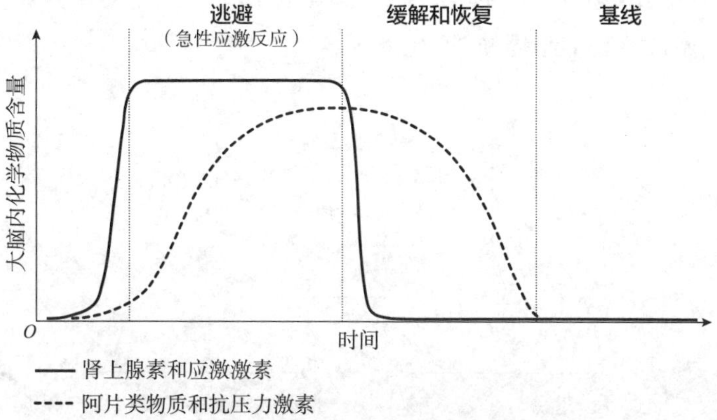

图 3.6 应激激素与抗压力激素的时间曲线

这种缓解和恢复的状态不仅重新激发食欲：一只饿了 12 小时的线虫会吃下比它们一般饥饿的同伴多 30 倍的食物。换句话说，压力会让线虫暴饮暴食。暴食之后，这些之前挨饿的线虫会“昏睡”过去，它们处于静止状态的时间比未挨饿的线虫长 10 倍。线虫之所以这样做，是因为压力是一个信号，表明环境恶劣，食物可能稀缺或很快就会变得稀缺。因此，线虫会储备尽可能多的食物，为下一次挨饿做好准备。早在 6 亿年前最初的大脑出现时，应对压力后的暴饮暴食系统就已经建立起来了。

在肯特·贝里奇的大鼠面部表情实验中，这些像阿片类物质的抗压力激素与多巴胺和血清素不同。虽然多巴胺对喜欢反应没有影响，但给大鼠服用阿片类物质确实会大大增加它们对食物的喜欢反应。考虑到我们现在对阿片类物质进化起源的了解，这就不难理解了。阿片类物质是在经历压力后用于缓解和恢复的化学物质：应激激素会关闭正效价反应（减少喜好），但当应激源消失时，剩余的阿片类物质会重新激活这些正效价反应（增加喜好）。阿片类物质让一切变得更好：它们增加喜欢反应，减少厌恶反应；增强愉悦感，抑制疼痛。

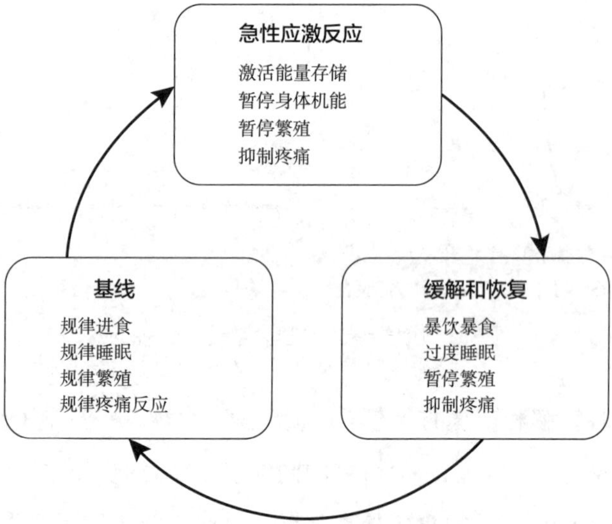

图 3.7　起源于第一批两侧对称动物的古老压力循环

空虚和忧郁

以上描述的都是身体对短期压力源的应对方式，即急性应激反应。但是，压力给现代人类带来的困扰大多来自身体对长期压力源的应对方式，即慢性应激反应。这同样可以追溯到第一批两侧对称动物。如果线虫暴露于负面刺激（如危险的高温、极寒或有毒化学物质）中达30分钟，起初它会表现出急性应激反应的特征——它会试图逃避，应激激素会暂停身体功能。但是，如果这种无法逃避的压力源持续两分钟还没有得到缓解，线虫就会做出令人惊讶的举动：它们会放弃。线虫停止移动，不再试图逃跑，只是躺在那里。这种令人惊讶的行为实际上是非常聪明的：只有在刺激确实可以逃避的情况下，耗费能量逃避才是值得的。否则，如果线虫通过等待来节省能量，便更有可能存活下来。进化过程中嵌入了一种古老的生物化学保护机制，以确保生物体不会浪费能量去试图逃离无法逃避的事物。这种保护机制就是慢性压力和抑郁的早期萌芽。

任何持续不断、无法逃避或重复出现的负面刺激，如持续的疼痛或长期的饥饿，都会使线虫的大脑陷入慢性应激状态。慢性应激与急性应激在许多方面并无太大区别；应激激素和阿片类分子的水平会持续升高，长期抑制消化、免疫反应、食欲和生殖功能。但慢性应激至少在一个重要方面与急性应激有所不同：它会停止唤醒和激发动机。

慢性应激的生化机制，即使在线虫中，也是复杂且尚未被完全厘清的。但急性应激状态和慢性应激状态之间确实存在的一个不同之处是，慢性应激会开始激活血清素。乍一看，这似乎没有道理——血清素本应是使人满足和产生愉悦感的化学物质。但考虑到血清素的主要作用——关闭效价神经元反应并降低唤醒水平，如果将这一点加入应激激素的复杂混合物中，就会得到一种奇怪但又熟悉的状态——麻木。这也许是抑郁的最原始形式。当然，线虫不会像毕加索那样经历艺术的抑郁时期，也不一定有意识地“体验”任何事物，但线虫确实拥有和从昆虫到鱼类、再到小鼠和人类等所有两侧对称动物在抑郁发作期间类似的基本特征：效价反应的麻木。这会减轻疼痛，甚至使最令人兴奋的刺激也变得完全无法激励人。心理学家将这种抑郁的典型症状称为“快感缺失”（anhedonia），即缺乏（an）愉悦感（hedonia）。

对线虫等动物来说，快感缺失似乎是一种在承受无法逃避的压力时保存能量的策略。这些动物不再对压力源、美食的香味或附近的伴侣做出反应。对于人类，这一古老机制剥夺了受影响者体验快乐和激发动机的能力。这就是抑郁症中的空虚感或忧郁情绪。与所有情感状态一样，慢性压力在负面刺激消失后仍然持续存在。这种习得性无助，也就是动物停止尝试逃离负面刺激的现象，在许多两侧对称动物中都能观察到，包括蟑螂、蛞蝓和果蝇。

我们发明了能够干预这些古老机制的药物。天然的阿片类物质所提供的欣快感原本应该只出现在经历濒死体验后的短暂时期。但现在，人类只需服用一片药片，就能随意触发这种状态。这引发了一个问题——反复用阿片类药物刺激大脑，当药物作用消失时，会导致慢性压力状态（因为适应是不可避免的）。这会让阿片类药物使用者陷入一个恶性循环：缓解、适应、慢性压力，因此需要更多药物才能恢复到基线水平，这又导致更多的适应和更大的慢性压力。进化的束缚对现代人类产生了深远的影响。

• • •

这些原始的情感状态在进化过程中被传承并不断完善，无论我们是否喜欢，它们仍然是人类行为的基石。随着时间的推移，神经调质被重新用于不同的功能，每种情感状态都出现了新的变体。因此，尽管现代人类的情感状态无疑比简单的效价和唤醒二维网络更为复杂和微妙，但它们仍然保留着从基本模板进化而来的结构框架。

尽管这些情感状态在两侧对称动物中普遍存在，但我们那些更远房的动物亲戚，如海葵、珊瑚和水母，并不表现出这样的状态，其中许多动物甚至根本没有血清素神经元。

这使我们面临一个令人惊讶的假设：情感，尽管在现代有着丰富的色彩，但它在5.5亿年前在早期两侧对称动物中进化出来，其初衷不过是转向而已。情感的基本模板似乎源于转向的两个基本问题。第一个问题是唤醒问题：我是否愿意消耗能量来移动？第二个问题是效价问题：我是愿意待在这个地方，还是离开这个地方？释放特定的神经调质会强制针对每个问题给出特定的答案。而这些关于停留和离开的全局信号随后可用于调节一系列反射，比如这里是否可以安全地产卵、交配以及耗费能量消化食物。

然而，这些情感状态及其神经调质在进化史上最初的大脑的进化过程中，发挥了更为基础性的作用。

4

关联、预测和学习的曙光

忆者，万事之本也。无之，吾辈皆虚无。

——埃里克·坎德尔（Eric Kandel）

1904年12月12日，俄国科学家伊万·巴甫洛夫（Ivan Pavlov）站在瑞典卡罗林斯卡学院的一组研究人员面前。就在两天前，他成为第一位获得诺贝尔奖的俄国人。8年前，因发明炸药而致富的瑞典工程师和商人阿尔弗雷德·诺贝尔（Alfred Nobel）去世后，他的遗产被用于创建诺贝尔基金会（Nobel Foundation）。根据诺贝尔的规定，获奖者必须就获奖主题发表演说，因此巴甫洛夫当天在斯德哥尔摩发表了获奖演说。

虽然他以对心理学的贡献而闻名，但这并不是为他赢得诺贝尔奖的成就。巴甫洛夫不是一位心理学家，而是一位生理学家。直到获奖时，他的整个研究生涯都在钻研消化系统的潜在生物学机制，即消化系统的“生理学”。

在巴甫洛夫之前，研究消化系统的唯一方法是通过手术切除动物的食道、胃或胰腺等器官，并在器官停止工作前快速进行实验。巴甫洛夫开创了各种相对无创的技术，使他能够观察自然状态下完整且健康的狗的消化系统特征。其中最著名的实验是给狗插入一个小唾液瘘管，将唾液从唾液腺转移到挂在狗嘴边的小管中，这使巴甫洛夫能够确定各种刺激产生的唾液量和唾液成分。他对食道、胃和胰腺做了类似的操作。

通过这些新技术，巴甫洛夫和他的同事有了一些新发现。他们了解了不同的食物会刺激狗的消化系统释放出什么类型的消化化学物质，并发现消化器官受神经系统的控制。正是这些贡献为他赢得了诺贝尔奖。

然而，在获奖演说进行到 2/3 的时候，巴甫洛夫不再谈论他的获奖成就。作为一名容易兴奋的科学家，他忍不住要分享一项当时并未被证实，但他坚信未来会成为他最重要成就的研究，即探索被他称为“条件反射”的现象。

尽管他对消化反应进行了严谨的观察，但其中总有一个恼人的干扰因素，那就是，在动物尝到食物之前，消化器官经常就已受到刺激并变得活跃。当狗意识到食物实验即将开始时，就会流口水，肚子咕噜咕噜叫。这就带来一个问题：如果你想观察味蕾接触到肥肉或香甜水果时唾液腺的反应，你不会希望观察到的只是狗看到食物的反应。

这种所谓的心理刺激让巴甫洛夫非常烦恼，他认为这是“错误的来源”。巴甫洛夫研发了各种技术来消除这种干扰因素。例如，实验者在单独的房间工作，以“小心避免任何可能引起狗产生对食物的想法的事情”。

直到很久以后，当巴甫洛夫将心理学家引进实验室后，他才开始将精神刺激视为一个值得分析的变量，而不是一个需要消除的干扰因素。具有讽刺意味的是，一位以消除精神刺激为目标的消化生理学家反而成了第一个了解它的人。

巴甫洛夫的实验室发现，精神刺激不像看起来那样随机。任何刺激都会让狗流口水，包括节拍器、灯光、蜂鸣器，只要它们对狗来说曾经与食物相关。如果实验者打开蜂鸣器然后给狗喂食，那么在后面的实验中狗一听到蜂鸣器的声音就会开始流口水，哪怕没有食物。在这个过程中，狗产生了条件反射。听到蜂鸣器的声音从而分泌唾液的反射是因为在此之前研究人员在给食物的同时开启了蜂鸣器。巴甫洛夫将这些条件反射与他所谓的非条件反射进行了对比，非条件反射是先天的，不需要建立关联，比如饥饿的狗对放在嘴里的糖产生的流涎反射，就不需要之前的任何关联。

在巴甫洛夫实验后不久，别的科学家开始针对其他反射进行类似的实验。事实证明，大多数反射都可以建立这样的关联。将任意声音与电击配对，很快你就会因为听到这个声音而下意识地缩回手。在发出任意声音的同时轻轻地朝一个人的眼睛吹气，最终这个人会在只听到这个声音时不由自主地眨眼。用锤子轻轻敲击一个人的膝盖并同时发出任意声音，最终他们的腿会对这种声音做出反应。

巴甫洛夫条件反射最突出的特征是这些反射是非自主关联，人们忍不住缩回双手、眨眼或踢腿。就像一个从战争中归来的士兵听到巨响时忍不住要蹦起来，或者一个害怕公开演讲的人在上台前忍不住紧张一样，巴甫洛夫的狗也忍不住对蜂鸣器的声音流口水。巴甫洛夫条件反射的非自主性，即关联性学习在无须意识参与的情况下自动发生，这一事实为我们提供了首个线索，暗示了学习和记忆能力的获得可能比我们之前所认知的更为久远。学习能力可能不完全依赖进化后期才出现的全部大脑结构。事实上，即使是一只整个大脑被切除的大鼠也表现出条件反射。如果你把拍打它的腿（导致腿缩回）和拍打它的尾巴（导致尾巴缩回）关联起来，那么它将学会缩回尾巴以响应腿部被拍打。尽管没有大脑，大鼠也可以通过脊髓中的简单神经环路来学习这种关联。

如果关联性学习是神经元，尤其是大脑外神经元简单环路的特性，那么它可能是一个非常古老的进化技巧。事实上，巴甫洛夫无意中发现了学习本身的进化起源。

调整事物的好坏

假设你取 100 条线虫，把其中一半放在盛有清水的培养皿中，另一半放在盐水皿中。几个小时后，这些线虫会感到饥饿，因为这两个皿中都没有任何食物。此时，将两组线虫放入另一个一侧含有少量盐的培养皿中，将会发生什么呢？

在清水中经历饥饿的线虫会像正常线虫一样：它们会转向盐（线虫通常认为盐具有正效价）。然而，在盐水中经历饥饿的线虫会做完全相反的事情：它们会远离盐。

通过与负效价的饥饿状态产生关联，盐从一种正效价刺激转变为负效价刺激。[①]

① 在这个实验中，研究人员证实，这种影响不仅是由于过度接触盐，而是由于刺激（盐）和饥饿的负面情感状态之间的关联。研究人员让第三组线虫在盐水中度过相同的时间，但同时在培养皿里添加了食物，这样线虫就不会感到饥饿。第三组线虫虽然与前一组接触了相同分量的盐，但之后仍然很高兴地向盐靠近。这表明回避盐不是由于过度接触盐，而是由于盐与饥饿之间的关联（见图 4.1 中的中间示例）。

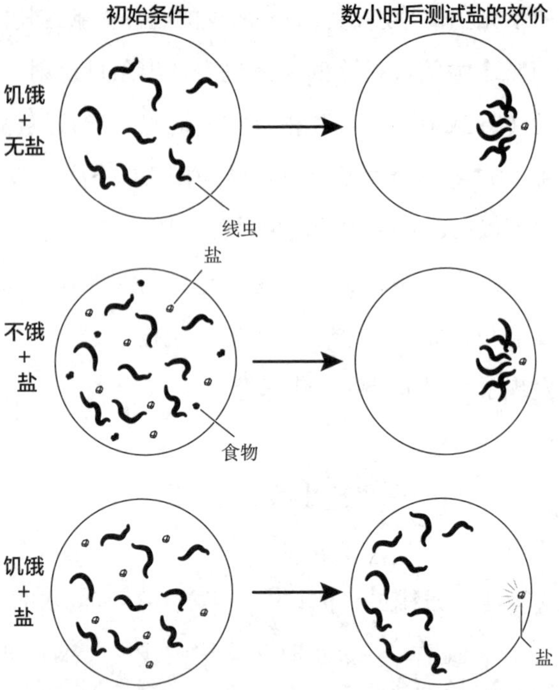

图 4.1　当盐与饥饿感关联时，线虫学会了避开盐

事实证明，巴甫洛夫的关联性学习是所有两侧对称动物的基本智能，哪怕是简单的两侧对称动物。如果你让线虫同时接触美味的食物气味和使其生病的有毒化学物质，线虫随后会远离这种食物气味。如果你在特定温度下喂食线虫，它们会逐渐对该温度产生偏好。在蛞蝓的侧面轻轻拍打并同时进行可触发退缩反射的轻微电击，蛞蝓同样也会学会只要一轻拍就退缩，而且这种关联会持续数天。

然而，虽然两侧对称动物普遍掌握了关联性学习，但我们最远房的动物亲戚，径向对称的水母、海葵和珊瑚，却无法学会关联。[①] 尽管多次将光线与电击配对，但海葵永远学不会因光线而退缩，他们只会在电击时退缩。对于两侧对称动物，关联性学习属于通用智能，其他动物却未曾拥有，这表明关联性学习最早出现在早期两侧对称动物的大脑中。同时，在其大脑中似乎也出现了以好与坏区分事物的心理效价，还获得了根据经验改变对事物好坏判断的能力。

为什么像珊瑚和海葵这样的非两侧对称动物尽管多经历了 6 亿多年的进化，仍然不具备关联性学习的能力？这是因为他们的生存策略根本不需要它。

掌握关联性学习的珊瑚虫不会比没有掌握关联性学习的珊瑚虫活得更好。珊瑚虫只是坐在原地，一动不动，等待食物游进它的触角。刻在珊瑚虫基因里的策略是吞下任何碰到触手的东西，以及远离任何让它感到疼痛的东西，这就已经足够了，因此不需要任何关联性学习。相比之下，一个有能力判断转向的大脑将面临独特的进化压力，大脑需要根据经验调整其转向决策。一个低级的两侧对称动物如果能够记住并避开在捕食者附近发现的化学物质，那么它往往比一个不能记住并避开化学物质的两侧对称动物活得好很多。

一旦动物开始接近特定事物并回避其他事物，具有调整判断好坏的能力就成了生死攸关的问题。

---

① 事实上，这些进化上离我们更远的动物能进行非关联性学习，比如适应（由埃德加·阿德里安首次发现），以及另一种被称为“敏感化”的相似类型的学习，即通过增强反射以应对先前能引起反射的刺激。

持续学习问题

你的自动驾驶汽车不会随着你的驾驶次数变多而自动变得更好；每次打开手机时，手机的面部识别技术并不会随着见到你的次数变多而自动变得更好。截至2023年，大多数现代人工智能系统都要经过一个训练过程，一旦训练完成，它们就会被送往世界各地被用户使用，却不再学习。这就是人工智能系统中一个长期存在的问题，如果世界上的突发事件不在训练数据中，这些人工智能系统就需要重新接受训练，否则它们将可能犯下灾难性的错误。如果新法规要求人们在道路左侧驾驶，而人工智能系统仅被训练在道路右侧驾驶，那么如果不重新接受训练，它们将无法灵活地适应新环境。

虽然现代人工智能系统中的学习不是持续的，但生物大脑可以持续地学习。即使是我们的线虫祖先也别无选择，只能不断学习，因为事物之间的关联总在变化。在某些环境中，盐存在于食物中；而在其他地方，盐是在没有食物的贫瘠岩石上被找到的。在某些环境中，食物在低温下生长；而在其他地方，它在高温下生长。在某些环境中，食物是在亮处被发现的；而在其他地方，在亮处会遇到捕食者。最初的大脑需要一种机制，这种机制不仅可以建立关联，还可以快速改变这些关联，以适应不断变化的世界规则。正是巴甫洛夫首次发现了这些古老机制的蛛丝马迹。

通过测量响应与食物关联的线索所产生的唾液量，巴甫洛夫不仅能够观察到这些关联的存在，而且能够定量测量这些关联的强度：响应线索时释放的唾液越多，关联就越强。巴甫洛夫发现了一种测试记忆力的方法。通过记录记忆随时间的变化，巴甫洛夫可以观察到持续学习的过程。

事实上，巴甫洛夫条件反射中的关联总是随着每一次新的经历而增强或减弱。在巴甫洛夫的实验中，每次喂食前出现蜂鸣器的声音时，随后的关联都会加强，下次出现蜂鸣器的声音时，狗的口水就会变多。这个过程被称为“习得”（该关联正在被习得）。

如果在学习了这种关联之后，蜂鸣器的声音在没有食物的情况下出现，那么这种关联的强度会随着每次实验而减弱，这一过程被称为“消退”。

消退有两个有趣的特征。假设你打破了先前学会的关联，即连续几次打开蜂鸣器，但不给食物。正如预期的那样，狗最终会停止在蜂鸣器响起时流口水。然而，如果你几天之后再次打开蜂鸣器，就会发生一些奇怪的事情：狗再次在听到蜂鸣器时流口水。这被称为“自发性恢复”：被破坏的关联被迅速抑制，但事实上并未被忘记，经过足够长的时间，它们会重新出现。此外，如果在长时间的关联中断（蜂鸣器响但没有食物）实验后，你恢复了关联（蜂鸣器响并重新提供食物），那么狗将比第一次经历该关联时更迅速地学会这一关联。这一现象被称为“重新习得”：旧的消退关联比全新的关联更快地被重新习得。

为什么关联可以自发恢复和重新习得？让我们想想关联性学习能力进化的古老环境。假设一条蠕虫有大量在盐附近找到食物的经验，然后有一天，它发现了盐并朝盐爬去，却找不到食物。当这条蠕虫花了一个小时四处嗅探而没有找到食物后，这种关联就消失了，它开始转向其他线索，不再被盐吸引。如果两天后它再次发现盐，此时是爬向盐还是远离盐更明智呢？在这条蠕虫的所有经历中，除了最近的一次，当它闻到盐时，都找到了食物。

因此，更明智的选择是再次爬向盐——最近的经历可能只是偶然。这是自发性恢复的好处，它使原始形式的长期记忆能够在真实世界中突发事件的短期变化所带来的干扰中保留下来。当然，如果接下来的 20 次蠕虫在盐附近都找不到食物，这种关联可能最终会永久消失。

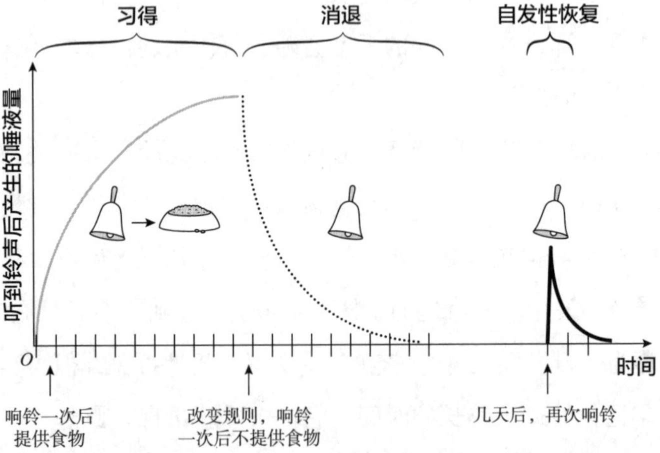

图 4.2　关联性学习的时间进程

出于类似的原因，古老的蠕虫也进化出了快速重新习得旧关联的能力。假设盐和食物的关联很久以前就已经消退了，这条蠕虫再一次在食物旁边发现了盐，它应该以多快的速度恢复盐和食物之间的关联呢？考虑到蠕虫的长期记忆，迅速重新学习这种关联是有意义的：在某些情况下，盐会带来食物，而现在似乎就是这种情况之一！因此，每当现实世界提示旧的条件关系将重新建立时，旧的关联就会重新出现。

自发性恢复和重新习得使简单的大脑能够在面对不断变化的关联的时候，暂时抑制当前不准确的旧关联，并且记住和重新学习再次生效的被打破的关联。

第一批两侧对称动物利用这些习得、消退、自发性恢复和重新习得的技巧来应对世界上不断变化的突发事件。这些持续学习的解决方案存在于许多动物的反射中，甚至是最古老的动物，如线虫。它被刻入最简单的神经环路中，而这个环路是从第一个大脑中继承而来的，最初是为了在变幻莫测的古埃迪卡拉海中把控方向而进化出来的。

贡献度分配问题

关联性学习存在另一个问题：动物从来不是靠单一提示获得食物的，而是结合了好几百条线索。如果你将拍打蛞蝓的侧面和电击配对，蛞蝓的大脑如何知道只将拍打与电击关联起来，而不将存在的许多其他感觉刺激关联起来，比如周围的温度、地面的质地或海水中的各种化学物质？在机器学习中，这被称为“贡献度分配（credit assignment）问题”：当事情发生时，哪个之前出现的线索能对预测事情发生贡献最多？古代两侧对称动物只能进行最简单的学习，它的大脑采用了四种技巧来解决贡献度分配问题（见表 4.1）。这些技巧既简单粗暴又巧妙，它们成为神经元如何在其所有两侧对称动物后代中进行关联的基本机制。

第一种技巧是“资格迹”（eligibility trace）。只有当拍打发生在电击前一秒时，蛞蝓才会将拍打与随后的电击关联起来。如果拍打发生在电击前两秒或更长时间，则不会产生关联。像轻拍这样的刺激会产生一个持续约一秒钟的短资格迹，只有在这个短的时间窗口内才能进行关联。这非常巧妙，因为它遵循了一条合理的经验法则：对预测事物有用的刺激应该发生在你试图预测的事物之前。

第二种技巧是“掩盖”（overshadowing）。当动物有多条预测线索可供使用时，它们的大脑倾向于选择最明确的线索。换句话说，明确的线索掩盖微弱的线索。如果在事件发生之前存在明亮的光线和微弱的气味，明亮的光线而非微弱的气味将被视作预测线索。

第三种技巧是“潜伏抑制”（latent inhibition）。动物过去经常经历的刺激会被阻止在未来建立关联。换句话说，频繁的刺激会被标记为不相关的背景噪声。潜伏抑制巧妙地问：“这次有什么不同？”如果蛞蝓之前已经感受了相同的地面质地和温度 1000 次，但以前从未经历过拍打，那么拍打更有可能被视为预测线索。

解决贡献度分配问题的第四种也是最后一种技巧是“阻断”（blocking）。一旦动物在预测线索和反应之间建立了关联，那么之后所有与预测线索重叠的其他线索都会被阻止与该反应相关联。如果一只蛞蝓知道拍打会导致电击，那么新的地面质地、温度或化学物质都将被阻止与电击建立关联。阻断是一种坚持采用一个预测线索、避免建立冗余关联的方法。

表 4.1　解决贡献度分配问题的四大原始技巧

资格迹	掩盖	潜伏抑制	阻断
选择事件发生前 0~1 秒的预测线索	选择最强的预测线索	选择你从未见过的预测线索	一旦你有了预测线索，就坚持采用它们，忽略其他线索

资格迹、掩盖、潜伏抑制和阻断这四种技巧在两侧对称动物中十分普遍：巴甫洛夫在流涎的狗的条件反射中观察到这些技巧，

它们同时也存在于人类的非自主反射中，人们还可以在扁形虫、线虫、蛞蝓、鱼、蜥蜴、鸟类、大鼠以及动物界大多数两侧对称生物的关联性学习中发现它们。这个贡献度分配问题的进化史可以追溯到最初进行关联性学习的大脑。

然而这些技巧很难用完美来形容。在某些情况下，最有效的预测线索可能发生在事件发生前一分钟，而不是一秒钟。在其他情况下，最有效的预测线索可能是微弱的线索，而不是明确的线索。随着时间的推移，大脑进化出更复杂的解决贡献度分配的策略（请关注第二次和第三次突破）。但现代大脑中仍存在资格迹、掩盖、潜伏抑制和阻断这些原始技巧的蛛丝马迹。它们存在于我们的非自主反射和最古老的大脑环路中。事实上，去除了整个大脑而只保留脊髓神经环路的大鼠，仍然表现出了潜伏抑制、掩盖和阻断。再加上习得、消退、自发性恢复和重新习得，这一系列技巧构成了关联性学习神经机制的基础，这些机制深深根植于神经元、神经环路和大脑本身的内部活动中。

古老的学习机制

数千年来，两派哲学家一直在争论心智和大脑之间的关系。二元论者，如柏拉图（Plato）、阿奎那（Aquinas）和笛卡儿（Descartes），认为心智与大脑是相互独立的。这两个实体之间可能存在相互作用，但它们是不同的，心智超越物质。唯物主义者，如卡纳达（Kanada）、德谟克利特（Democritus）、伊壁鸠鲁（Epicurus）和霍布斯（Hobbes），认为无论心智是什么，它都完全存在于大脑的物理结构中，并没有超越物质。这场辩论仍然在世界各地的哲学系激烈进行着。如果你已经深入阅读了本书，我会假设你像我一样倾向于唯物主义，倾向于拒绝对事物的非物质的解释，即使是心智。但是，通过站在唯物主义者一边，我们引入了几个一开始很难用物理方法来解释的问题，最明显的就是学习。

你可以把一个句子看一遍，然后立即大声读出来。如果我们坚持唯物主义的观点，这意味着读这句话瞬间改变了你大脑中的某些物质。任何促使我们学习的因素都会在每个人大脑中的 860 亿个神经元中引发某种物理重组。关注一段对话、看一场电影以及学习系鞋带都会改变我们大脑的物理性质。

数千年来，人们一直在猜测学习的物理机制，甚至二元论者也对学习的唯物主义解释发表了自己的观点。柏拉图认为大脑就像一块蜡板，感知在其中留下持久的“印象”，他认为记忆就是这些印象；笛卡儿认为，记忆是通过在大脑中创造新的“褶皱”而形成的，“与折叠后留在本页中的褶皱没有什么不同”；其他人则推测记忆是持续的“振动”。虽然这些想法都是错误的，但这并非其提出者的过错。当时，甚至没有人了解神经系统的基本构成，因此他们甚至无法开始构想学习是如何进行的。

20 世纪初，神经元方面的发现如雨后春笋般涌现，为人们提供了大量新的构成单元。其中最突出的，是发现了神经元之间的连接，即突触（synapse），它们可能是学习过程中大脑发生变化的关键。事实证明，学习并非源于印象、折叠或振动，而是源于这些突触连接的变化。

学习发生在突触强度改变、形成新突触或移除旧突触时。如果两个神经元之间的连接较弱，那么输入神经元将不得不发放许多尖峰信号，才能使输出神经元产生尖峰信号。如果连接很强，输入神经元只需发放几个尖峰信号，即可使输出神经元产生尖峰信号。突触可以通过输入神经元释放更多的神经递质来增加其强度，或突触后神经元增加蛋白质受体的数量以响应尖峰信号（因此对相同数量的神经递质更敏感）。

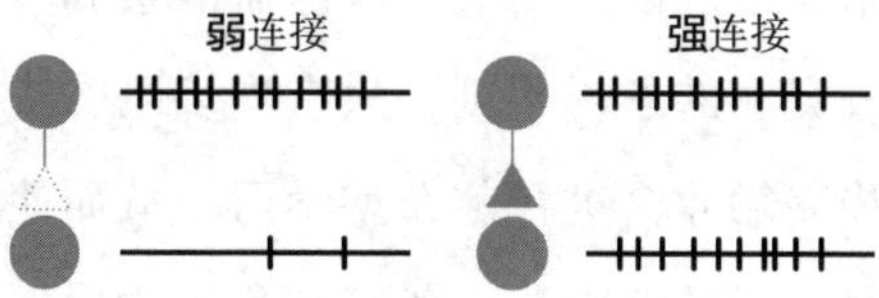

图 4.3

突触有许多机制可以选择何时增强或减弱。这些机制是非常古老的进化创造，起源于第一批两侧对称动物的关联性学习。例如，在两侧对称动物神经元的突触中有一个巧妙的蛋白质机制，能够检测输入神经元是否在与输出神经元相近的时间窗口内被激活。换句话说，单个连接可以检测输入神经元（如由拍打激活的感觉神经元）是否与输出神经元（如由电击激活的运动神经元）同时被激活。如果这些神经元同时被激活，这种蛋白质机制就会触发一个增强突触的过程。[①] 因此，下次拍打神经元激活时，它会自行激活运动神经元（因为神经元之间的连接得到了加强），然后你就建立了条件反射。这种学习机制以心理学家唐纳德·赫布（Donald Hebb）的名字命名，被称为“赫布型学习”（Hebbian learning）。赫布在 20 世纪 40 年代就提出了这种机制的存在，而该机制的发现是在几十年之后。赫布型学习通常被称为“同时放

① 这种蛋白质机制非常精妙，但超出了本书的讨论范围。如果对此感兴趣，可以查阅有关使用 NMDA 受体进行重合事件检测的资料。

电的神经元相互连接”（neurons that fire together wire together）的规则。

但改变突触强度的逻辑比这更复杂。突触中有测量时间的分子机制，只有当输入神经元在输出神经元之前放电时，才能建立关联，从而运用资格迹的这一技巧。像血清素和多巴胺这样的神经调质可以修改突触的学习规则，只有当多巴胺或血清素受体也被激活时，一些突触才会进行赫布型学习，从而使神经调质能够控制突触建立新关联的能力。一条嗅到化学物质然后找到食物的蠕虫，其大脑中充满了多巴胺，从而触发特定突触的增强。

虽然我们尚未完全理解神经元重新连接的所有机制，但这些机制在两侧对称动物中非常相似：线虫大脑中的神经元改变突触的方式与你大脑中的神经元采用的方式基本相同。相反，当我们检查珊瑚虫等非两侧对称动物的神经元和突触时，我们没有发现相同的机制。例如，它们缺乏一部分与赫布型学习有关的蛋白质。但是考虑到我们的进化历史，这是可以预料的：如果我们与珊瑚虫的共同祖先没有关联性学习，那么我们应该预料到它们缺乏支持这种学习的机制。

• • •

学习最早的形式十分初级。虽然早期的两侧对称动物是第一批学习关联的生物，但它们仍然无法学习大多数东西。它们无法学会将相隔几秒钟以上的事件关联起来，它们无法学会预测事情的确切时间，它们无法学会识别物体，它们无法识别世界上的各种模式，它们无法学会识别位置或方向。

但是，人类大脑重新连接自身、在事物之间建立关联的能力并不是人类独有的超能力，而是我们从这个生活在5.5亿年前的古老两侧对称祖先那里继承下来的。随后的所有学习技巧（学习空间地图、语言、物体识别、音乐和其他一切的能力）都建立在这些相同的学习机制上。从两侧对称动物大脑开始，学习的进化主要是寻找已经存在的突触学习机制的新应用场景的过程，而不改变学习机制本身。

学习不是最初的大脑的核心功能，这只是一个特征，一个优化转向决策的技巧。关联、预测和学习的出现是为了调整衡量事物的好坏。从某种意义上说，接下来的进化故事是关于学习从大脑的一个次要特征转变为其核心功能的过程。事实上，大脑进化的下一次突破是关于一种全新的学习形式。这种学习形式之所以可能，是因为它建立在效价、情感和关联性学习的基础上。

第一次突破总结：转向

大约 5.5 亿年前，我们的祖先从径向对称的无脑动物（如珊瑚虫）转变为两侧对称的具有大脑的动物（如线虫）。虽然在这个转变过程中发生了许多神经学上的变化，但令人惊讶的是，其中许多变化都可以通过一个重要的突破来理解，那就是通过转向来进行导航。其中包括：

- 一个两侧对称的身体结构，将导航选择简化为两个简单选项：前进或转向。
- 一种用于处理效价的神经结构，其中刺激物在进化过程中被硬编码为好与坏。
- 基于内部状态调节效价反应的机制。
- 不同的效价神经元可以被整合到单一转向决策中的神经环路（因此，我们将一大群神经元称为大脑）。
- 对离开或停留做出持久决策的情感状态。
- 在艰难情况下管理运动能量的应激反应。
- 基于以往经验改变转向决策的关联性学习。
- 自发性恢复和重新习得，以应对世界上不断变化的突发事件（使持续学习发挥作用，即使不完美）。
- 资格迹、掩盖、潜伏抑制和阻断（不完全地）解决了贡献度分配问题。

所有这些变化使转向成为可能，并巩固了我们祖先作为第一个依赖导航（不是依靠微观的细胞推进器，而是依靠肌肉和神经元）生存的大型多细胞动物的地位。这些变化，以及它们所催生的捕食生态系统，为第二次突破奠定了基础，而这次突破使得学习最终在我们的大脑功能中发挥了核心作用。

第二次突破

强化

和第一批脊椎动物

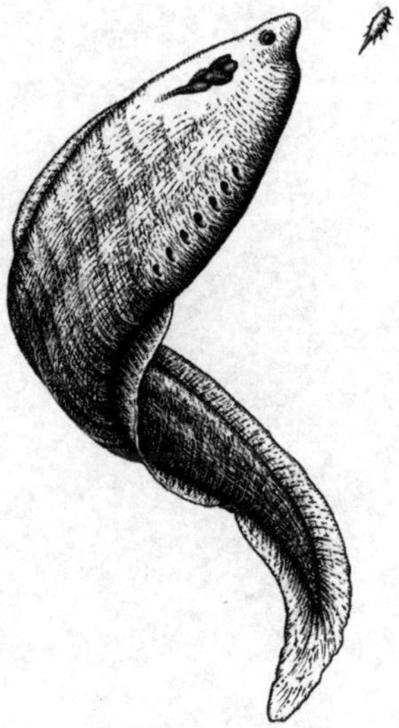

5 亿年前的大脑

5

寒武纪大爆发

要到达大脑进化的下一个里程碑，我们必须离开第一批两侧对称动物生活的时代，朝着现代跃进 5000 万年，这把我们带到了古老的世界——寒武纪时期。

如果你环顾寒武纪，你会看到一个与古老的埃迪卡拉纪截然不同的世界。埃迪卡拉纪中使海底变绿的黏稠微生物垫早已消失，取而代之的是现代人更熟悉的沙质海底。埃迪卡拉纪那些敏感的、缓慢的且体形较小的生物已被一个由形形色色、大小各异的大型移动动物所组成的动物世界所取代。但这不像你喜欢的动物园那样，因为这是一个由节肢动物统治的世界，它们是昆虫、蜘蛛和甲壳类动物的祖先。这些节肢动物比它们的现代后代更可怕：它们体形庞大，长着令人毛骨悚然的大型爪子和装甲壳，其中一些超过 5 英尺[①]长。

在我们类线虫的祖先身上，转向的出现加速了捕食者之间的进化军备竞赛。这引发了现在被称为“寒武纪大爆发”的事件，

① 1 英尺 = 0.3048 米。——编者注

这是地球上有史以来动物多样性扩张最剧烈的时代。埃迪卡拉纪的化石很罕见且备受追捧，但如果你挖得足够深，寒武纪化石随处可见，它们所涵盖的生物多样性令人难以置信。在埃迪卡拉纪时期，有大脑的动物是海底卑微的居民，比没有大脑的动物如珊瑚和海葵更小，数量更少。然而，在寒武纪时期，有大脑的动物开始统治动物王国。

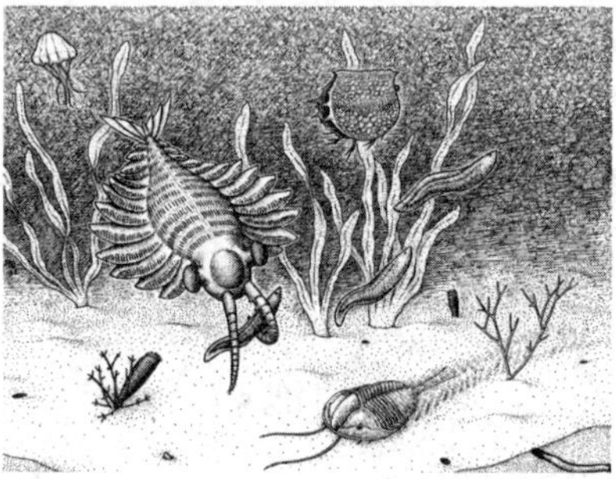

图 5.1　寒武纪的世界

蠕虫祖先的一个分支相对保持不变，体形缩小，成为今天的线虫。另一个分支则成为这个时代的霸主，即节肢动物。这些节肢动物的分支独立发展出了具有各自智力的脑结构。其中如蚂蚁和蜜蜂，不断发展，变得非常聪明。但节肢动物和线虫都不是我们的祖先。我们的祖先在寒武纪一众可怕的生物中可能不太引人注目：它们几乎不比早期的两侧对称动物大，只有几英寸长，数量也不多。但如果你发现了它们，你会觉得它们看起来非常熟悉，因为它们长得就像现代的鱼一样。

这些古代鱼类的化石记录显示出几个熟悉的特征。它们有鳍、鳃、脊髓、两只眼睛、鼻孔和一颗心脏。在这些生物的化石中，最容易发现的特征是脊柱，即包裹并保护着脊髓的厚实而互锁的骨骼。事实上，分类学家将这一古老鱼类祖先的后代称为“脊椎动物”。但在这些早期脊椎动物中出现的所有人们熟知的变化中，最引人注目的无疑是大脑。

脊椎动物大脑模板

无脊椎动物（线虫、蚂蚁、蜜蜂、蚯蚓）的大脑与人类大脑没有明显相似的结构。人类和无脊椎动物之间的进化距离太远，我们的大脑源于我们的两侧对称祖先中过于基本的模板，以至于无法揭示任何共同的结构。但是，当我们窥视进化上距离我们最遥远的脊椎动物的大脑时，比如无颌的七鳃鳗（其与我们最近的共同祖先是500多万年前的第一种脊椎动物），我们所看到的大脑的大多数结构与我们的大脑相似。

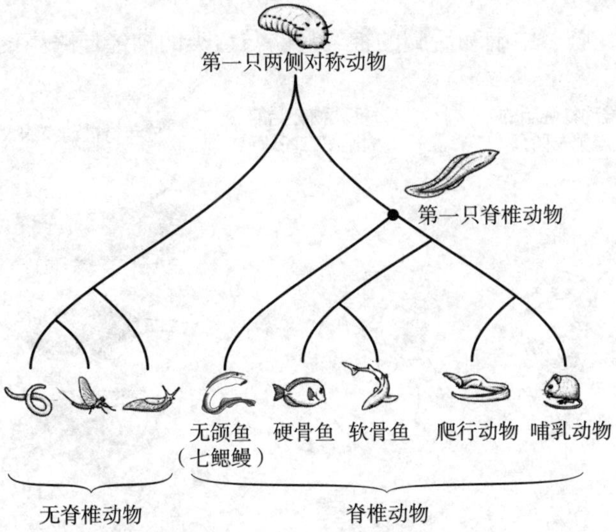

图 5.2　我们的寒武纪祖先

寒武纪大爆发的高温造就了脊椎动物的大脑模板，这一模板至今仍被这些早期鱼类生物的所有后代共享。如果你想快速了解人类大脑的工作原理，那么学习鱼类大脑的工作原理将让你事半功倍。

所有脊椎动物胚胎的大脑，从鱼类到人类，在最初的发育阶段都是相同的。首先，大脑分化成三个分区，构成支撑所有脊椎动物大脑的三个主要结构：前脑，中脑和后脑。其次，前脑进一步展开为两个子系统：其中一个子系统继续发育为大脑皮质和基底神经节，而另一个子系统则发育为丘脑和下丘脑。

这形成了所有脊椎动物大脑中都能找到的六个主要结构：皮质、基底神经节、丘脑、下丘脑、中脑和后脑。这些结构揭示了现代脊椎动物的共同祖先，它们之间具有惊人的相似性（但除了大脑皮质，某些脊椎动物的大脑皮质具有独特的改变，如哺乳动物，具体内容请关注第三次突破）。人类大脑的基底神经节、丘脑、下丘脑、中脑和后脑的神经环路与鱼类的神经环路高度相似。

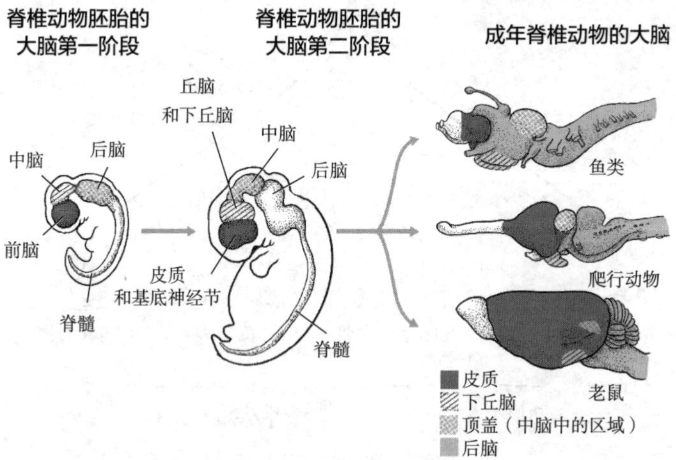

图 5.3　脊椎动物共同的胚胎发育阶段

第一批动物赋予了我们神经元。随后，早期的两侧对称动物赋予了我们大脑，将神经元聚集成集中的神经环路，形成了第一个用于效价、情感和关联的系统。但正是早期的脊椎动物将这种早期两侧对称动物的简单原始大脑转化为一个真正的机器，一个具有子单位、层次和处理系统的机器。

那么，接下来的问题是，这种早期脊椎动物的大脑起到了什么作用？

桑代克的鸡

在伊万·巴甫洛夫在俄国揭示条件反射内部机制的同时，一位名叫爱德华·桑代克（Edward Thorndike）的美国心理学家则从另一个角度探究动物的学习行为。

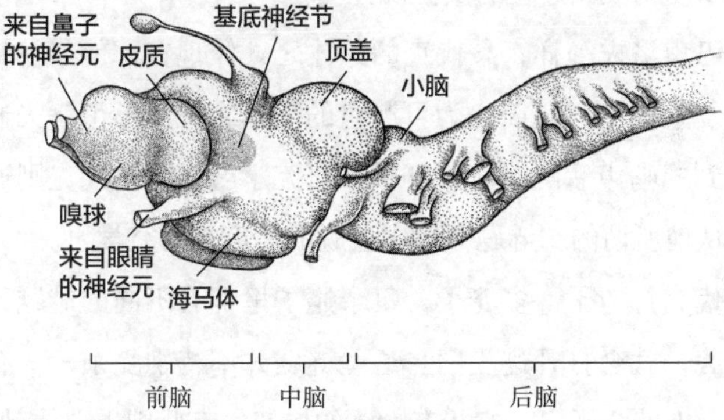

图 5.4　第一批脊椎动物的大脑

1896 年，爱德华·桑代克发现自己身处一间满是鸡的屋子里。那时，桑代克刚刚注册入学了哈佛大学的心理学硕士项目。他的主要兴趣是研究儿童是如何学习的：怎样才能以最好的方式教孩子学习新东西？桑代克对实验有很多想法，但令他懊恼的是，哈佛大学不允许他以人类儿童作为实验对象。因此，桑代克别无选择，只能将注意力集中在更容易获取的实验对象上：鸡、猫和狗。

对桑代克来说，这并非全然是坏事。作为一名坚定的达尔文主义者，他坚信：鸡、猫、狗和人类的学习过程中应该存在共通的法则。如果这些动物拥有一个共同的祖先，那么它们都应该继承相似的学习机制。通过研究这些动物是如何学习的，他相信自己或许也能揭示人类学习的原理。

桑代克极其害羞，却又聪明绝顶，这使得他成为从事他开创的那些独立、严格重复且无疑充满智慧的动物研究的绝佳人选。巴甫洛夫在进行具有开创性的心理学研究时已是中年，此前他已作为生理学家成名，但桑代克最著名的研究却是他的处女作，即他年仅 23 岁时（1898 年）发表的博士论文，题为《动物智慧：一项关于动物关联过程的实验研究》。

与巴甫洛夫一样，桑代克的天才之处体现在，他如何将令人绝望的复杂理论问题简化为可测量的简单实验。巴甫洛夫通过测量狗听到蜂鸣声后的唾液分泌量来研究学习，而桑代克则通过测量动物从他所谓的“谜题盒”中逃脱的速度来研究学习。

桑代克打造了许多笼子，每个笼子里都有不同的谜题，如果正确解答，就会打开逃生门。这些谜题并不特别复杂——有些有门闩，一推就会开门；有些有隐藏的按钮；有些则需要拉动铁环；甚至有些谜题不需要物理装置，只要动物做一些特定的事情，比如舔自己，桑代克就会手动打开门。他将各种动物放在这些笼子里，将食物放在外面以激励动物从笼子里出来，并精确测量它们需要多长时间才能解开谜题。

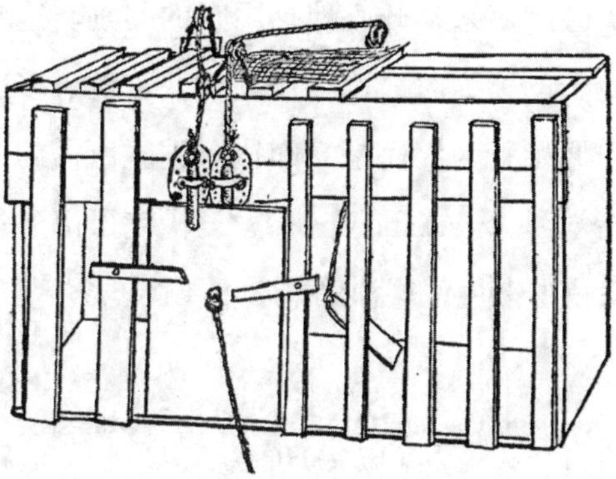

图 5.5　桑代克的谜题盒之一

一旦动物成功逃脱，他就会记录动物所用的时间，然后让动物一次又一次地重复这个过程。他会计算动物在第一次实验中解决给定谜题所需的平均时间，将其与第二次实验所需时间进行比较，以此类推，直到计算出动物在经过多达 100 次尝试后解决谜题的速度。

桑代克最初想探索模仿的动态过程，这是他认为存在于许多动物物种中的一种学习特征。他让未经训练的猫观看经过训练的猫从各种谜题盒中逃脱，看看这是否对它们自己的学习有任何影响。换句话说，猫能否通过模仿来学习？当时看起来答案是否定的，它们并没有通过观察表现得更好（但确实有些动物可以做到，具体请关注第四次突破）。但是，在这次失败中，他发现了一些令人惊讶的事情。他发现这些动物确实共享一种学习机制，只是并非他最初预期的那种。

第一次被放进笼子里时，猫会尝试各种各样的行为：抓挠笼子栏杆、推顶笼子顶部、挖门、号叫、试图从栏杆中挤出去、在笼子里来回踱步。最终，猫会在无意中按下按钮或拉动铁环，门随即打开，猫会跑出来，开心地享用它的奖励。这些动物在重复使它们逃出笼子的行为时，速度逐渐变快。经过多次尝试后，猫不再做出任何原始行为，而是立即执行逃脱所需的动作。这些猫正在进行试错学习（trial and error）。桑代克可以通过动物逃脱所需时间的逐渐减少来量化这种试错学习（图 5.6）。

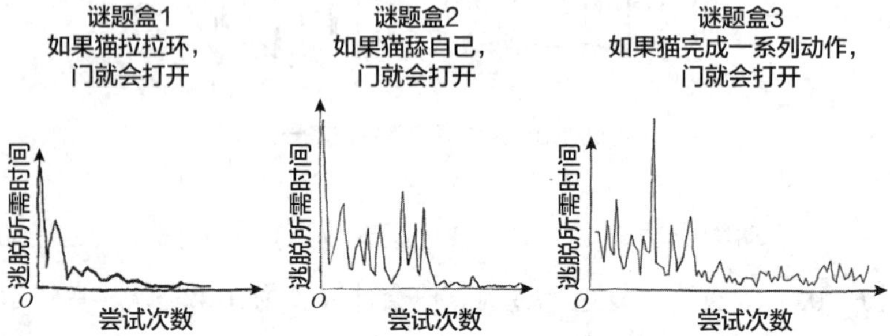

图 5.6　动物通过试错来学习

最令人惊讶的是，像试错学习这样简单的方式竟然能产生如此多充满智慧的行为。经过足够多的尝试后，这些动物能够毫不费力地执行一系列非常复杂的动作。最初，人们认为解释动物中这种智慧行为的唯一方式是利用某种洞察力、模仿或规划的概念，但桑代克展示了动物真正需要的只是简单的试错。桑代克将他的研究结果总结在他著名的“效果定律”（law of effect）中：

> 在特定情况下产生令人满意（satisfying）的效果的反应，将来在同样情况下再次发生的可能性会更大；而产生令人不适（discomforting）的效果的反应，将来在同样情况下再次发生的可能性则会减小。

动物通过首先执行随机探索性行为，然后根据效价结果调整未来的行为来学习。正效价加强了最近的行为，负效价则会减弱之前的行为。在桑代克最初的研究之后的几十年里，“令人满意”和“令人不适”这两个术语逐渐被弃用，因为它们蕴含了一种对真实内在感受模糊和不精准的描绘。包括桑代克在内的心理学家最终用“强化”（reinforcing）和“惩罚”（punishing）取代了“令人满意”和“令人不适”。

桑代克的理论继承人之一，斯金纳（B. F. Skinner）甚至提出，所有动物的行为（甚至是人类的行为）都只是试错学习的结果。正如我们将在本书中看到的第三、第四、第五次突破，斯金纳的想法最终被证实是错误的。但是，虽然试错并不能解释动物学习的全部内容，但它在很大程度上是动物学习的基础。

桑代克的原始研究集中在猫、狗和鸟类上——这些动物大约在 3.5 亿年前有共同的祖先。但是那些更远的脊椎动物亲戚，也就是那些与我们共享 5 亿年前的祖先的动物呢？它们是否也通过试错来学习？

在 1898 年发表博士论文 1 年后，桑代克又发表了一篇补充笔记，展示了在另一种动物（鱼类）上进行的相同研究的结果。

鱼的惊人智慧

如果说人类对脊椎动物群体中的某一成员抱有最大的偏见，那么这一成员非鱼类莫属。鱼类是“哑巴”的观念在许多文化中都深入人心。我们都听说过这样的民间传说：鱼的记忆只能维持 3 秒。这些偏见可能是可以理解的，因为鱼类与我们人类在外形和生活习性上差异巨大，它们是最不像我们的脊椎动物。然而，我们必须认识到，这种偏见是没有根据的。鱼类实际上展现出了超出我们想象的智慧。

在桑代克最初的实验中，他把一条鱼放在一个设有多个透明墙壁和隐藏开口的鱼缸里。他把鱼放在鱼缸的一边（光线明亮，鱼不喜欢），而鱼缸的另一边是一个理想的位置（光线暗，鱼更喜欢）。一开始，这条鱼尝试了很多随机的方法来穿过鱼缸，经常撞到透明墙壁的各个部分。最终，这条鱼找到了一个缺口，它穿过去并到达下一堵墙。接下来，它重复这个过程，直到找到下一个缺口。一旦鱼穿过所有墙壁到达另一侧，桑代克就把它捞起来，放回起点，让它重新开始，每次记录鱼到达另一侧所需的时间。正如桑代克的猫通过试错学会从谜题盒中逃脱一样，他的鱼也学会了快速穿过每个隐藏的开口，逃离水箱的明亮一侧。

鱼类利用试错方法学习任意动作序列的能力，已被多次发现。鱼可以学会找到并按下特定按钮来获取食物，可以学会游过一个小逃生口来避免被网抓住，甚至可以学会跃过铁环来获取食物。鱼在被训练后几个月甚至几年内都能记住如何完成这些任务。在所有这些测试中，学习的过程都是一样的：鱼尝试一些相对随机的动作，然后根据强化的内容来逐渐完善自己的行为。事实上，桑代克的试错学习通常有另一个名字：强化学习。

如果你试图教线虫、扁形虫或蛞蝓等简单的两侧对称动物执行上述任务中的任何一项，都会失败。线虫不能被训练执行任意的动作序列，它永远也学不会如何跃过铁环获取食物。

在接下来的四个章节中，我们将探讨强化学习的挑战，并了解为什么类似如今线虫的原始两侧对称动物无法以这种方式学习。

我们将了解第一批脊椎动物的大脑是如何工作的，它们是如何克服这些早期的挑战的，以及这些大脑是如何发展成通用的强化学习机器的。

第二次突破是强化学习：通过试错学习任意动作序列的能力。桑代克的试错学习理念听起来很简单——强化促成好事的行为，惩罚导致坏事的行为。但其实这是一个例子，揭示了我们对智力上的难易程度的直觉其实并不总是准确的。因为只有当科学家试图让人工智能系统通过强化学习时，他们才意识到这并不像桑代克所想的那么简单。

6

时序差分学习的进化

第一个强化学习算法是由普林斯顿大学的一名博士生马文·明斯基于 1951 年构建的。这是围绕人工智能的第一波浪潮的开始。在过去的 10 年中，人工智能的主要构建模块得到了发展：艾伦·图灵（Alan Turing）发表了通用问题求解器的数学模型；20 世纪 40 年代的世界大战推动了现代计算机的发展；对神经元如何工作的理解开始为生物大脑如何在微观层面上工作提供线索；而对动物心理学的研究，特别是桑代克的效果定律，为动物智能在宏观层面如何工作提供了普遍原则。

于是，马文·明斯基着手构建一种能够像桑代克的动物一样学习的算法。他将他的算法命名为“随机神经模拟强化计算器”（Stochastic Neural-Analog Reinforcement Calculator，简称 SNARC）。他创建了一个有 40 个连接的人工神经网络，并训练它穿越各种迷宫。训练过程很简单：只要他的系统成功走出迷宫，他就会强化最近激活的突触。就像桑代克通过食物强化训练猫逃出谜题盒一样，明斯基正通过数字强化训练人工智能逃出迷宫。

明斯基的 SNARC 算法表现并不理想。随着时间的推移，这个算法在简单迷宫导航方面确实有所提高，但每当它遇到稍微复杂的情况时，就会失败。明斯基是第一个意识到，按照桑代克认为的动物学习的方式，也就是通过直接强化正面结果和惩罚负面结果来训练算法，是行不通的。

其原因如下：假设我们用桑代克的试错学习版本来教人工智能下跳棋。这个人工智能会先随机下棋，每赢一盘就给它奖励，每输一盘就给它惩罚。理论上，如果它下的局足够多，应该会变得更好。但问题是，在跳棋比赛中，强化和惩罚（输赢结果）只会在游戏结束时发生，而一局游戏可能包含数百步棋。如果你赢了，哪一步棋应该被认为是好的？如果你输了，哪一步棋应该被认为是坏的？

当然，这只是我们在第 4 章中看到的贡献度分配问题的另一个版本。当光和声音都出现在食物旁边时，哪种刺激应该与食物相关？我们已经回顾了简单的两侧对称动物用来决定这一点的技巧：掩盖（选择最强的刺激）、潜伏抑制（选择新的刺激）和阻断（选择以前的关联）。虽然这些解决方案为时间上重叠的刺激分配贡献度时很有用，但为时间上分离的刺激分配贡献度时，却起不到作用。明斯基意识到，如果没有合理的跨时间分配贡献度的策略，强化学习将不起作用，这被称为“时序贡献度分配问题”。

一种解决方案是强化或惩罚决定输赢之前刚刚发生的行为。行动和奖励之间的时间窗口越大，得到的强化就越少。这就是明斯基 SNARC 算法的工作原理。但这只适用于时间窗口较短的情况，即便在跳棋游戏中，这也是一个站不住脚的解决方案。如果人工智能在下跳棋的过程中用这种方式分配贡献度，那么靠近游戏结束的棋步总是会获得大部分贡献度，而游戏开始的棋步则获得很少的贡献度。但这种做法显然是片面的，因为一局跳棋的胜负可能取决于早期某个巧妙的棋步，而这一步远远早于游戏实际分出胜负的那一刻。

另一种解决方案是在获胜时强化所有先前的棋步（或者相反，在输掉比赛后惩罚所有先前的棋步）。你的开局失误、扭转局面的中间移动以及不可避免的结局，都将根据你赢或输的结果得到同等程度的强化或惩罚。这样做的原理是这样的：如果人工智能下的局足够多，它终将能够区分好的和坏的具体棋步。

但这种解决方案也不起作用。跳棋的布局太多了，以至于在合理的时间内学习哪些移动是好的变得不可能。跳棋有超过 5×10^{20} 种可能的局面，国际象棋有超过 10^{120} 种可能的局面（比宇宙中的原子数量还要多）。这种方法需要人工智能下如此多局，以至于在我们所有人都去世之前，它都无法成为一个勉强还算不错的玩家。

这让我们陷入困境。在训练人工智能下跳棋、走迷宫或利用强化学习完成任何其他任务时，我们不能仅仅强化最近的行动，也不能仅仅强化所有的行动。那么，人工智能如何通过强化学习呢？

明斯基早在 1961 年就发现了时序贡献度分配问题，但这个问题几十年来一直未能得到解决。这个问题如此严重，以至于强化学习算法无法解决现实世界的问题，更不用说玩一个简单的跳棋游戏了。

然而，如今，人工强化学习算法的工作效果已经远胜从前。强化学习模型在我们周围的技术中变得越来越普遍：自动驾驶汽车、个性化广告和工厂机器人经常由它们提供支持。

从20世纪60年代强化学习的彻底无望，到如今的蓬勃发展，我们是如何实现这一转变的呢？

神奇的自举

1984年，也就是在明斯基去世几十年后，一个名叫理查德·萨顿（Richard Sutton）的学生提交了他的博士论文。萨顿提出了一种新的策略来解决时序贡献度分配问题。此前，他曾在美国马萨诸塞大学阿默斯特分校（UMass Amherst）度过了6年的研究生生涯，在博士后安德鲁·巴托（Andrew Barto）的指导下进行研究。萨顿和巴托深入挖掘了强化学习的旧有理念，并尝试再次对其进行探讨。6年的工作最终汇集成萨顿的博士论文，他在其中为强化学习革命奠定了重要的理论基础。论文的标题是《强化学习中的时序贡献度分配》。

萨顿的本科专业是心理学而非计算机科学，他从独特的生物学角度解决了这个问题。他并不只是想找到解决时序贡献度分配问题的最佳方法，而是更希望去了解动物实际是如何解决这个问题的。萨顿的本科论文题目是《期望的统一理论》。萨顿有一种预感：期望是之前强化学习尝试中缺失的关键要素。

萨顿提出了一个简单但激进的想法：与其使用实际的奖励来强化行为，不如使用预期的奖励来强化行为？换句话说，在人工智能系统认为自己快要赢的时候给予奖励，而不是在它实际赢了之后才给予奖励，又会怎样呢？

萨顿将强化学习分解为两个独立的组成部分：“行动者”

（actor）和“评判者”（critic）。评判者在游戏过程中的每一刻都预测获胜的可能性：它预测哪些棋盘布局是好的，哪些是坏的。而行动者则负责选择采取什么行动，并且不是在游戏结束时获得奖励，而是在评判者认为行动者的行动增加了获胜可能性时获得奖励。行动者所学习的信号并不是奖励本身，而是从某一时刻到下一时刻预测奖励的时序差异。因此，萨顿将自己的方法命名为“时序差分学习”（temporal difference learning）。

想象一下你正在下跳棋。在前 9 步中，你和对手一直势均力敌。然后在第 10 步时，你采取了一些巧妙的策略，扭转了游戏的局面。突然之间，你意识到自己比对手占据了更有利的位置。就是在这一刻，时序差分学习信号强化了你的棋步。

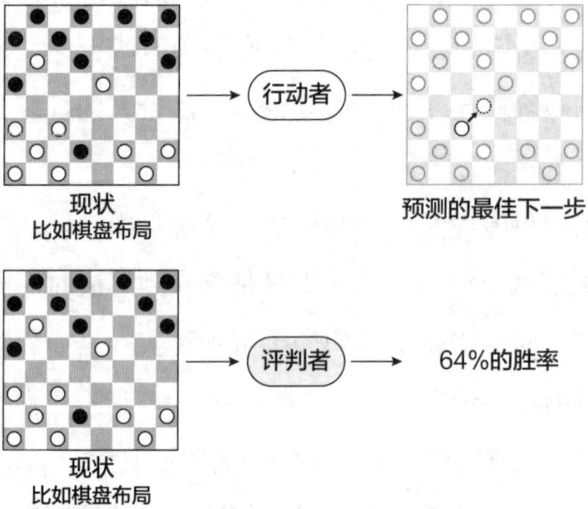

图 6.1

萨顿提出，这可能会解决时序贡献度分配问题。这将使人工智能系统能够边走边学习，而不必等到每场比赛结束。在一场漫长的跳棋游戏中，无论人工智能系统最终是赢是输，它都可以强化某些走法并惩罚其他走法。实际上，有时玩家会在一场最后败北的棋局中走出很多好的棋步，有时玩家会在一场最后获胜的棋局中走出很多坏的棋步。

虽然萨顿的方法具有直观的吸引力，但我们并不指望它能奏效，因为萨顿的逻辑是循环的。评判者根据棋盘局面预测获胜的可能性，取决于行动者将采取的未来行动（如果行动者不知道如何加以利用，好局面也未必有利）。同样地，行动者决定采取什么行动也取决于评判者的时序差分强化信号在强化和惩罚过去行动方面的准确性。换句话说，评判者依赖行动者，而行动者又依赖评判者。这种策略从一开始似乎就注定会失败。

然而，在模拟中，萨顿发现，通过同时训练行动者和评判者，它们之间会发生神奇的自举（bootstrapping）。当然，在一开始，评判者往往会奖励错误的行为，而行动者往往没有采取必要的行动来实现评判者的预测。但是，随着时间的推移，经过足够多的游戏，两者会相互完善，直到它们融合在一起，产生一个能够做出高度智能决策的人工智能系统。至少，这是萨顿模拟中的情况。但我们不清楚这种方法在实际中是否有效。

在萨顿致力于时序差分学习的同时，一位名叫杰拉尔德·特索罗（Gerald Tesauro）的年轻物理学家正在努力教会人工智能系统下双陆棋。特索罗在 IBM 研究院工作，该团队后来研发了“深蓝”（Deep Blue）[该程序以击败国际象棋大师加里·卡斯帕罗夫（Garry Kasparov）而闻名] 和“沃森”（Watson）[该程序以在美国脑力竞赛节目《危险边缘》中击败肯·詹宁斯（Ken Jennings）而闻名]。但在“深蓝”或“沃森”之前，还有一个名为“Neurogammon”的双陆棋人工智能系统，它用数百场专家级双陆棋比赛记录进行训练。它不是通过试错来学习，而是试图复制它认为人类专家会做的动作。到了 1989 年，Neurogammon 能够击败所有其他双陆棋电脑程序，但与人类相比却表现平平，甚至无法击败中级水平的玩家。

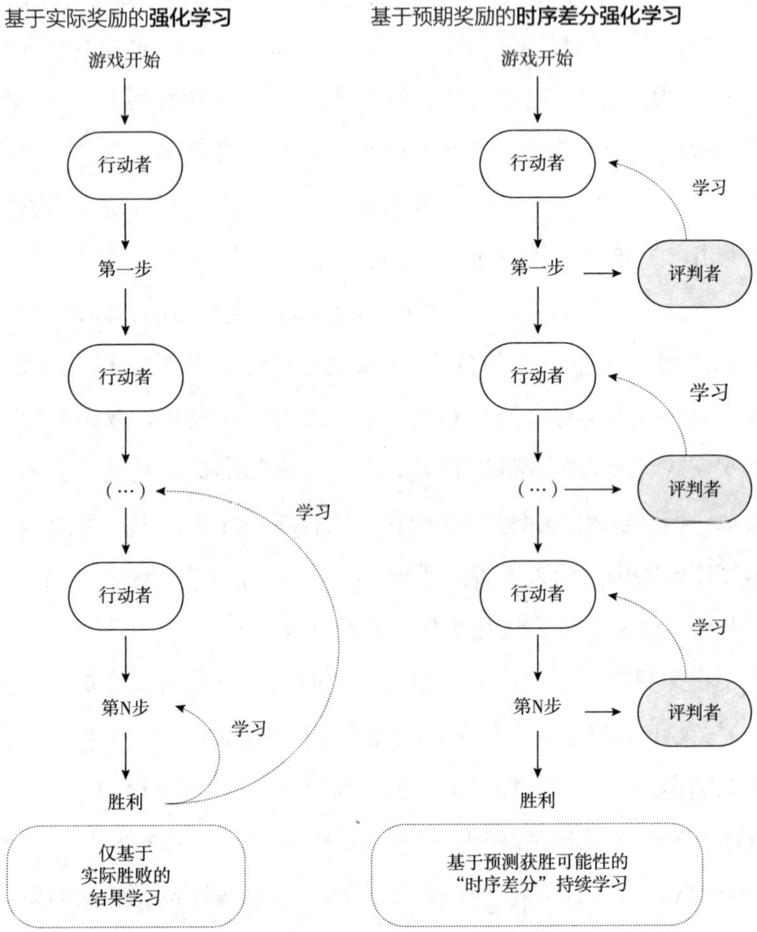

图 6.2

当特索罗偶然发现萨顿在时序差分学习方面的工作时，他已经花费数年时间尝试了所有可能的技术，试图让他的电脑像人类一样精通双陆棋。他的巅峰之作是 Neurogammon，它虽然聪明，但水平却停留在中级。因此，特索罗乐于接受新的想法，甚至包括萨顿提出的激进思想，也就是让系统通过自己的预测来自学。

特索罗首先将萨顿的想法付诸实践。20 世纪 90 年代初，他开始研究 TD-Gammon 系统，该系统通过时序差分学习来学会下双陆棋。

特索罗一开始是持怀疑态度的。Neurogammon 是通过人类专家的示例来训练的，它被告知了最佳走法，而 TD-Gammon 则完全通过试错来学习，需要自行发现最佳走法。然而，到了 1994 年，TD-Gammon 的表现达到了特索罗所说的“真正令人震惊的水平”。它不仅远远超过了 Neurogammon，而且与一些世界上最好的双陆棋玩家不相上下。尽管萨顿证明了时序差分学习在理论上是可行的，但特索罗证明了它在实践中也是有效的。在接下来的几十年里，时序差分学习被用于训练人工智能系统执行许多具有人类技能水平的任务，从玩雅达利游戏到自动驾驶汽车换道。

然而，真正的问题是，时序差分学习是否只是一种碰巧有效的巧妙技术，还是它捕捉到了智能本质中具体的基本要素。时序差分学习是一项技术发明，还是如萨顿所希望的那样，是进化过程中偶然发现的一种古老技术，并早已融入动物的大脑中以使强化学习得以工作？

多巴胺的重大再利用

虽然萨顿希望他的想法与大脑之间存在联系，却是他的一名同事彼得·达扬（Peter Dayan）证明了这一点。达扬和他的博士后同事里德·蒙塔古（Read Montague）在美国加州圣迭戈索尔克（Salk）研究所工作，他们坚信大脑利用了某种形式的时序差分学习。20 世纪 90 年代，受到特索罗 TD-Gammon 成功的鼓舞，他们开始在与日俱增的神经科学数据中寻找证据。

他们知道从哪里着手。任何试图理解强化学习如何在脊椎动物大脑中工作的尝试，都始于我们已经知道的一种神经调质：多巴胺。

所有脊椎动物的中脑深处都有一小群多巴胺神经元。这些神经元虽然数量很少，但它们可以将其信号输出发送到大脑的许多区域。20 世纪 50 年代，研究人员发现，如果你将电极插入大鼠的大脑并刺激这些多巴胺神经元，你可以让大鼠做几乎所有事情。如果你在大鼠推动杠杆时，每隔几次就刺激这些神经元，那么大鼠就会连续 24 小时以每小时 5000 次的速度推动这个杠杆。实际上，如果让大鼠在推杆（引起多巴胺释放）或进食之间做出选择，大鼠会选择推杆。它们忽视食物，宁愿挨饿也要接受多巴胺的刺激。

这种效果也体现在鱼类上。一条鱼会回到给它多巴胺的地方，并继续这样做，哪怕这些地方与它通常会避免的不愉快事物（如反复被移出水面）联系在一起。

事实上，大多数被滥用的药物，如酒精、可卡因、尼古丁，都是通过促进多巴胺的释放来起作用的。从鱼类到大鼠，再到猴子和人类，所有脊椎动物都容易对这些能增加多巴胺的化学物质上瘾。

不可否认，多巴胺与强化相关，但具体是如何相关的还不太清楚。最初的解释是多巴胺是大脑的愉悦信号，动物重复可激活多巴胺神经元的行为，是因为这让它们感觉很好。这在桑代克最初的试错学习概念中是有道理的，因为试错学习是一个不断重复行为以产生满意结果的过程。但我们在第 3 章已经看到，多巴胺不产生愉悦感。它与喜好无关，更多地与渴望有关。那么，为什么多巴胺具有如此显著的强化作用呢？

要了解多巴胺在传递什么信号，唯一的办法就是测量这个信号。直到 20 世纪 80 年代，技术才足够先进，让科学家能够做到这一点。一位名叫沃尔夫拉姆·舒尔茨（Wolfram Schultz）的德国神经科学家成为第一个观察到单个多巴胺神经元活动的科学家。

舒尔茨设计了一个简单的实验来探究多巴胺与强化之间的关系。舒尔茨向猴子展示不同的提示（如几何形状的图片），几秒钟后喂它们一些糖水。

果不其然，即使在这个简单的奖励预测任务中，多巴胺也不是桑代克所说的令人满意的结果的信号，也就是说，它并不是快乐或效价的信号。起初，多巴胺神经元的反应确实像一个效价信号，每当饥饿的猴子得到糖水时，就会产生独特的兴奋。但经过几次试验后，多巴胺神经元停止了对奖赏本身的反应，而只对预测线索做出反应。

当猴子看到一张它们知道会带来糖水的图片时，它们的多巴胺神经元会兴奋起来，但是当这些猴子稍后得到糖水时，它们的多巴胺神经元并没有偏离其基线活动水平。那么，也许多巴胺实际上是一个“惊讶”的信号？也许多巴胺只有在事件偏离预期时才会变得兴奋，比如突然出现一张出其不意的图片，或者突然得到糖水的时候？

当舒尔茨进行额外的实验时，很明显“多巴胺即惊讶”的想法是错误的。在他的一只猴子学会了在看到特定图片后期待糖水以后，舒尔茨再次展示了这张预示奖励的图片，却没有给猴子糖水。在这种情况下，尽管惊讶程度相同，但多巴胺活动却急剧下降。虽然出乎意料的奖励会增加多巴胺活动，但预期奖励的缺失会减少多巴胺活动。[①]

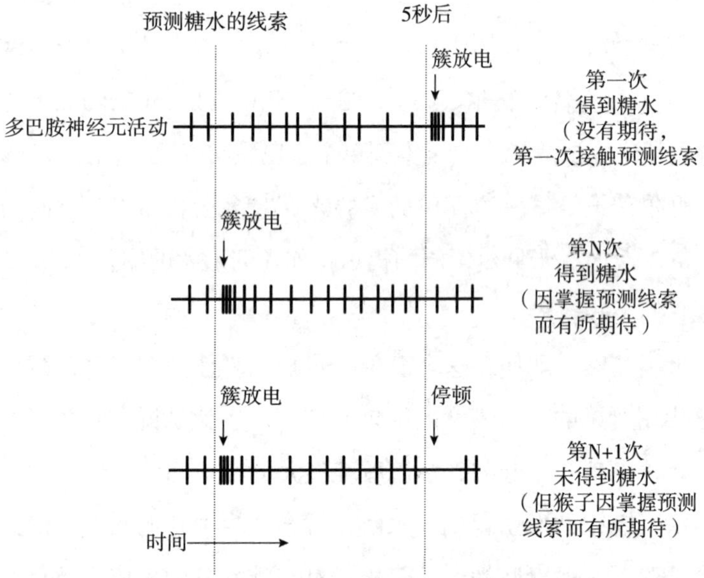

图 6.3　多巴胺神经元对预测性线索、奖励和缺失的反应

① 多巴胺神经元总是有一个背景（静止）频率，每秒发放大约一到两个尖峰信号。在缺失奖励期间，这些神经元会变得完全沉默（见图 6.3）。

舒尔茨对这些结果感到困惑。多巴胺的信号究竟是什么呢？如果不是效价、快乐或惊讶，那又是什么呢？为什么多巴胺的活动会从奖励本身转移到奖励的预测线索上？为什么当预期的奖励缺失时，多巴胺的活动会减少？

多年来，神经科学界一直不知道如何解读舒尔茨的数据，这种奇特现象就在一种古老神经元的“敲击”和“停顿”中暴露无遗。

直到10年后，人们才解读出了这些数据。事实上，10年后，达扬和蒙塔古开始查阅文献，寻找大脑是否利用了某种形式的时序差分学习的线索。当他们最终看到舒尔茨的数据时，他们立刻明白了他们所看到的意味着什么。舒尔茨在猴子身上发现的多巴胺反应与萨顿的时序差分学习信号完全吻合。舒尔茨的猴子的多巴胺神经元因预测线索而兴奋，因为这些线索意味着预测的未来奖励增加（正时序差分）；当预期的奖励到来时，多巴胺神经元并没有受到影响，因为预测的未来奖励没有发生变化（没有时序差分）；而当预期的奖励缺失时，多巴胺神经元的活动减少，因为预测的未来奖励减少（负时序差分）。

哪怕是多巴胺反应的细节也与时序差分信号完全吻合。例如，舒尔茨发现，一个预示4秒后会有食物的线索比预示16秒后会有食物的线索更能引起多巴胺的分泌。这被称为“折扣效应”，萨顿也将其纳入他的时序差分学习信号中。折扣效应驱使人工智能系统（或动物）选择能够更快获得奖励的行动，而不是延迟获得。

甚至，多巴胺对概率的反应方式也与时序差分学习信号一致：一个预示着有75%的可能获得食物的线索比一个预示着有25%的可能获得食物的线索更能引起多巴胺的分泌。

多巴胺并不是奖励的信号，而是强化的信号。正如萨顿所发现的，为了使强化学习发挥作用，强化和奖励必须分离。为了解决时序的贡献度分配问题，大脑必须基于预测未来奖励的变化来强化行为，而不是基于实际的奖励。这就是为什么动物会沉迷于释放多巴胺的行为，尽管这过程并不愉快。这也是为什么多巴胺反应会迅速将其激活状态转移到动物预测即将到来的奖励的时刻，而不是转移到奖励本身。

1997 年，达扬和蒙塔古与舒尔茨共同发表了一篇具有里程碑意义的论文，题为《预测与奖励的神经基础》。时至今日，这一发现仍是人工智能与神经科学之间最著名的完美合作成果之一。受到萨顿主张的大脑工作原理的启发，论文中提出的策略成功克服了人工智能领域的实际挑战，而又反过来帮助我们解读了关于大脑的神秘数据。神经科学启发了人工智能，而人工智能又反哺了神经科学。

大多数记录多巴胺神经元活动的研究都是在哺乳动物身上进行的，但我们有充分的理由相信多巴胺的这些特性也适用于鱼类。鱼类和哺乳动物大脑中的多巴胺系统神经环路基本相同，并且在鱼类、大鼠、猴子和人类的大脑结构中，也发现了时序差分学习的信号。相反，在线虫或其他简单的两侧对称动物的多巴胺神经元中，未发现时序差分学习的信号。①

在早期的两侧对称动物中，多巴胺是“好事将近”的信号，

① 值得注意的是，一些无脊椎动物，特别是节肢动物，确实表现出这种奖励预测误差。但鉴于这些奖励预测误差在其他简单的两侧对称动物中并未发现，并且发现这些误差的大脑结构是节肢动物特有的大脑结构，因此这种误差被认为是独立进化的。

是一种原始的渴望。[①] 然而，在向脊椎动物过渡的过程中，这种“好事将近”的信号不仅被进一步用于触发渴望的状态，还被用来传递精确计算出的时序差分学习信号。事实上，多巴胺作为神经调质，被进化过程重新用于时序差分学习信号是有道理的，因为它作为即将获得奖励的信号，是最接近预测未来奖励的测量值的东西。因此，多巴胺从“好事将近”的信号，转变为“10 秒钟后恰好有 35% 的机会发生天大的好事”的信号。它从一个关于最近检测到的食物的模糊平均值，转变为一个不断波动的、精确测量的和严格计算的预测未来奖励的信号。

解脱、失望和时机的出现

从时序差分学习的古老种子中，萌发出了智能的几个特征。其中两个特征“失望”和“解脱”，让人如此熟悉，以至于它们几乎被忽视；它们又是如此无处不在，以至于人们很容易忽略一个不可避免的事实：它们并非一直存在。失望和解脱都是大脑新

① 实际上，最近的研究证明，进化在巧妙地改变了多巴胺功能的同时，又保留了其产生渴望状态的原始作用。基底神经节的输入核（纹状体）中的多巴胺量似乎可以衡量“打折”后的预测未来奖励，基于“好事可能有多好”触发渴望状态，并驱使动物专注并追求附近的奖励。当动物接近奖励时，多巴胺会增加，并在动物预期获得奖励的那一刻达到顶峰。在这个增加的过程中，如果预测到的奖励发生变化（某些缺失或新出现的线索改变了获得奖励的可能性），那么多巴胺水平就会迅速提高或下降，以反映新的预测未来奖励水平。这些多巴胺水平的快速波动是通过舒尔茨发现的多巴胺神经元的簇放电和停顿产生的，这些多巴胺水平的快速波动就是时序差分学习信号。纹状体中漂浮的多巴胺的数量会改变神经元的兴奋性，从而使行为转向利用和渴望。相比之下，多巴胺水平的快速变化会触发多种连接的强度的改变，从而强化和惩罚行为。换句话说，在脊椎动物中，多巴胺既是渴望的信号，也是强化的信号。

产生的特征，旨在通过预测未来的奖励来学习。事实上，如果没有对未来奖励的准确预测，当它没有发生时，就不会有失望。同样，如果没有对未来痛苦的准确预测，当它没有发生时，就不会有解脱。

让我们看看鱼类通过试错方法来学习以下任务。当你打开灯后，如果5秒内鱼没有游到水箱的另一侧，你就轻轻地电击它，那么它就会学会每次你打开灯时都自动游到水箱的另一侧。这似乎是简单的试错学习，对吧？然而，事实并非如此。脊椎动物执行这种“回避任务”的能力一直是动物心理学家争论的焦点。

桑代克如何解释鱼类的这种能力呢？当桑代克的一只猫最终从谜题盒中逃出来时，是食物奖励的存在强化了猫的行动。但是，当我们的鱼游到安全位置时，是预测到电击的缺失强化了鱼的行为。那么，某种东西的缺失怎么强化动物的行为呢？

答案是，预期惩罚的缺失本身就是一种强化，即解脱；而预期奖励的缺失本身就是一种惩罚，即失望。这就是当食物缺失时，舒尔茨观察到的多巴胺神经元活动减少的原因。他观察着失望的生物的表现——大脑对未来奖励预测失败的惩罚信号。

事实上，你不仅可以利用奖励和惩罚来训练脊椎动物（即使是鱼类）执行任意的动作，还可以利用预期奖励或惩罚的缺失来进行训练。对有些人来说，意外得到的一块甜点（奖励）和意外得到的一天假期（预期的，但不喜欢的东西的缺失）会产生一样的强化效果。

然而，线虫不能通过奖励缺失训练来执行任意的行为。即使是独立进化出许多智力特性的螃蟹和蜜蜂，也不能从事物的缺失中学习。[①]

在脊椎动物和无脊椎动物之间的这种智力差异中，我们发现了智力的另一个熟悉特征，这个特征也来自时序差分学习及其对应的失望和解脱。如果我们仔细观察鱼学习游到特定位置以避免电击的过程，我们会观察到一些令人惊讶的事情。当灯打开时，鱼并不会立即冲向安全地带。相反，它会悠闲地忽视灯光，直到 5 秒间隔即将结束时，才会迅速冲向安全地带。在这个简单的任务中，鱼不仅学会了做什么，还学会了什么时候做，鱼知道电击会在灯光亮起后的 5 秒准时发生。

许多不同类型的生物都有追踪时间流逝的机制。细菌、动物和植物都有生物钟来追踪一天的周期。但是脊椎动物在测量时间的精确度方面是独一无二的。脊椎动物可以记住一个事件恰好发生在另一个事件之后的 5 秒钟。相比之下，像蛞蝓和扁形虫这样简单的两侧对称动物完全无法学习事件之间的精确时间间隔。事实上，像蛞蝓这样的简单的两侧对称动物甚至无法学会将相隔 2 秒以上的事件联系起来，更不用说学会一件事恰好在 5 秒钟后发生。即使是螃蟹和蜜蜂这些进化程度较高的无脊椎动物，也无法

---

① 这需要一些巧妙的实验设计，来区分一个关联只是因为条件不再适用（例如，灯光不再导致电击）而消失，还是由于某个事物的缺失而产生的学习。在一项针对鱼类的研究中，通过在奖励缺失的实验中特意添加一个新线索，来显示这种区别。如果一个关联只是逐渐消失，那么这个新的线索就不会变得有奖励性（在缺失实验中没有任何东西得到强化），但如果动物的大脑将缺失的电击本身视为奖励，那么这个新线索（只在电击缺失时出现）应该会被学习成同样具有奖励性。研究人员发现，在这样的实验中，鱼实际上会将这个新线索视为奖励，并在将来接近它。相比之下，我们知道线虫无法做到这一点，因为它们甚至无法将时间上分离的事件联系起来，并且有证据（尽管仍不确定）表明，即使是蜜蜂和螃蟹这样聪明的无脊椎动物也无法通过这种方式从缺失的过程中学习。

学习事件之间的精确时间间隔。

时序差分学习、失望、解脱和对时间的感知都是相关的。精确的时间感知是从缺失中学习、知道何时触发失望或解脱，从而使时序差分学习发挥作用的必要因素。没有时间感知，大脑就无法知道是事件缺失，还是事件仍未发生；我们的鱼会知道光线与电击有关，但不知道电击何时会发生。它们会在电击的风险过去很久之后，在灯光下仍然感到恐惧，无法判断自身是否安全。只有有了内在的时钟，鱼才能预测电击发生的确切时刻，那么如果电击缺失，多巴胺才会在获得解脱的确切时刻大量释放。

基底神经节

我最喜欢的大脑部位是一个叫作基底神经节的结构。

对大多数大脑结构来说，人们对它们了解得越多，反而越难理解它们——简单的框架在混乱的复杂性之下变得支离破碎，这正是生物系统的特征。但基底神经节不同，它的内部连接方式展现出了迷人而优美的设计，揭示了一种有序的计算和功能。正如人们可能会对进化创造出如此对称和优雅的眼睛感到敬畏一样，人们同样会对进化创造出自身对称和优雅的基底神经节感到敬畏。

基底神经节位于大脑皮质与丘脑之间（参见本书开篇几页的插图）。基底神经节的输入来自大脑皮质、丘脑和中脑，这使得它能够监测动物的行为和外部环境。随后，信息在基底神经节内部如迷宫般的亚结构中流动，它们分开、合并、转换和重组，直到到达基底神经节的输出核。这个输出核包含成千上万个抑制性神经元，它们与脑干中的运动中心形成大量强大的连接。基底神经经节的这个输出核默认是激活的，因此脑干的运动环路不断受到基底神经节的抑制和控制。只有当基底神经节中的特定神经元关闭时，脑干中的特定运动环路才会解除激活的限制。因此，基底神经节一直处于控制和解除控制特定行为的状态，充当着动物行为的全权操控者。

基底神经节的功能对我们的生活至关重要。帕金森病的典型症状是无法开始运动。患者可能会坐在椅子上许多分钟，直至积聚起足够的意志才能起身。帕金森病的这种症状主要是由于基底神经节的功能受损，使其一直处于对所有动作进行抑制的状态，从而剥夺了患者发起哪怕是最简单动作的能力。

基底神经节执行的计算是什么呢？它又是如何利用关于动物行为和外部环境的输入信息，来决定哪些动作要被抑制（防止发生），而哪些动作要解除抑制（允许发生）的呢？

除了接收有关动物行为和外部环境的信息，基底神经节还接收来自多巴胺神经元簇的输入。当这些多巴胺神经元被激活时，基底神经节会迅速充满多巴胺；而当这些多巴胺神经元受到抑制时，基底神经节则会迅速减少多巴胺。基底神经节内的突触具有不同的多巴胺受体，每个受体都以独特的方式做出反应，这些多巴胺水平的波动会强化或削弱特定的突触，从而改变基底神经节处理输入信息的方式。

随着神经科学家追踪基底神经节的神经环路，其功能逐渐变得清晰。基底神经节学会了重复那些可以促使多巴胺释放最大化的行为。通过基底神经节，促进多巴胺释放的动作更容易发生（基底神经节允许这些动作），而抑制多巴胺释放的动作不太可能发生（基底神经节阻止这些动作）。这是不是听起来很熟悉？基底神经节在一定程度上就是萨顿所提出的“行动者”：一个重复引起强化的行为、抑制导致惩罚的行为的系统。

令人惊讶的是，人类大脑和七鳃鳗大脑的基底神经节环路几乎完全相同，尽管这两种生物的共同祖先是5亿多年前的第一批脊椎动物。基底神经节内的各种亚群、神经元类型和整体功能似乎是相同的。基底神经节这个强化学习的生物部位，在早期脊椎动物的脑中就已经出现。

强化学习的出现并非仅靠基底神经节的作用，而是源自基底神经节和另一种独特的脊椎动物结构——下丘脑之间的古老相互作用。下丘脑是位于前脑底部的一个小型结构。

在脊椎动物的大脑中，多巴胺的释放最初由下丘脑控制。下丘脑继承了两侧对称动物祖先效价感觉器官内的效价神经元。当你感到寒冷时，你的下丘脑触发颤抖行为，让你享受温暖；正如当你感到炎热时，你的下丘脑触发出汗行为，让你享受凉爽。当你的身体需要卡路里时，你的下丘脑会检测到你血液中的饥饿信号，让你感到饥饿。早期两侧对称动物大脑中正效价食物敏感神经元的功能，与你的下丘脑中正效价食物敏感神经元的功能相同：当你感到饥饿时，它们会对食物产生强烈反应；而当你吃饱时，它们对食物的反应就会减弱。这就是为什么你上一刻还在垂涎比萨，下一刻吃饱喝足后就对比萨毫无兴趣。

换句话说，下丘脑在本质上只是早期两侧对称动物转向大脑的更高级版本：它将外部刺激简化成好的和坏的，并触发对每个刺激的反射反应。下丘脑的效价神经元与在整个基底神经节中传播多巴胺的多巴胺神经元簇相连。当下丘脑感到愉悦时，它会向基底神经节注入多巴胺；而当下丘脑感到难过时，它会剥夺基底神经节的多巴胺。因此，从某种程度上来说，基底神经节就像一个学生，始终在努力迎合下丘脑这位“法官”模糊却严苛的评判。

下丘脑并不会因为预测性的线索而兴奋，它只会在真正得到它想要的东西时（比如饥饿时得到食物，寒冷时感到温暖）才会感到兴奋。下丘脑是实际奖励的决策者，比如我们用人工智能下双陆棋时，下丘脑会告诉大脑游戏结果是赢是输，但不会告诉大脑它在游戏过程中的表现如何。

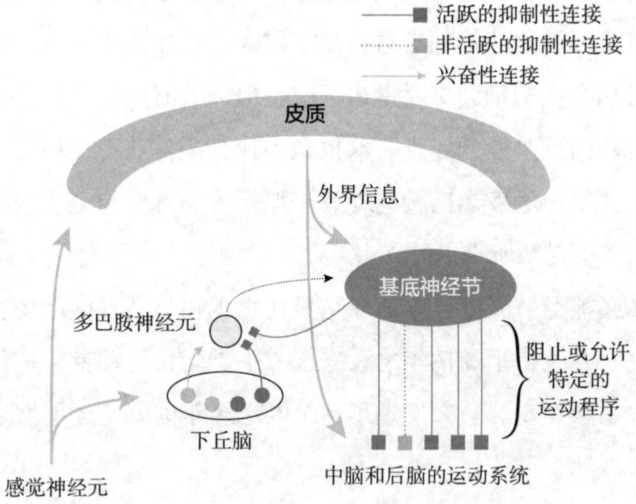

图 6.4　第一个脊椎动物大脑设计的简化框架

但是，正如明斯基在 20 世纪 50 年代尝试构建强化学习算法时所发现的那样，如果大脑只从实际的奖励中学习，那么它将永远无法做任何真正智能的事情。他们将面临时序贡献度分配问题。那么，多巴胺是如何从实际奖励的效价信号转变为预测未来奖励变化的时序差分信号的呢？

在所有脊椎动物中，基底神经节内都有一套神秘的平行神经环路结构：其中一个通向运动环路并控制运动，另一个直接返回多巴胺神经元。关于基底神经节功能的一个主要理论是，这些平行环路实际上就是萨顿用于实现时序差分学习的行动者 - 评判者系统。一个环路是“行动者”，学习重复促使多巴胺释放的行为；另一个环路是“评判者”，学习预测未来的奖励并触发自身的多巴胺激活。

在我们的比喻中，基底神经节“学生”最初只从下丘脑“法官”那里学习，但随着时间的推移，它学会了自我判断，能在下丘脑给出反馈之前就知道自己犯了错误。这就是为什么多巴胺神经元最初会在奖励到来时做出反应，但随着时间的推移，它们的激活会转向预测性的线索。这也是为什么当你获得预料之中的奖励时，并不会触发多巴胺的释放。那是因为基底神经节的预测结果抵消了下丘脑所带来的兴奋感。

基底神经节高度保守的环路最初出现在早期脊椎动物的小型大脑中，并维持了 5 亿年之久，这似乎是萨顿行动者 - 评判者系统的生物学体现。萨顿发现了一个 5 亿多年前就已经偶然进化出的技巧。

时序差分学习、脊椎动物基底神经节的连接、多巴胺反应的特性、学习精确时间间隔的能力以及从缺失中学习的能力，所有这些都被融合到同一个机制中，使试错学习得以发挥作用。

7

模式识别问题

5亿年前，当今所有脊椎动物（无论是鸽子、鲨鱼、小鼠、狗还是人类）那像鱼一样的祖先，在不知不觉中朝着危险游去。她游过寒武纪半透明的水下植物，在它们厚厚的、海藻状的茎秆之间轻轻穿梭。她在寻找珊瑚幼虫，这些幼虫是那些占据海洋的无脑动物所产的富含蛋白质的后代，而她自己，却也在不知不觉中被猎食者盯上。

一只奇虾（一种体长1英尺的节肢动物，头部伸出两只带刺的爪子）隐藏在沙子里。奇虾是寒武纪的顶级捕食者，它正在耐心地等待一只不幸的生物闯进它的捕猎范围。

我们的脊椎动物祖先可能已经注意到了远处那股不熟悉的气味和形状不规则的沙堆。但寒武纪海洋中总是弥漫着各种陌生的气味，因为这是一个由微生物、植物、真菌和动物组成的生物世界，每个生物都释放着它们独特的气味组合。同时，四周也充斥着各种陌生的形状，这是一幅由无数生物和非生物构成的动态画面。因此，对于那气味和沙堆，她并未过多地在意。

当她从寒武纪植物丛的安全地带中钻出来时，这只节肢动物发现了她，并猛扑向前。在几毫秒内，她的逃跑反应被触发。祖先鱼的眼睛察觉到她视野边缘的一个快速移动物体，触发了一个硬连接的反射性转弯和向反方向的冲刺。这种逃跑反应的激活使她的大脑充满了去甲肾上腺素，触发了高唤醒状态，使感觉反应更加灵敏，暂停所有恢复功能，并将能量重新分配给了她的肌肉。在千钧一发之际，她逃脱了那只节肢动物的利爪，游走了。

这样的场景已经上演了数十亿次，这是一个永无止境的狩猎与逃跑、期待与恐惧的循环。但这次有所不同——我们的脊椎动物祖先会记住那只危险的节肢动物的气味，记住它从沙子里露出的眼睛。她不会再犯同样的错误。大约在 5 亿年前，我们的祖先进化出了模式识别能力。

气味识别问题比你想象得更难

早期的两侧对称动物无法感知人类所体验的气味。尽管你几乎毫不费力就能区分向日葵和鲑鱼的气味，但实际上这是一项极其复杂的智力成就，是从最早的脊椎动物那里继承而来的。

正如你今天鼻子里的嗅觉神经元一样，早期脊椎动物的鼻孔中也有数千个嗅觉神经元。在七鳃鳗的鼻子里，有大约 50 种不同类型的嗅觉神经元，每种类型都含有一种独特的嗅觉受体，可以对特定类型的分子做出反应。大多数气味并不是由单一分子构成的，而是由多种分子组成的。当你回家时，能闻出家人最拿手的烤猪肉的气味，你的大脑并不是在识别“烤猪肉分子”（因为这样的东西并不存在）。相反，它识别了由多种分子组成的特定混合物，这些分子能激活一组嗅觉神经元。任何给定的气味都可以由被激活的嗅觉神经元的特定组合模式表示。总之，气味识别不过是模式识别。

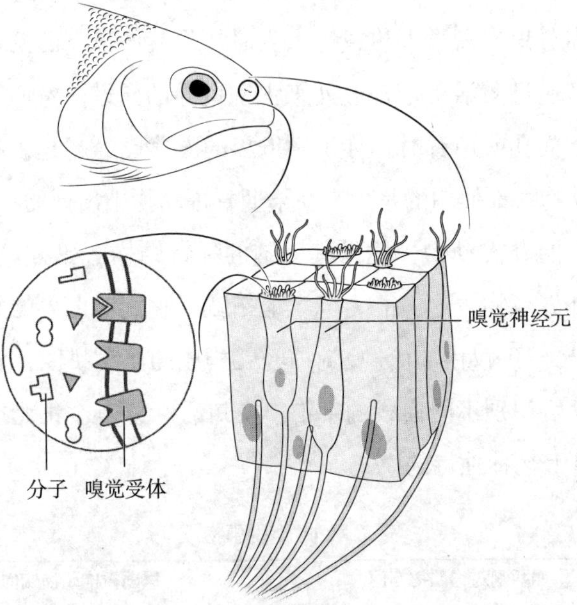

图 7.1　脊椎动物鼻子的内部

我们的类线虫祖先识别世界的能力仅限于单个神经元的感觉机制。它可以通过激活单个光敏神经元来识别光的存在，或者通过激活单个机械感觉神经元来识别触觉的存在。尽管这对转向很有用，但这却使得外界的画面变得模糊不清。实际上，转向的巧妙之处在于，它使最早的两侧对称动物能够在不感知世界太多东西的情况下找到食物并避开捕食者。

然而，大多数关于你周围世界的信息并不能从单个激活的神经元中找到，而只能在一组被激活的神经元所形成的组合模式中找到：你可以根据击中视网膜的光子模式区分汽车和房子，可以根据击中内耳的声波模式区分一个人的胡言乱语和豹的咆哮声，还可以根据鼻子中激活的嗅觉神经元模式区分玫瑰和鸡肉的气味。但数亿年来，动物一直缺乏这种技能，被困在感知的牢笼中。

当你意识到盘子太热或针太尖时，你就像早期的两侧对称动物一样，通过激活单个神经元来识别世界的属性。然而，当你识别气味、面孔或声音时，你识别世界的方式已经超越了早期的两侧对称动物，你使用的是后来在早期脊椎动物中出现的一种技能。

早期的脊椎动物，凭借其大脑的独特结构解码神经元模式，以识别外界事物，这一能力极大地拓宽了它们对世界的感知范围（见表 7.1）。仅仅由 50 种嗅觉神经元构成的小型拼图，竟能容纳一个包含可识别不同模式的宇宙。换句话说，50 个细胞能够代表超过 100 万亿种独特的模式。①

表 7.1　识别事物

早期两侧对称动物如何识别世界上的事物	早期脊椎动物如何识别世界上的事物
用单个神经元检测特定事物	大脑通过解码被激活的神经元模式来识别特定的事物
少量的事物可以被识别	大量的事物可以被识别
只有通过进化的调整才能识别新事物（需要新的感觉机制）	不需要进化的调整就可以识别新事物，只需学会识别新的模式（无须新的感觉机制）

模式识别很难。哪怕经过了 5 亿年的进化，许多现今存活的

① 50 个有开启或关闭两种状态的元素，可能产生的组合方式有 2^{50} 种，$2^{50} \approx 1.1 \times 10^{15}$ 种。

动物也从未获得过这种能力，比如今天的线虫和扁形虫，它们身上没有显示出模式识别的迹象。

脊椎动物的大脑在识别模式时需要解决两个计算上的挑战。在图 7.2 中，你可以看到一个代表三种虚拟气味模式的例子：一种代表危险的捕食者，一种代表美味的食物，还有一种代表有吸引力的伴侣。也许从这张图中你可以看出为什么模式识别并不容易——尽管这些模式有不同的含义，但它们彼此重叠。其中一个应该触发逃跑反应，而其他则应该触发接近反应。这是模式识别的第一个问题，即辨别问题：如何识别出重叠的模式并将它们区分开来。

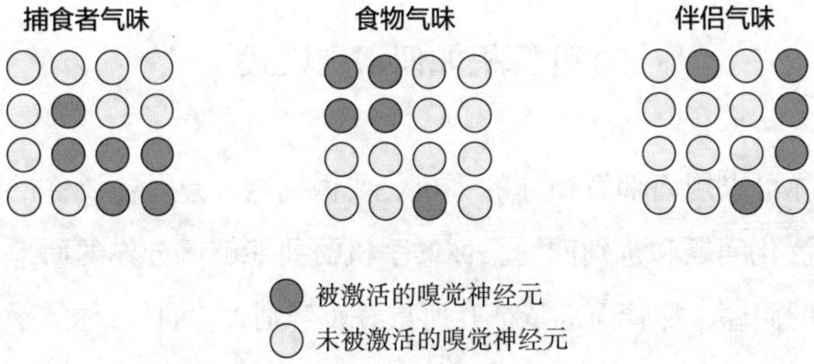

图 7.2　辨别问题

当一条鱼第一次在一种新的捕食者气味中感到恐惧时，它会记住这种特定的气味模式。但是，当这条鱼再次遇到相同捕食者的气味时，它不会激活完全相同的嗅觉神经元模式。分子的平衡永远不会完全相同，因为新的节肢动物的年龄、性别、饮食或其他许多因素可能都有所不同，这可能会稍微改变它的气味。甚至周围环境的气味也可能不同，以略微不同的方式产生干扰。所有这些微小扰动的结果是，下一次的遭遇将会相似但并不完全相同。

在图 7.3 中，你可以看到三个嗅觉模式的例子，这是鱼再次遇到捕食者气味时可能激活的嗅觉模式。这是模式识别的第二个挑战：如何泛化先前的模式，以识别那些相似但不完全相同的新模式。

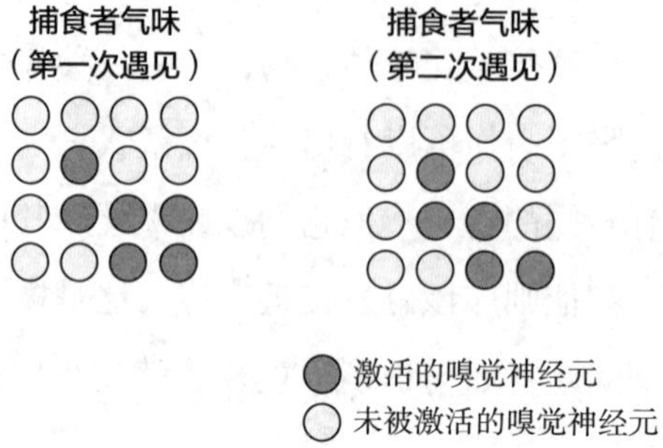

图 7.3　泛化问题

计算机如何识别模式

你可以用面部解锁你的手机。要做到这一点，需要你的手机解决泛化问题和辨别问题。你的手机需要能够区分你的面部和其他人的面部，尽管面部特征有所重叠（辨别）。而且，你的手机还需要在各种阴影、角度、面部毛发等变化的情况下识别出你的面部（泛化）。显然，现代人工智能系统成功地解决了模式识别中的这两个挑战。那么，它是如何做到的呢？

标准方法是这样的：创建一个如图 7.4 所示的神经元网络，在网络的一侧提供一个输入模式，这些模式会流经多层神经元，最终在网络另一侧转化为输出。通过调整神经元之间连接的权重，你可以让网络对其输入执行各种操作。如果你能精确调整权重，就可以得到一个算法，让输入模式在网络末端得到正确识别。如果你以某种方式调整权重，它可以识别面部；如果你以另一种方式调整权重，它可以识别气味。

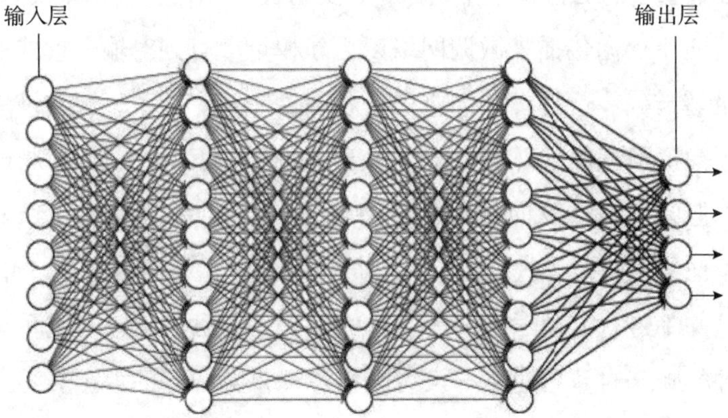

图 7.4　人工神经网络

难点在于教会网络如何学习正确的权重。这种方法由杰弗里·辛顿、大卫·鲁姆哈特（David Rumelhart）和罗纳德·威廉姆斯（Ronald Williams）在 20 世纪 80 年代推广开来。他们的方法如下：如果你要训练一个神经网络将气味模式分为鸡蛋味或花香，你要先向它展示一系列气味模式，并同时告诉网络每个模式是来自鸡蛋还是花朵（通过网络末端特定神经元的激活情况来测量）。换句话说，你告诉网络正确的答案。然后，你将实际输出与期望输出进行比较，并推动整个网络的权重向使实际输出更接近期望输出的方向调整。如果你这样做很多次（比如数百万次），网络最终会学会准确识别模式——它可以识别出鸡蛋和花朵的气味。他们称这种学习机制为反向传播（backpropagation）：他们将末端的误差反向传播到整个网络，计算出每个突触对误差的确切贡献，并相应地调整该突触。

上述类型的学习通过提供正确答案和例子来训练网络，被称为“监督学习”（人类通过向网络提供正确答案来监督学习过程）。许多监督学习方法比这更复杂，但原理是一样的：提供正确答案，然后使用反向传播来微调网络以更新权重，直到对输入模式的分类足够准确。这种设计的应用场景已经非常广泛了，现在被应用于图像识别、自然语言处理、语音识别和自动驾驶汽车等领域。

但是，就连反向传播的发明者之一杰弗里·辛顿也意识到，尽管他的发明很有效，但它并不符合大脑实际工作的方式。首先，大脑并不进行监督学习——当你学习识别某种气味来自鸡蛋，另一种气味来自草莓时，并没有人给你提供标记好的数据。甚至在孩子学会“鸡蛋”和“草莓”这两个词之前，就能清楚地识别出它们的不同。其次，反向传播在生物学上是不合理的。反向传播的工作原理在于它能够神奇地同步且精准地调整数百万个突触，使神经网络的输出结果逐步接近正确的方向。但大脑显然不可能以这种方式运作。那么，大脑究竟是如何识别各种模式的呢？

大脑皮质

鱼类的嗅觉神经元将其输出发送到大脑顶部的一个结构，这个结构被称为“皮质”（cortex）。像七鳃鳗和爬行动物等较简单的脊椎动物的皮质由三层神经元形成的薄薄的一片组织构成。

最早的皮质进化出了一种新的神经元形态，即锥体神经元（pyramidal neuron），这个名字源于其金字塔般的锥体形状。这些锥体神经元有数百个树突，接收数千个突触的输入。这些是为识别模式而设计的第一批神经元。

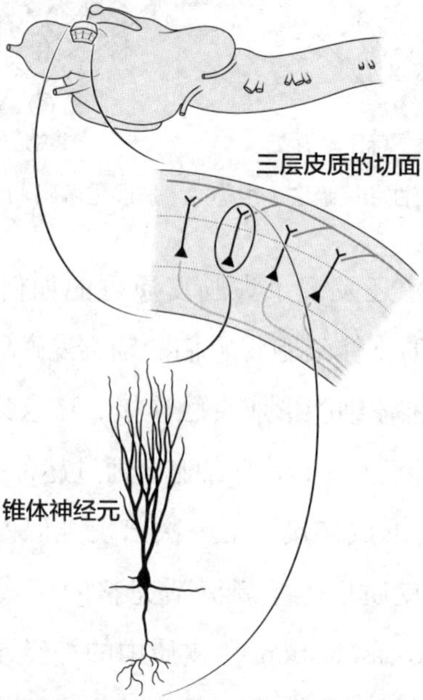

图 7.5 早期脊椎动物的皮质

嗅觉神经元将信号发送到大脑皮质锥体神经元。这种从嗅觉到皮质的神经网络具有两个有趣的特性。首先，它存在巨大的维度扩展——少数嗅觉神经元连接到了大量皮质神经元。其次，它们的连接是稀疏的：每个嗅觉细胞只会连接皮质细胞的一个子集。这两个看似无关的连接特性可能解决了辨别问题。

通过图 7.6，您可以直观地理解为什么扩展性和稀疏性能够实现这一点。尽管捕食者气味和食物气味的模式在输入层有所重叠，但由于所有激活的神经元向皮质神经元提供的输入不同，最终在皮质中激活的神经元模式也会不同。因此，尽管输入信息存在重叠，但在皮质中被激活的模式却是不同的。这种操作有时被称为“模式分离”“去相关”或“正交化”。

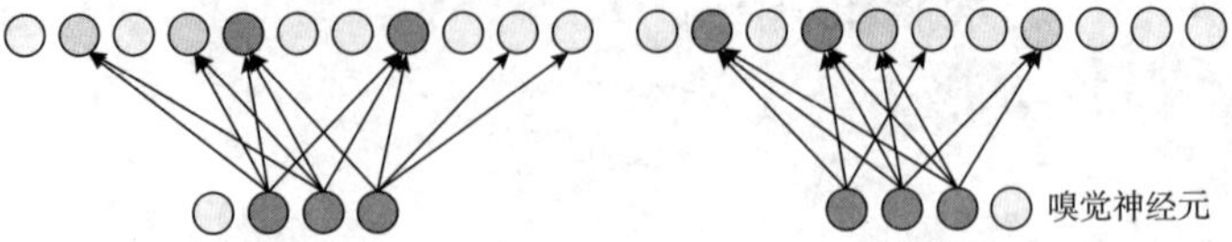

图 7.6　扩展性和稀疏性（也称为“扩展重编码”）可以解决辨别问题

神经科学家还发现了大脑皮质可能如何解决泛化问题的线索。大脑皮质的锥体细胞将它们的轴突发送回自身，并与附近成百上千的其他锥体细胞形成突触连接。这意味着当一个气味模式激活一组锥体神经元时，这些细胞会通过赫布型可塑性[①]（Hebbian plasticity）自动形成连接。下一次出现类似模式时，即使该模式不完整，大脑皮质也能重新激活完整的模式。这种技巧被称为“自联想”（auto-association），皮质中的神经元会自动学习与自己相关的关联。这为泛化问题提供了一个解决方案——大脑皮质能够识别相似但不完全相同的模式。

自联想揭示了脊椎动物记忆与计算机记忆之间的一个重要区别。自联想表明，脊椎动物的大脑使用的是内容可寻址存储（content-addressable memory）——通过提供原始经历的一部分子集来回忆整段记忆，这部分子集能够重新激活原始的模式。例如，如果我告诉你一个你以前听过的故事的开头，你就能回忆起其余部分；如果我向你展示你车子的半张照片，你就能画出剩下的部分。然而，电脑使用的是地址可寻址存储（register-addressable memory）——这种记忆只有在拥有唯一的存储地址时，才能调用它们。如果你失去了这个地址，你就失去了这段记忆。

① 我们在第 4 章中看到的技巧，简言之就是“同时放电的神经元相互连接”。

自联想记忆并不面临失去记忆地址的挑战，但它确实在与另一种遗忘形式做斗争。地址可寻址存储使电脑能够将信息存储位置隔离开来，确保新信息不会覆盖旧信息。相比之下，自联想信息存储在一组共享的神经元中，这导致它面临误覆盖旧记忆的风险。事实上，正如我们将看到的，这是使用神经元网络进行模式识别时面临的一个主要挑战。

灾难性遗忘（或持续学习问题之二）

1989 年，尼尔·科恩（Neal Cohen）和迈克尔·麦克罗斯基（Michael McCloskey）试图训练人工神经网络做数学题。也不是什么复杂的数学运算，只是简单的加法。当时，他们在约翰斯·霍普金斯大学担任神经科学家，都对神经网络如何存储和维持记忆感兴趣。在那个时代，人工神经网络尚未成为主流技术，其广泛的实用价值也尚未得到验证——神经网络依然是一个需要深入探究其潜在能力和未知局限性的领域。

科恩和麦克罗斯基将数字转换成神经元的模式，然后通过将两个输入数字（如 1 和 3）转换为正确的输出数字（在这种情况下为 4）来训练神经网络进行加法运算。他们首先教网络进行加 1 运算（1+2、1+3、1+4，以此类推），直到它熟练掌握。然后，他们教同一个网络进行加 2 运算（2+1、2+2、2+3，以此类推），直到它也熟练掌握。

但他们发现了一个问题。在教网络进行加 2 运算后，它忘记了如何进行加 1 运算。当他们在网络中反向传播错误并更新权重以教它进行加 2 运算时，网络只是覆盖了如何进行加 1 运算的记忆。它以牺牲前一个任务为代价，成功地学习了新任务。

科恩和麦克罗斯基将这种人工神经网络的特性称为“灾难性遗忘问题”。这并不是一个深奥难懂的发现，而是神经网络普遍面临且极具破坏性的局限：当神经网络被训练去识别一个新的模式或执行新的任务时，它可能会干扰甚至遗忘之前已经学会的模式。

现代人工智能系统是如何克服这个问题的呢？其实，人们还没有克服。程序员只是在训练完人工智能系统后将其冻结，从而避免这个问题。我们不允许人工智能系统一步一步学习。相反地，它们一次性学习所有东西，随即停止学习。

人工神经网络在识别人脸、驾驶汽车或在放射学影像中检测癌症时，并不具备从新的经历中持续学习的能力。即使在本书即将出版之际，就连 OpenAI 发布的备受瞩目的聊天机器人 ChatGPT，也未能从与其交流的数百万用户中持续学习。它在被推向世界的那一刻起，学习进程便告一段落。这些系统之所以无法学习新事物，是因为它们面临着忘记旧知识（或学习错误知识）的风险。因此，现代人工智能系统在时间维度上被冻结了，其参数被锁定了。只有当它们从头开始重新训练，并且人类在各项相关任务上仔细监控其表现时，系统才会被允许进行更新。

当然，我们致力于创造的类人人工智能不应当如此受限。《杰森一家》的罗西在你和她说话时就能学习——你可以教她如何玩游戏，然后她就可以玩这个游戏，同时不会忘记如何玩其他游戏。

尽管我们才刚刚开始探索如何实现持续学习，但动物的大脑已经这样运作了很长时间。

我们在第 4 章看到，即使是早期的两侧对称动物也在持续学习，神经元之间的连接强度会随着每次新的经历而加强或削弱。但这些早期的两侧对称动物从未面临灾难性遗忘的问题，因为它们从未学习过模式。如果只使用单个感觉神经元来识别世界上的事物，那么这些感觉神经元和运动神经元之间的联系可以在不相互干扰的情况下得到加强或削弱。只有当知识以神经元模式表示时，就像在人工神经网络或脊椎动物的大脑皮质中那样，学习新事物才会冒着干扰旧事物记忆的风险。

模式识别一经进化，灾难性遗忘的问题也随之得到解决。事实上，即使是鱼类也能很好地避免灾难性遗忘。训练一条鱼通过一个小逃生口逃离渔网，让鱼独自待上一年，然后再进行测试。在这一年多的时间里，它的大脑将不断接收到各种模式，持续学习识别新的气味、景象和声音。然而，当你一年后把鱼放回同一个渔网时，它会记得如何以几乎与一年前相同的速度和准确性逃生。

关于脊椎动物大脑是如何做到这一点的，科学家提出了几种理论。一种理论认为，大脑皮质具有执行模式分离的能力，通过在大脑皮质中分离输入的模式，使其免受灾难性遗忘的影响，这些模式本质上减少了相互冲突的可能性。

另一种理论是，大脑皮质的学习过程往往发生在令人惊讶的时刻。只有当大脑皮质接触到的某个模式超出了预设的新颖性阈值时，它才会允许突触的权重发生变化。这种方式确保了学会的模式能够保持相对稳定很长一段时间，因为学习是有选择性地进行的。有证据表明，大脑皮质和丘脑之间的连接（这两个结构在早期脊椎动物中同时出现），始终在评估通过丘脑传入的感觉数据与大脑皮质表示的模式之间的新颖性水平。如果两者匹配，则不会触发学习过程，因此嘈杂的输入不会干扰已被学习的模式。然而，如果不匹配（即传入的模式足够新颖），这会启动一系列神经调质的释放过程，进而触发大脑皮质中突触连接的变化，使其能够学习这种新模式。

尽管我们尚未完全揭开鱼类、爬行类和两栖类等简单脊椎动物大脑巧妙应对灾难性遗忘之谜的面纱。但当你下次看见一条鱼时，不妨想象那答案可能就潜藏在那小巧的软骨结构中。

不变性问题

请看下面的两个物体。

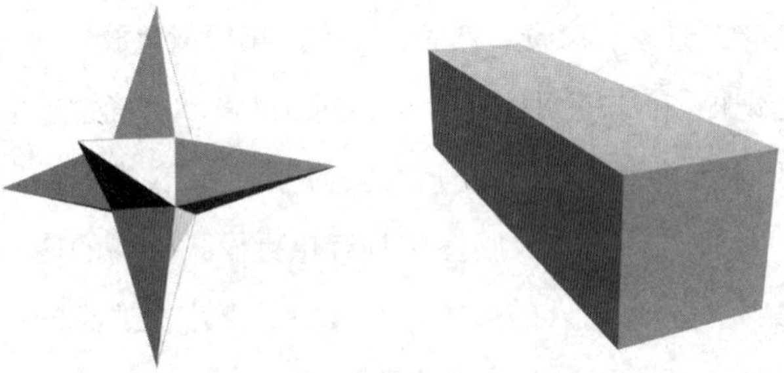

图 7.7

当你观察每个物体时，你眼睛后部的特定神经元模式会活跃起来。眼睛后部这片微小、只有半毫米厚的膜，被称为“视网膜”，它包含了超过 1 亿个神经元，这些神经元分为 5 种不同的类型。视网膜的每个区域都接收来自视觉区不同位置的输入，而每种类型的神经元对不同的颜色和对比度都有着独特的敏感性。当你观察每个物体时，一个独特的神经元模式会触发一组电流尖峰信号。正如嗅觉神经元形成独特的气味模式一样，视网膜中的神经元则构建了视觉模式。你的视觉能力，实质上依赖于你识别和理解这些视觉模式的能力。

视网膜中被激活的神经元将其信号发送到丘脑，然后丘脑将这些信号发送到处理视觉输入的大脑皮质部分（视觉皮质）。视觉皮质解码和记忆这些视觉模式，与嗅觉皮质解码和记忆嗅觉模式一样。然而，视觉和嗅觉之间的相似之处，仅限于此。

请看下面的物体。你能发现哪个形状与上一张图片中的形状相同吗？

图 7.8

不难看出，图 7.8 中的物体都与图 7.7 中的物体相同，这显而易见的程度简直令人惊叹：根据你观察的位置，你视网膜中激活的神经元可能完全不重叠，没有一个共同的神经元，但你仍然能够识别出它们是相同的物体。

由鸡蛋味激活的嗅觉神经元模式，无论鸡蛋的旋转角度、距离或位置如何，都是相同的。相同的分子在空气中扩散并激活相同的嗅觉神经元。但这种情况并不适用于其他感觉，比如视觉。

同一个视觉对象，根据其在你视野中的旋转角度、距离或位置，可以激活不同的模式。这就产生了所谓的不变性问题：如何在输入差异巨大的情况下识别出相同的模式。

我们之前探讨的关于皮质中的自联想机制，都没有提供令人满意的解释来说明大脑是如何如此轻松地解决这个问题的。我们所描述的自联想网络无法从完全不同的角度识别出从未见过的物体。自联想网络会将这些视为不同的物体，因为输入神经元完全不同。

这不仅仅是视觉上的问题。当你识别出由孩子的高亢嗓音和成人的低沉嗓音说出的同一组单词时，你实际上是在解决不变性问题。由于声音的音调完全不同，你在内耳中激活的神经元也会不同，但你仍然能够分辨出它们是相同的单词。你的大脑似乎能够在感觉输入存在巨大差异的情况下，仍然识别出共同的模式。

• • •

1958 年，在科恩和麦克罗斯基发现灾难性遗忘问题之前的几十年，约翰斯 · 霍普金斯大学的另一组神经科学家正在探索模式识别的另一个方面。

大卫 · 休贝尔（David Hubel）和托斯滕 · 维塞尔（Torsten Wiesel）给猫实施了麻醉，将电极植入它们的皮质，并记录了神经元的活动，同时给猫呈现不同的视觉刺激。他们在猫视野的不同位置展示点、线条和各种形状。他们想了解皮质是如何编码视觉输入的。

在哺乳动物（如猫、鼠、猴、人等）的大脑中，首先接收来自眼睛输入的皮质部分被称为“V1”（第一视觉区域）。休贝尔和维塞尔发现，V1 中的单个神经元对其响应的对象具有高度选择性。一部分神经元仅在猫的视野的特定位置对垂直线条产生反应，而另一部分神经元则会在另一个位置专门对水平线条做出响应。此外，还有一些神经元在视野中的其他不同位置，被 45 度线条激活。V1 的整个表面构成了猫的视野的全景图，每个位置的神经元都对特定方向的线条有选择性。

从 V1 开始，视觉系统创建了一个层次结构：V1 将其输出发送到皮质附近的一个区域，即 V2；接着，V2 将信息发送到另一个区域，即 V4；然后，V4 再将信息发送到下颞叶（Inferior Temporal Lobe，简称 IT）区域。

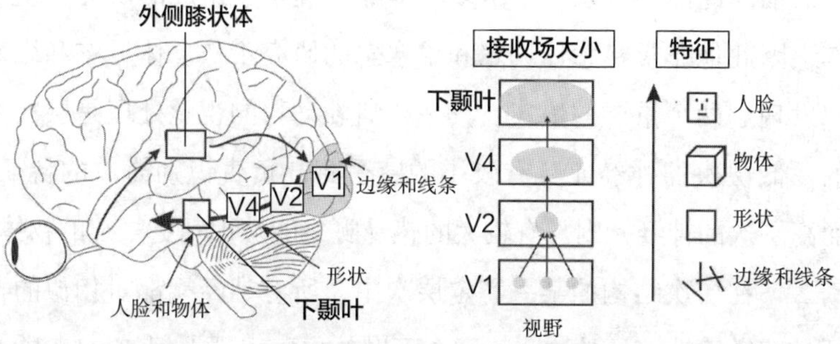

图 7.9

在这个皮质层次结构中，随着层次的逐渐升高，神经元对视觉刺激的特征敏感性也在不断提高。V1 中的神经元主要被基本的边缘和线条激活，而 V2 和 V4 中的神经元则对更复杂的形状和物体敏感。到了下颞叶区域，神经元对复杂的整个物体，如特定的面孔，变得敏感。V1 中的神经元仅对视野特定区域的输入做出反应；相比之下，下颞叶中的神经元能够检测眼睛所看到的任何区域的物体。尽管 V1 将图像分解为简单的特征，但随着视觉信息在层次结构中向上流动，这些特征又被重新组合成完整的物体。

在 20 世纪 70 年代末，距休贝尔和维塞尔的初步研究已经过去20多年，一位名叫福岛邦彦（Kunihiko Fukushima）的计算机科学家尝试让计算机识别图片中的物体。尽管他试了多种方法，但他发现标准的神经网络（如本章前面所描述的那样）无法顺利完成这项任务。哪怕物体的位置、旋转角度或大小只发生细微的变化，也会激活完全不同的神经元集合，这使得神经网络无法将不同的模式归纳为同一个物体——这里的一个正方形会被错误地认为与那里的同一个正方形不同。福岛遇到的正是不变性问题。他也知道，大脑用一种他不知道的方法解决了这个问题。

福岛此前4年在一个由多名神经生理学家组成的研究小组工作，因此他非常熟悉休贝尔和维塞尔的研究工作。休贝尔和维塞尔发现了两个重要的事实。其一，哺乳动物的视觉处理是层次化的，低层次的神经元具有较小的感受野，负责识别简单的特征；而高层次的神经元则具有较大的感受野，能够识别更复杂的物体。其二，在层次结构的某一特定层次中，所有神经元都对相似的特征具有敏感性，只是这些特征在不同的位置出现。例如，V1的一个区域会在一个位置辨认线条，而另一个区域则会在其他位置辨认线条，但它们都在寻找线条这一特征。

福岛推测这两个发现是解决大脑不变性问题的线索，因此他发明了一种新的人工神经网络架构，其核心在于捕捉休贝尔和维塞尔的这两个发现。福岛的架构不同于传统的将图片直接输入至全连接神经网络的方法。它首先会将输入的图片拆解为多张特征映射图，这一做法与V1区域的处理方式相类似。每张特征映射图都是一个网格，用于标识输入图像中特征（如垂直或水平线条）的具体位置。这个过程被称为“卷积”，因此，福岛发明的这种网络类型被命名为“卷积神经网络”。①

在这些特征映射图识别出某些特征后，它们的输出会被压缩并传递给另一组特征映射图。这些映射图能够在一个更宽的图像区域内组合成更高层次的特征，也就是将线条和边缘融合成更复杂的物体。整个设计都是为了模拟哺乳动物皮质的视觉处理过程。令人惊讶的是，它竟然奏效了。

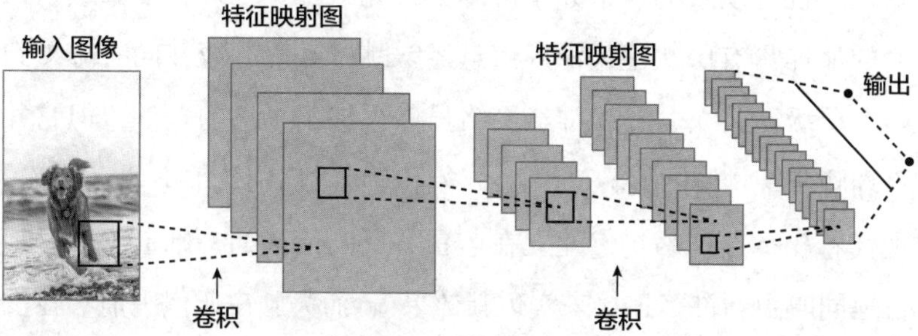

图 7.10　卷积神经网络

从自动驾驶汽车，到检测放射学影像中肿瘤的算法，大多数使用计算机视觉的现代人工智能系统都采用了福岛的卷积神经网络。人工智能曾经是“瞎”的，但现在它可以“看见”了，这一突破可以追溯到 50 多年前对猫神经元的探索。

福岛的卷积神经网络的精妙之处在于它实施了一种巧妙的“归纳偏置”（inductive bias）。归纳偏置是人工智能系统根据其设计方式做出的假设。卷积神经网络是以“平移不变性”为假设设计的，即一个位置上的特定特征应该与另一个位置上的相同特征

① 请注意，福岛并没有使用“卷积”这个词，但他被公认是这种方法和架构的提出者。同时，也请注意，正是杨立昆引入了反向传播算法，对这种架构进行了更新，才推动了卷积神经网络在实际场景中的广泛应用。

得到相同的处理。这是我们视觉世界中一个不可改变的事实：同一事物可以存在于不同的位置，而不会因位置不同而变成不同的事物。因此，福岛并没有尝试让一个任意的神经元网络去学习这个关于视觉世界的事实，因为这需要大量的时间和数据，而是直接将这个规则编码到网络的架构中。

尽管卷积神经网络是受大脑启发而设计的，但它实际上对大脑识别视觉模式的模拟并不准确。首先，视觉处理并不像最初认为的那样具有层次性，输入信息经常跳过某些层级并同时分支到多个层级。其次，卷积神经网络虽然添加了平移的条件，但它并不理解三维物体的旋转，因此在物体旋转时识别效果不佳。[①] 再次，现代卷积神经网络仍然建立在监督和反向传播的基础上（通过神奇地同时更新许多连接来实现其效果），而大脑皮质似乎能够在没有监督和反向传播的情况下识别物体。最后，也许是最重要的，卷积神经网络的灵感来自哺乳动物的视觉皮质，它比鱼类简单的视觉皮质复杂得多。然而，鱼类的大脑虽然没有哺乳动物皮质那种明显的层级结构或其他花哨的特性，仍然完美地解决了不变性问题。

2022 年，罗切斯特理工学院（Rochester Institute of Technology）的比较心理学家卡罗琳·德隆（Caroline DeLong）训练金鱼通过拍打图片来获取食物。她首先向金鱼展示两张图片，每当金鱼特地拍打青蛙的图片时，她就给金鱼喂食。于是，金鱼很快就学会了每当看见青蛙图片时，就游到图片旁边。然后，德隆改变

---

① 现代卷积神经网络解决旋转问题的方式是，通过扩充训练数据，纳入大量同一物体在不同旋转角度下的示例。

了实验，她展示了同一只青蛙的图片，但拍摄角度是金鱼之前从未见过的。如果金鱼无法从不同角度识别出同一个物体，它就会像对待其他图片一样对待这张图片。然而，令人惊讶的是，金鱼游到了新的青蛙图片旁边，显然能够立即识别出青蛙，尽管角度不同，就像你在前几页识别出三维物体一样。

我们并不了解鱼的大脑是如何做到这一点的。虽然自联想机制捕捉了大脑皮质中模式识别工作的一些原理，但显然，即使是鱼的大脑皮质也在进行更加复杂的工作。一些人认为，脊椎动物大脑解决不变性问题的能力并非来自哺乳动物大脑皮质的独特结构，而是来自大脑皮质和丘脑之间复杂的相互作用，这种相互作用自第一批脊椎动物出现以来就一直存在。或许丘脑（位于大脑中心的一个球形结构）就像一个三维黑板，大脑皮质提供初始的感觉输入，而丘脑则智能地将这些感觉信息发送到大脑皮质的其他区域，共同从二维输入中构建出完整的三维物体，从而能够灵活地识别旋转和移动的物体。

卷积神经网络带给我们的最大的启示或许不在于它成功地模拟了具体的假设（如平移不变性），而在于这些假设本身。事实上，尽管卷积神经网络可能无法完全捕捉大脑的工作方式，但它们揭示了归纳偏置的强大力量。在模式识别中，一个好的假设能使学习变得快速且高效。脊椎动物的大脑皮质肯定也有这样的归纳偏置，只是我们还不知道它是什么。

在某些方面，小小的鱼脑甚至超越了我们最先进的计算机视觉系统。卷积神经网络需要海量的数据来理解旋转和三维物体的变化，但鱼似乎能在一瞬间识别出三维物体的不同角度。

• • •

在寒武纪的捕食者军备竞赛中，进化从为动物装备新的感觉神经元以探测特定事物，转变为为动物装备能够识别任何事物的通用机制。

随着这种新型模式识别能力的出现，脊椎动物的感觉器官开始迅速复杂化，并逐步演变成为我们今日所见的现代形态。鼻子进化成了可以探测化学物质的器官，内耳进化成了可以探测声音频率的器官，眼睛进化成了可以捕捉景象的器官。脊椎动物之间相似的感觉器官和相似的大脑的共同进化并不是巧合——它们相互促进了彼此的生长和复杂化。大脑在模式识别能力上的每一次渐进式提升，都放大了通过更为精细的感觉器官获取信息的好处；而感觉器官在细节上的每一次改进，也进一步扩大了通过更复杂模式识别所获得的优势。

结果是，大脑最终形成了脊椎动物的大脑皮质，它能够以某种方式在无监督的情况下识别模式，以某种方式准确区分重叠的模式并将模式泛化到新的经历中，以某种方式不断学习模式而不会遭受灾难性遗忘，并且以某种方式识别输入差异很大的模式。

反过来，模式识别和感觉器官的精细化与强化学习本身构成了一个紧密的反馈循环。这两者在进化过程中的同步发展绝非偶然。大脑在世界中学习并执行各种行为的能力越强，通过识别更多事物所获得的优势就越大。大脑能够识别的独特物体和地点越多，其能够学习和掌握的独特行为也就越丰富。因此，大脑皮质、基底神经节和感觉器官的共同进化，实际上都源自强化学习的同一内在机制。

8

生命为何充满好奇

在 TD-Gammon 取得成功后，研究者开始将萨顿的时序差分学习应用于各种不同类型的游戏。一个接一个地，那些以前被认为“无法突破”的游戏都被这些算法成功攻克。时序差分学习算法最终在如弹球、星际射手、机器坦克、公路赛车、乒乓球和太空侵略者等电子游戏中的表现超越了人类水平。然而，有一个雅达利的游戏却令人困惑地难以攻克:《蒙特祖玛的复仇》。

在《蒙特祖玛的复仇》中，玩家一开始会身处一个充满障碍物的房间。每个方向都有另一个房间，这些房间也都有各自的障碍物。游戏中没有任何标志或线索表明哪个方向是正确的路线。只有当你找到通往遥远隐藏房间中隐藏的门时，才能获得第一个奖励。这使得该游戏对强化学习系统来说特别难：第一个奖励在游戏中出现得太晚，以至于没有线索能提前决定应该强化或惩罚什么行为。然而，人类玩家却以一种未知的策略攻克了这款游戏。

直到 2018 年，人类才开发出一种算法，最终完成了《蒙特祖玛的复仇》的第一关。这款由谷歌 DeepMind 开发的新算法之所以能够取得这一成就，是因为它添加了一个在萨顿最初的时序差分学习算法中缺失的熟悉元素：好奇心。

萨顿一直都知道，任何强化学习系统都存在一个被称为“利用－探索困境”的问题。为了试错学习能够发挥作用，智能体需要进行大量的尝试并从中学习。这意味着强化学习不能仅仅通过利用那些预测会带来奖励的行为来工作，它还必须探索新的行为。

换句话说，强化学习需要两个相互对立的过程——一个用于之前得到过强化的行为（利用），另一个用于新的行为（探索）。根据定义，这些选择是相互对立的。利用总是会驱使行为朝着已知的奖励进行，而探索则总是会驱使行为朝着未知的事物进行。

在早期的时序差分学习算法中，这种权衡是以一种粗糙的方式实现的：这些人工智能系统会自发（比如有 5% 的时间）做出完全随机的行为。如果你在玩一个只有有限数量的下一步可走的限制性游戏，那么这种方法还能奏效。但在像《蒙特祖玛的复仇》这样的游戏中，你几乎可以走向无限多的方向和地点，这种方法就毫无作用了。

解决利用－探索困境的另一种方法既简单又熟悉，令人耳目一新。这种方法是让人工智能系统明确地充满好奇心，奖励它们探索新地方和做新事情，让惊喜本身成为强化。新奇性越大，探索它的冲动就越大。当玩《蒙特祖玛的复仇》的人工智能系统获得了这种探索新事物的内在动力时，它们的行为就变得截然不同——事实上，它们的行为更像人类玩家。它们有了探索新区域、进入新房间、扩展地图的动机。但它们不是通过随机行动来探索，而是有意识地探索，它们特别想去新地方和做新事情。

尽管在通过第一关的所有房间之前没有任何明确的奖励，但这些人工智能系统不需要任何外部奖励来探索。它们有自己的动力：仅仅找到通往新房间的路本身就很有价值。有了好奇心，这些模型突然开始取得进展，并最终通过了第一关。

好奇心在强化学习算法中的重要性表明，一个通过强化学习设计的大脑，比如早期脊椎动物的大脑，也应该表现出好奇心。事实上，有证据表明，正是早期脊椎动物首先变得好奇的。从鱼类到老鼠，从猴子到人类婴儿，所有脊椎动物都表现出了好奇心。在脊椎动物中，惊喜本身会触发多巴胺的释放，即使没有“真正”的奖励。然而，大多数无脊椎动物并没有表现出好奇心，只有最高级的无脊椎动物，如昆虫和头足类动物，才表现出好奇心，这是一种独立进化的技巧，在早期的两侧对称动物中并不存在。

好奇心的出现和机制有助于解释赌博现象，这是脊椎动物行为中的一种非理性怪象。赌徒违反了桑代克的效果定律——他们尽管知道预期的回报是负面的，却仍然继续赌博挥霍钱财。

斯金纳是第一个发现大鼠会赌博的人。让大鼠痴迷于推动杠杆获取食物的最佳方法，并不是每次推动杠杆都发放食物，而是推动杠杆后随机发放食物。这种可变比例的强化会使大鼠疯狂——它们会不停地推动杠杆，似乎痴迷于看看再推一下是否能获得一点食物。即使总体上发放食物的数量大致相等，这种可变比例的强化也会比固定比例的强化促使大鼠更频繁地推杆。同样的行为效应也在鱼类身上得到了体现。

对此的一种解释是，当某件事情令人惊喜时，脊椎动物会得到额外的强化。为了让动物产生好奇心，我们进化出了一种机制，即发现令人惊喜和新颖的事物会得到强化，这驱使我们去追求和探索它。这意味着，即使某项活动的回报是负面的，但如果它是新颖的，我们可能还是会去追求它。

赌博游戏精心设计以利用这一点。在赌博游戏中，你获胜的概率不是 0%（这会让你不想玩），而是 48%。这样的设置使得获胜成为可能，但又无法确保每一次都能赢，因而在你偶尔获胜时会给你带来强烈的快感（让你分泌多巴胺）。同时这个概率又足够低，使得赌场从长远的角度来看，能够榨干你的钱财。

我们的 Facebook[①] 和 Instagram 动态也利用了这一点。每次滚动都有新的帖子随机出现，而且在滚动几次之后，就会出现一些有趣的内容。即使你可能不想再使用 Instagram，就像赌徒不想再赌博或瘾君子不想再吸毒一样，这种行为在潜意识中得到了强化，变得越来越难停止。

赌博和社交动态巧妙地利用了人类 5 亿年来对惊喜的天然偏好，创造了一种进化尚未有足够时间适应的不良的边缘情况。

好奇心和强化学习共同进化，因为好奇心是强化学习起作用的一个必要条件。随着新发现的识别模式、记忆地点以及根据过去的奖励和惩罚灵活改变行为的能力，第一批脊椎动物面临着一个新的机会：学习本身第一次变得极具价值。脊椎动物识别的模式越多，记住的地方越多，其生存能力就越强。她尝试的新事物越多，就越有可能学会她的行为与相应结果之间的正确关联。因此，在 5 亿年前，我们鱼类祖先小小的大脑中首次出现了好奇心。

① Facebook 已于 2021 年更名为 Meta。——编者注

9

第一个世界模型

你有没有试着在黑暗中从你家的一侧走到另一侧？我猜如果你有这样的经历，应该也不是故意的，可能是停电时或半夜去洗手间时。如果你曾经尝试过这样做，你可能已经发现（意料之内）这很难做到。当你走出卧室，走向走廊尽头时，你往往会错误地预测走廊的长度或浴室门的确切位置。你可能会撞到脚趾。

但你也会注意到，虽然看不见，但你能大致感觉到走廊尽头在哪里，对自己家错综复杂的布局有一定的直觉。你可能会差一两步，但你的直觉依然是一个有效的向导。其中的奇妙之处并不在于这很难做到，而是这竟然有可能实现。

你之所以能做到这一点，是因为你的大脑已经构建了一张你家的空间地图。你的大脑里有一个家的内部模型，因此，当你移动时，你的大脑能够在这张地图上自动更新你的位置。这种构建基于外部世界的内部模型的能力，是从第一批脊椎动物的大脑中继承下来的。

鱼脑中的地图

我们也可以让鱼做同样的“在黑暗中寻找卫生间”的测试。当然，不是找卫生间，而是记住一个位置而不依赖视觉指引的一般测试。把一条鱼放在一个空的水箱里，水箱里分布着 25 个相同的容器。在一个容器里藏好食物。鱼会探索水箱，随机检查每个容器，直到找到食物。现在把鱼从水箱里捞出来，把食物放回同一个容器，再把鱼放回水箱。重复几次，鱼就会学会迅速直接游向装有食物的容器。

鱼并不是在学习“当我看到这个物体时总是向左转”的固定规则，因为无论最初把它们放在水箱的哪个位置，它们都能导航到正确的位置。它们也不是在学习“游向这个图像或食物的气味”的固定规则，因为即使你没有在容器里放任何食物，鱼也会回到正确的容器。换句话说，即便每个容器都完全相同（因为里面都没有任何食物），鱼仍然可以正确识别当前放置在先前包含食物的确切位置的容器。

能够确定哪个容器之前装有食物的唯一线索是水箱本身的墙壁，上面有标记来表示特定的侧面。因此，鱼能够仅凭容器相对于水箱侧面地标的位置来识别正确的容器。鱼之所以能够做到这一点，唯一的方式就是在它们的脑海中构建一张空间地图：一个关于世界的内部模型。

学习空间地图的能力在脊椎动物中非常常见。鱼类、爬行动物、老鼠、猴子和人类都具备这种能力。像线虫这样的简单两侧对称动物却无法学习这样的空间地图——它们无法记住一个事物相对于另一个事物的位置。

甚至许多高级无脊椎动物，如蜜蜂和蚂蚁，都无法解决空间任务。以下是关于蚂蚁的研究。蚂蚁会开辟一条从巢穴到食物的路，以及一条从食物来源返回巢穴的路。它们带着搜寻到的食物返回巢穴，然后再空手出发去搬运更多食物。假设你抓住了一只正在返回巢穴的蚂蚁，并把它放在离开巢穴的那条路上。这只蚂蚁显然想回到巢穴，但现在它被安置在一个它从未到过的地方。如果蚂蚁有一个空间的内部模型，它就会意识到回家的最快方法就是转身朝相反的方向走（这就是鱼会做的事情）。但如果蚂蚁只是学会了一系列动作（在提示 1 处右转，在提示 2 处左转），那么它就会尽职尽责地重新开始循环。实际上，蚂蚁会再次走完整个循环。蚂蚁是通过遵循何时何地转弯的一系列规则来导航的，而不是通过构建空间地图。

你的内在罗盘

这里还有一个你可以自己尝试的测试：坐在旋转椅上，闭上眼睛，请别人转动椅子，然后在睁开眼睛之前猜测你正面对着房间的哪个方向。你会发现你的答案惊人地准确。你的大脑是如何做到这一点的呢？

你内耳深处是半规管，这是充满液体的小管道。这些半规管的内壁上附有感觉神经元，它们漂浮在液体中，一旦检测到运动就会被激活。半规管由三个环组成，一个面向前方，一个面向侧方，一个面向上方。这些管道中的液体只有当你在那个特定维度上移动时才会流动。因此，被激活的感觉细胞群会发出头部移动方向的信号。这就产生了一种独特的前庭感觉。这就是为什么如果你在椅子上连续旋转，你会感到头晕。持续旋转会过度激活这些感觉细胞，当你停下来时，它们仍然处于活跃状态，即使你没有旋转，也会错误地发出旋转的信号。

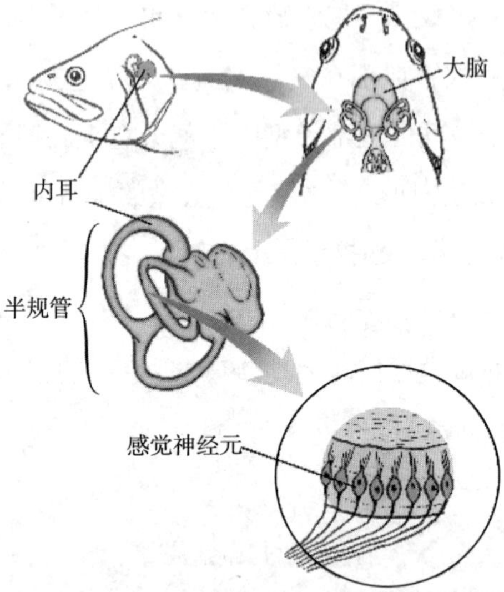

图 9.1　鱼类的前庭感觉源于脊椎动物特有的半规管结构

半规管的进化起源可以追溯到早期的脊椎动物，它与强化学习和构建空间地图的能力同时出现。现代鱼类的内耳也具有相同的结构，这使得它们能够识别自己何时移动以及移动了多少距离。

动物需要能够区分是某物朝自己游来，还是自己朝某物游去。在这两种情况下，视觉线索是相同的（都显示一个物体正在靠近），但它们在空间运动方面的意义却截然不同。前庭系统帮助鱼类分辨这种差异：如果它开始朝一个物体游去，前庭系统就会检测到这种加速。相反，如果一个物体开始朝它移动，就不会发生这种激活。

在脊椎动物的后脑中，在鱼类和老鼠等多种物种中，都有所谓的“头部方向神经元”，这些细胞只在动物面向某个特定方向时才会被激活。这些细胞整合视觉和前庭输入，以形成神经指南针。从脊椎动物大脑的最初阶段开始，它就进化出了建模和导航三维空间的能力。

如果鱼类的后脑构建了一个指示动物自身方向的指南针，那么外部空间的模型又是在哪里构建的呢？脊椎动物的大脑又是如何存储事物相对于其他事物的位置信息的呢？

内侧皮质（海马体）

早期脊椎动物的大脑皮质分为三个亚区域：外侧皮质、腹侧皮质和内侧皮质。外侧皮质是早期脊椎动物识别气味的区域，后来进化成了早期哺乳动物的嗅觉皮质。腹侧皮质是早期脊椎动物学习景象和声音模式的区域，后来进化成了早期哺乳动物的杏仁核。但是，折叠在大脑中间的第三个区域是内侧皮质。

内侧皮质是大脑皮质的一部分，后来进化成了哺乳动物的海马体。如果你在鱼类四处游动时记录其海马体中的神经元活动，你会发现一些神经元只在鱼类处于空间中的特定位置时被激活，另一些只在鱼类处于水箱边缘时被激活，还有一些只在鱼类面向特定方向时被激活。视觉、前庭和头部方向信号会传播到内侧皮质，在那里它们会被整合在一起，转化为空间地图。

事实上，如果你损伤鱼类的海马体，它仍然可以学会朝着或远离刺激游动，但它会失去记住位置的能力。这些鱼类无法利用远处的地标来确定迷宫中正确的转弯方向，无法在开阔空间中导航到特定位置以获取食物。从不同的起始位置出发时，也无法找到逃出简单房间的方法。

早期脊椎动物的大脑皮质

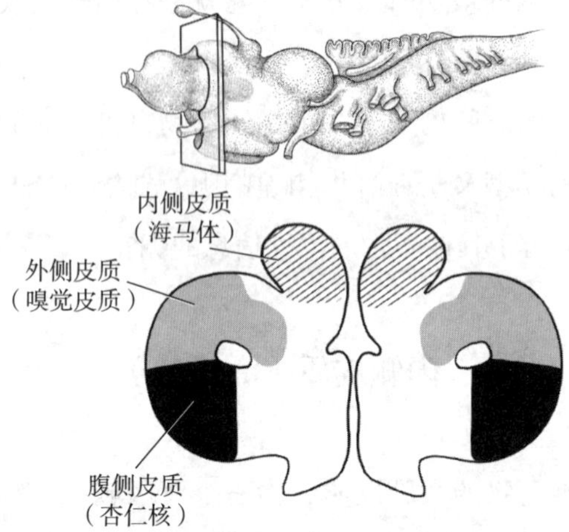

图 9.2　早期脊椎动物的大脑皮质

海马体的功能和结构在多个脊椎动物谱系中都得到了保留。在人类和老鼠中，海马体包含位置细胞，这些神经元只在动物处于开放迷宫中的特定位置时被激活。类似地，蜥蜴、老鼠和人类海马体的损伤也会损害空间导航能力。

显然，早期脊椎动物的三层大脑皮质所执行的计算功能远超过简单的自联想记忆。它似乎不仅能够在物体发生大幅度旋转和比例变化时仍然识别出物体（解决不变性问题），而且还能够构建空间的内部模型。推测一下：也许大脑皮质识别物体时不受旋转变化影响的能力和它对空间建模的能力是相关的。也许大脑皮质被调整为用于三维事物建模——无论是物体还是空间地图。

早期脊椎动物大脑中空间地图的进化标志着许多第一次的出现。在生命长达 10 亿年的历史中，这是生物体第一次能够识别自己所在的位置。不难想象这会带来多大的优势。当大多数无脊椎动物只能四处游动并做出反射性的运动反应时，早期脊椎动物能够记住节肢动物喜欢躲藏的地方、如何回到安全的地方，以及食物丰富的角落和缝隙的位置。

这同样是大脑首次将自我与世界区分开来的时刻。为了在空间地图中追踪自己的位置，动物需要能够区分“某物朝我游来”和“我朝某物游去”之间的差异。

而且最重要的是，这是大脑首次构建内部模型来代表外部世界。这个模型的最初用途很可能非常基础：它使大脑能够识别空间中的任意位置，并计算从任意起始位置到给定目标位置的正确方向。但这个内部模型的构建为大脑进化的下一次突破奠定了基础。它最初只是用于记忆位置的技巧，后来发展出了更为复杂的功能。

第二次突破总结：强化

大约 5 亿年前的祖先从简单的类似线虫的两侧对称动物进化成类似鱼类的脊椎动物。在这些早期脊椎动物的大脑中，出现了许多新的大脑结构和能力，其中大多数都可以理解为由第二次突破（即强化学习）催生和衍生。其中包括：

- 多巴胺成为一种时序差分学习信号，这有助于解决时序贡献度分配问题，并使动物能够通过试错学习。
- 基底神经节作为行动者 – 评判者系统出现，使动物能够通过预测未来的奖励来产生这种多巴胺信号，并使用这种多巴胺信号强化和惩罚行为。
- 好奇心成为强化学习工作中不可或缺的一部分（解决了利用 – 探索困境）。
- 皮质作为自联想网络出现，使模式识别成为可能。
- 精确的计时感知能力出现，使动物能够通过试错学习，不仅知道要做什么，而且知道什么时候去做。
- 三维空间的感知能力出现（在海马体和其他结构中），使动物能够识别自己所在的位置，并记住某些物体相对于其他物体的位置。

早期脊椎动物中的强化学习之所以可能，是因为早期两侧对称动物已经进化出了效价和关联性学习的机制。强化学习基于更简单的好坏效价信号。从概念上讲，脊椎动物的大脑是建立在更古老的两侧对称动物转向系统之上的。如果没有转向，就没有试错的起点，也就没有衡量应该强化或减弱什么的基础。

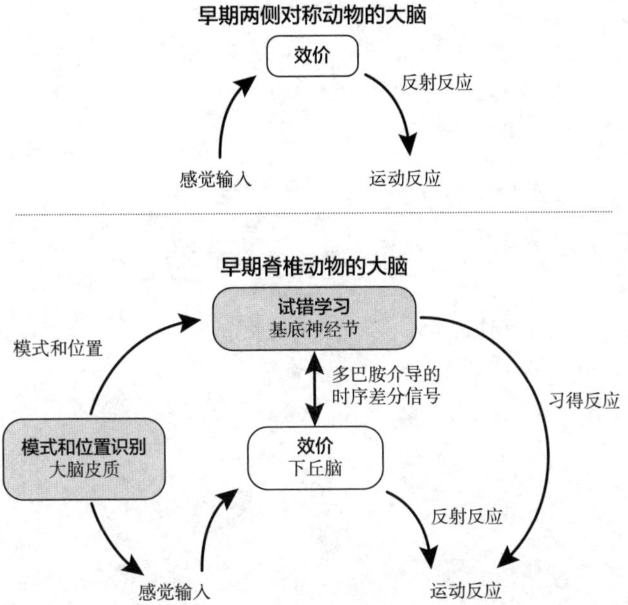

图 9.3

两侧对称动物的转向功能为后来的脊椎动物通过试错学习提供了可能。反过来，脊椎动物的试错又使得随后更加复杂和重大的突破成为可能。早期的哺乳动物首先发现了如何以不同方式进行试错学习：不是通过实践，而是通过想象。

第三次突破

模拟

和第一批哺乳动物

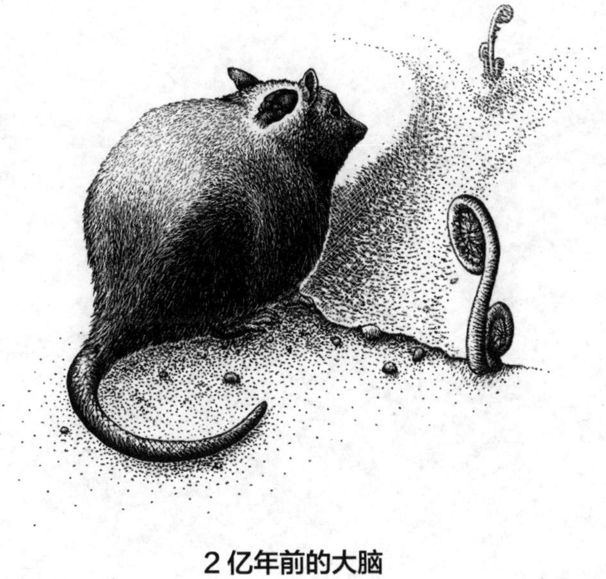

2 亿年前的大脑

10

神经的黑暗时代

从 4.2 亿年前到 3.75 亿年前，海洋中逐渐充满了越来越多样的捕食性鱼类，它们形态各异、大小不一。那时常见的生物与今天的鲨鱼和魟鱼相似，它们是身长 20 英尺的盾皮鱼，头部披有厚甲，厚实的牙齿能够碎骨，位于食物链的顶端。

节肢动物和其他无脊椎动物被限制在各种各样的生态位中。有些变得更小，有些进化出了更厚的壳，有些甚至从早期的脊椎动物那里得到了启示，通过变得更聪明而存活下来——正是在这一时期，头足纲动物出现了，它们是今天的鱿鱼和章鱼的祖先。在鱼类大规模猎食的巨大压力下，头足纲动物沿着一条独立的进化路线，发展出了令人印象深刻的智慧，它们大脑的工作方式与我们的截然不同。

最激进的无脊椎动物生存策略是彻底逃离海洋。节肢动物在无情的捕食者的驱赶下，成为第一批走出海洋并在陆地上繁衍生息的动物。它们在海边稀疏地生长的无叶陆地植物中找到了栖息之所。

从 4.2 亿年前到 3.75 亿年前的这一时期被称为“泥盆纪”，陆生植物在这一时期首次进化出叶子，以便更好地吸收阳光，并进化出种子，以进行传播，这两者都使植物能够繁衍到以前无法生存的地区。类似今天树木的植物首次出现，它们长出厚实的根系，为附近的节肢动物创造稳定的土壤环境。在泥盆纪早期，陆地上的植物高度不超过 30 厘米，但到泥盆纪末期，它们已经长到了 30 米高。直到这时，从空中俯瞰我们的星球才能看到绿色，因为陆生植物已经遍布地球表面。

尽管节肢动物在海洋中的生活很恐怖，但它们在陆地上却如同置身天堂一般。节肢动物发展出了新的技巧来适应陆地生活，逐渐分化成类似今天的蜘蛛和昆虫。然而，正如我们今天所面对的气候变化问题，地球的生物圈对于那些繁殖迅速且不可持续的生物来说是残酷的。原本作为节肢动物避难之所的小型绿洲，最终变成了过度繁殖的植物生命的狂欢之地，这引发了全球性的灭绝事件，导致将近一半的生物灭亡。

两次重大死亡事件

历史总是惊人的相似。

15 亿年前，蓝细菌的爆发大量减少了地球上的二氧化碳，并使环境中充满了氧气。10 多亿年后，陆地上植物的爆发似乎又犯下了类似的罪行。

植物向内陆的进军速度太快，以至于进化无法通过增加更多产生二氧化碳的动物来适应和重新平衡二氧化碳水平。二氧化碳水平骤降，导致气候变冷。海洋冻结，逐渐变得不再适合生命生存。这就是泥盆纪晚期的灭绝事件，是这个时期的第一次重大死亡事件。关于这场灭绝的原因，也有不同理论——有些人认为，并不是植物的过度繁殖导致了这次灭绝，而是其他自然灾害。无论如何，我们的祖先都是从这场悲剧的冰冷坟墓中走出海洋的。

灭绝事件为窄生态位转变为主导策略创造了机会。在泥盆纪晚期灭绝事件之前，我们的祖先就已经找到了这样的生态位。大多数鱼类为了避免致命的搁浅而远离海岸，但靠近海岸的地方却蕴藏着丰厚的营养奖励：温暖泥泞的浅洼中遍布小型昆虫和植被。

我们的祖先是最早进化出离水生存能力的鱼类。它们发展出了一对肺，增强了鳃的功能，使它们能够从水和空气中提取氧气。因此，我们的祖先会用它们的鳍在水中游泳，也会在陆地上短途跋涉，从一个水坑到另一个水坑，寻找昆虫。

当泥盆纪晚期灭绝事件导致海洋开始冻结时，我们那些能够呼吸空气和上岸行走的祖先，成为少数幸存的温水鱼类之一。随着温水中的食物供应开始减少，我们的祖先更多地生活在内陆的浅洼中。它们失去了鳃（因此失去了在水下呼吸的能力），带蹼的鳍变成了带指趾的四肢。它们成了第一批四足动物，十分接近现代的两栖动物，比如蝾螈。

四足动物的一个进化分支，幸运地生活在地球上仍然保留着这些温暖浅洼的地区，并维持这种生活方式数亿年——它们将成为今天的两栖动物。另一个分支则放弃了正在消亡的海岸，到内陆更深处寻找食物。这就是羊膜动物（amniote）的分支——这些生物发展出了产下可以在水外生存的革质卵的能力。

第一批羊膜动物可能最像现在的蜥蜴。羊膜动物在内陆生态系统中找到了丰富的食物，因为到处都是可供它们享用的昆虫和植物。最终，泥盆纪冰河期消退，羊膜动物扩散到地球的各个角落，并分化成不同的种类。从 3.5 亿年前到 2.5 亿年前，石炭纪和二叠纪时期见证了陆地上羊膜动物的爆发式增长。

陆地对羊膜动物提出了独特的挑战，这些挑战是它们的鱼类亲戚未曾面对的。其中一项挑战就是温度波动。昼夜和季节的循环在深海中只会造成微弱的温度变化。相比之下，地表温度可能会剧烈波动。羊膜动物和鱼类一样，都是冷血动物——它们调节体温的唯一策略就是搬到更温暖的地方。

其中一支羊膜动物是爬行动物，它们最终进化成恐龙、蜥蜴、蛇和乌龟。这些爬行动物中的大多数通过在夜间保持静止不动来应对日常的温度波动。低温使它们的肌肉和新陈代谢无法正常运作，所以它们就简单地关闭身体机能。事实上，爬行动物有 1/3 的生命时间都处于“关闭状态”，这为那些能在夜间狩猎的生物提供了机会。因为它们可以捕获大量静止不动的蜥蜴，享用一顿丰盛的大餐。

羊膜动物的另一个分支是我们的祖先：兽孔目动物（therapsid）。兽孔目动物与当时的爬行动物有一个重要的不同之处：它们进化出了温血性。兽孔目动物是第一种进化出利用能量产生自身内部热量的能力的脊椎动物。[①] 这是一次赌博，因为它们需要更多的食物才能生存，但回报是它们可以在任意时间狩猎，包括寒冷的夜晚，那时它们的爬行动物亲戚会静止不动——这是在二叠纪时期能够轻易享用的大餐。

---

① 需要注意的是，一些恐龙在进化的后期被认为已经进化出了温血性，这可以从对恐龙化石的化学分析以及鸟类是温血动物这一事实中获得证据。

在二叠纪时期，当陆地上满是可食用的爬行动物和节肢动物时，这次赌博得到了回报。在大约 3 亿年前到 2.5 亿年前，兽孔目动物成为最成功的陆地动物。它们长到了现代老虎的大小，并开始长出毛发，以进一步保持体温。这些兽孔目动物看起来像大型多毛的蜥蜴。

也许你已经从地球生命的进化史中看出一个趋势：所有的统治终会结束。兽孔目动物在地球上的统治也不例外：大约 2.5 亿年前发生的二叠纪—三叠纪大灭绝事件是地球历史上最致命的灭绝事件。这是这一时期第二次大范围的死亡。这次灭绝事件是最严重的，或许也是最令人费解的。在 500 万到 1000 万年的时间里，96% 的海洋生物和 70% 的陆地生物都灭绝了。关于这次灭绝的原因仍然存在争议，人们提出的理论包括小行星说、火山爆发说和产甲烷微生物说。一些人认为，这并非由单一原因引起，而是由一系列不幸事件产生的连锁反应。不管原因是什么，我们都很清楚其带来的后果。

大型兽孔目动物几乎灭绝。选择成为温血动物虽然最初为它们的崛起提供了优势，但最终也成为它们灭亡的原因。在食物短缺的时期，热量消耗大的兽孔目动物最先死亡。相比之下，食物需求较少的爬行动物更能适应这场危机。

图 10.1　第一只兽孔目动物

在大约 500 万年的时间里，生命只在世界上一些小小的角落里幸存下来。唯一幸存下来的兽孔目动物是那些小型食草动物，比如穴居的犬齿兽。犬齿兽类最初进化出了地下掘穴的生存方式，以躲避当时占据主导地位的大型捕食性兽孔目动物。随着食物供应的减少和所有大型动物的死亡，这些小型犬齿兽成为少数在二叠纪—三叠纪大灭绝中幸存下来的兽孔目动物。

虽然兽孔目动物这一分支只有小型犬齿兽勉强存活下来，但它们所面对的世界已经发生了改变。在这次大灭绝事件之后，随着 70% 的陆地生物灭绝，爬行动物开始涌现，变得多种多样，体形也越来越大。大型兽孔目动物的灭绝使得动物界的统治权易主，由它们那些身披鳞甲的爬行动物亲戚执掌权柄。从这次大灭绝事件结束开始，在接下来的 1.5 亿年里，爬行动物将统治地球。

二叠纪的小型蜥蜴进化成了身长 20 英尺、长着巨大牙齿和爪子的捕食性主龙类（archosaur），它们的外形类似体形较小的暴龙。也正是在这一时期，脊椎动物开始飞向天空——翼龙（pterosaur），一种会飞的主龙类动物，是第一个长出翅膀并从空中猎食的动物。

为了在这个充满贪婪的恐龙、翼龙和其他大型爬行类野兽的时代生存下来，犬齿兽变得越来越小，直到它们只有 4 英寸长。它们凭借温血性和小型化生存下来，白天藏在洞穴里，在主龙类视力与行动皆受限的寒冷夜晚外出活动。它们在挖出的洞穴迷宫或厚实的树皮中安家，在黄昏时分的森林地面和树枝上静静地捕食昆虫。它们成了第一批哺乳动物。

在恐龙统治地球的这 1 亿年里，这些小型哺乳动物在世界的各个角落中艰难求生，并掌握了一项生存技巧——进化出了一种新的认知能力，这是自寒武纪鱼类以来最大的神经系统创新。

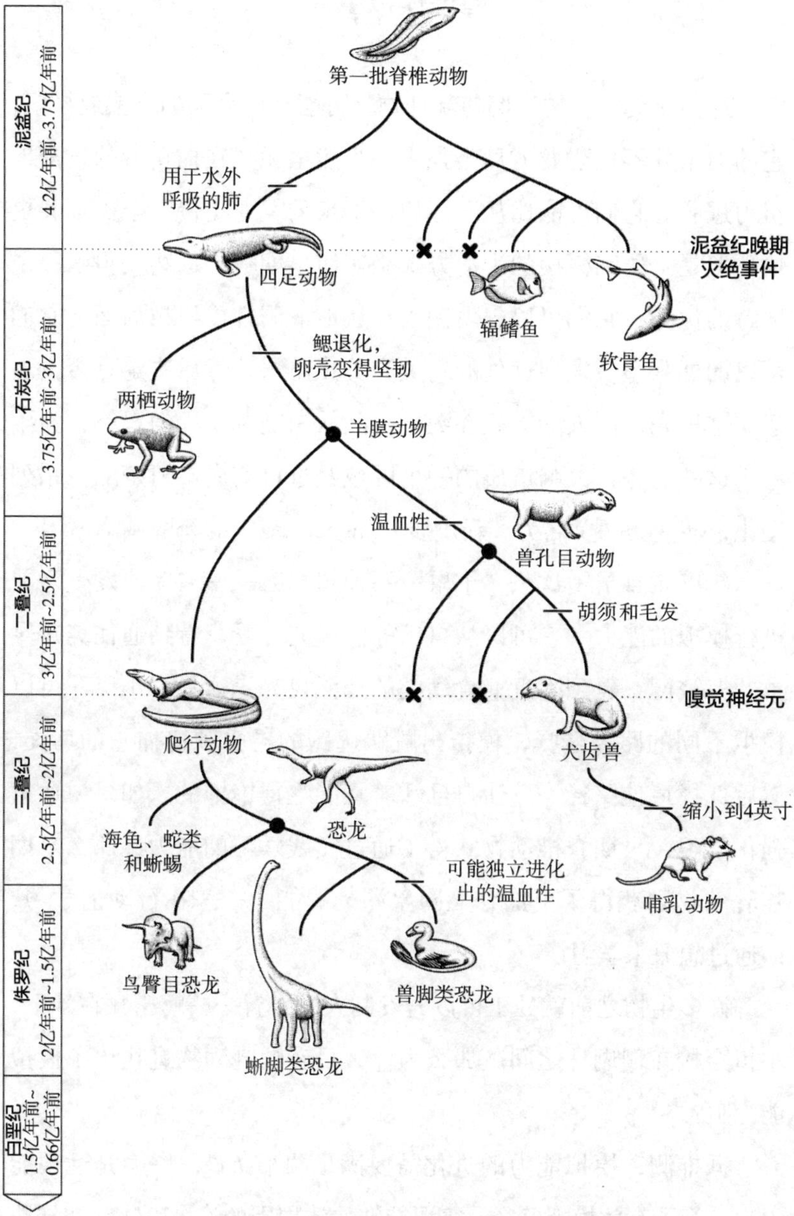

图 10.2　从第一批脊椎动物到第一批哺乳动物的进化树

通过模拟生存

这种 4 英寸长的早期哺乳动物，可能类似今天的小鼠或松鼠，它的力量并不比恐龙或鸟类强大，当然也无法在捕食者的攻击下奋力逃脱。它们可能比从天际俯冲下来的翼龙更慢，至少不会更快。但是穴居和树栖的生活方式确实使早期哺乳动物获得了一个独特的优势：它们可以先发制人。从地下洞穴或树枝后面，它们可以四处张望，发现远处的鸟类和美味昆虫，然后决定是否去追逐。这种先发制人的天赋在数亿年间从未被利用。但最终，为了利用这一优势：大脑皮质的一个区域经过目前尚不清楚的一系列变化，转变为一个名为“新皮质”（neocortex）的新区域。

新皮质赋予了这只“小鼠”一种超能力——在动作发生之前进行模拟的能力。它可以从自己的洞口向外看，看到通往美味昆虫的树枝网，看到附近捕食鸟类的幽深目光。这只“小鼠”可以模拟不同的路径选择，模拟出跳跃逃跑的昆虫和追捕它的鸟类，然后选择最佳路径——让自己活着且能吃得饱饱的。如果说通过强化学习，早期脊椎动物获得了通过实践学习的能力，那么早期哺乳动物则获得了更加令人印象深刻的能力——在行动前学习，即通过想象来学习。

许多生物之前就处于可以先发制人的位置——螃蟹藏在沙下，小鱼穿梭在珊瑚株之间。那么为什么只有哺乳动物进化出了模拟能力呢？

据推测，模拟能力的进化需要满足两个条件。一个是远视能力——为了有效模拟路径，需要能够看清周围的许多事物。在陆地上，即使是在夜晚，可视距离也是水下的 100 倍。因此，鱼类选择不模拟和规划它们的行动，而是选择在有什么东西朝它们冲来时迅速做出反应（因此它们的中脑和后脑较大，而皮质相对较小）。

据推测，另一个条件是温血性。在接下来的几章里，我们会看到，模拟动作的计算成本和时间消耗要远远大于“皮质－基底神经节系统”的强化学习机制。神经元的电信号对温度非常敏感——在较低温度下，神经元的放电速度要比在温暖环境下慢得多。这意味着温血性带来的一个好处是，哺乳动物的大脑可以比鱼类或爬行动物的大脑运行得更快。这使得它们能够执行更为复杂的计算。这就是为什么尽管爬行动物在陆地上拥有宽广的视野，但它们从未被赋予模拟的能力。目前唯一展现出模拟行动和规划能力的非哺乳动物是鸟类。而且值得注意的是，鸟类是当今唯一独立进化出温血性的非哺乳动物物种。

第一批哺乳动物的大脑内部

在这长达数亿年的故事里，从鱼类登上陆地到恐龙崛起，动物的形状、大小和器官都显现出了广泛的多样化。然而，有一个令人惊讶的不变之处：大脑。

从早期的脊椎动物到第一批四足动物，再到爬行动物和兽孔目动物，大脑基本上都停留在神经的黑暗时代。进化满足于或至少适应于早期脊椎动物的强化学习大脑，并将重点转向调整其他生物结构——创造颌骨、护甲、肺、更具功能性的身体结构、温血性、鳞片、皮毛和其他此类形态上的改变。这就是为什么尽管现代鱼类和现代爬行动物在进化上相隔了数亿年，但它们的大脑却惊人的相似。[①]

只有在早期哺乳动物中，神经进化停滞的永恒状态中迸发了创新的火花。在早期的哺乳动物中，鱼类的大脑皮质分裂成四个独立的结构，其中三个与之前的亚区域基本相同，只有一个（新皮质）可以真正被视为全新的。早期脊椎动物的腹侧皮质变成了哺乳动物的联合杏仁核，包含相似的神经环路并大体服务于相同的目的：学习识别各种模式，尤其是那些能够预测效价结果的模式（例如，预测声音 A 会带来好事，而声音 B 会带来坏事）。早期脊椎动物外侧皮质的嗅觉模式探测神经变成了哺乳动物的嗅觉皮质，它们的工作方式相同——通过自联想网络检测气味模式。在早期脊椎动物中，学习空间地图的内侧皮质变成了哺乳动物的海马体，用相似的神经环路执行相似的功能。但是，大脑皮质的第四个区域发生了更有意义的变化——它变成了新皮质，其中包含完全不同的神经环路。

除了新皮质的出现，早期哺乳动物的大脑与早期脊椎动物的大脑在很大程度上是相同的。基底神经节整合了来自嗅觉皮质、海马体、杏仁核以及新皮质的关于世界的输入信息，以学习采取能最大限度释放多巴胺的行动。下丘脑仍然触发直接的效价反应，并通过神经调质（如多巴胺）来调节其他结构。中脑和后脑结构仍然执行反射性运动模式，但现在这些模式已经特化为步行而不是游泳。

---

① 不过，公平地说，鱼类和爬行动物的大脑确实存在一些差异。有人认为羊膜动物进化出了背侧皮质，这可能是新皮质的前身（尽管新的证据表明背侧皮质在早期羊膜动物中并不存在）。

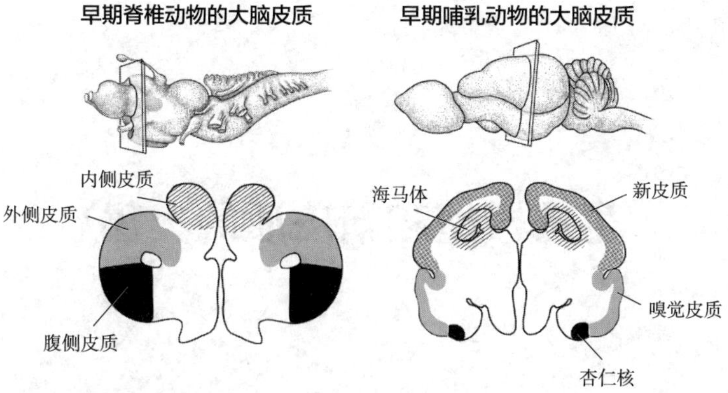

图 10.3　从早期脊椎动物到早期哺乳动物，皮质是如何发生变化的

这种早期哺乳动物的新皮质很小，只占大脑的一小部分。大部分体积都留给了嗅觉皮质（早期哺乳动物像许多现代哺乳动物一样，拥有惊人的嗅觉）。虽然早期哺乳动物的新皮质很小，但它仍然是人类智能产生的核心。在人类大脑中，新皮质占据了 70% 的大脑体积。在随后的突破中，这个原本很小的结构会逐渐从一个巧妙的适应性创新扩展为智能的中心。

11

生成模型和新皮质的奥秘

当你观察人类大脑时，你所看到的几乎都是新皮质。新皮质是一张 2~4 毫米的薄片。随着新皮质变大，这张薄片的表面积也扩大了。为了适应颅骨，它折叠起来，就像你把毛巾叠起来放进手提箱里一样。如果你把人类的新皮质展开，它的表面积几乎有 3 平方英尺[①]——大约相当于一张小桌子的面积。

科学家早期的研究和实验已经得出结论，新皮质并不服务于任何单一的功能，而是服务于多种不同的功能。例如，新皮质的后部处理视觉输入，因此被称为“视觉皮质”[②]。如果移除视觉皮质，你就会失明。如果你记录视觉皮质中神经元的活动，它们会对特定位置上的特定视觉特征做出反应，如某些颜色或线条方向。如果你刺激视觉皮质内的神经元，被试者会说看到了闪光。

---

① 1 平方英尺 ≈ 0.0929 平方米。——编者注

② 请注意，在提及哺乳动物大脑中新皮质的区域时，通常会省略“新”。例如，我们通常说“视觉皮质”而不是“视觉新皮质”。

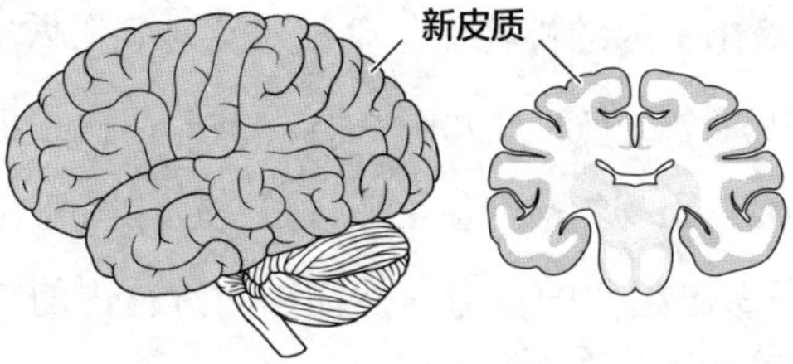

图 11.1 人类大脑新皮质

在被称为“听觉皮质”的邻近区域，听觉感知也会产生相同现象。听觉皮质损伤会损害人们感知和理解声音的能力。如果你记录听觉皮质中神经元的活动，你会发现它们会对特定频率的声音做出反应。如果你刺激听觉皮质内的某些神经元，被试者会报告听到了噪声。

新皮质还有负责触觉、痛觉和味觉的区域，另外还有一些区域似乎服务于更多不同的功能——如运动、语言和音乐。

乍一看，这似乎毫无意义。一个结构怎么能做这么多不同的事情？

蒙卡斯尔的疯狂想法

在 20 世纪中叶，神经科学家弗农·蒙卡斯尔（Vernon Mountcastle）开创了一种在当时极为新颖的研究范式：记录清醒且处于活动状态的动物的新皮质中单个神经元的活动。这种方法为观察动物生活过程中的大脑内部工作机制提供了全新的视角。他使用电极记录猴子体感皮质（处理触觉输入的新皮质区域）中的神经元，以观察不同类型的触觉刺激分别会引发何种反应。

蒙卡斯尔的第一个观察结果是，在新皮质片层的一个垂直柱

（直径约 500 微米）内的神经元似乎都对感官刺激做出了相似的反应，而水平距离较远的神经元则没有。例如，视觉皮质内的单个柱可能包含神经元，这些神经元都对视觉场中特定位置从特定方向出现的光条做出相似的反应。然而，附近柱内的神经元只对不同方向或位置的光条做出反应。这一发现已在多种感觉模式中得到证实。对于大鼠，有新皮质的柱只对特定胡须的触摸做出反应，而每个附近的柱则对完全不同的胡须做出反应。在听觉新皮质中，有个别柱对特定频率的声音具有选择性。

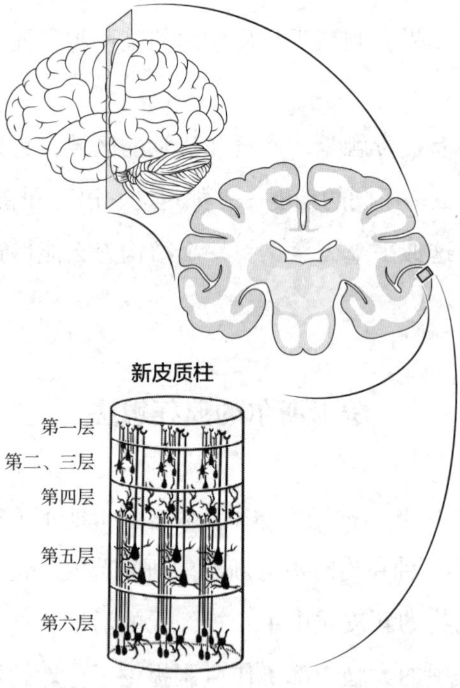

图 11.2　新皮质柱

蒙卡斯尔的第二个观察结果是，在一个柱内存在许多垂直方向的连接，而柱与柱之间的连接则相对较少。

蒙卡斯尔的第三个也是最终的观察结果是，在显微镜下，新皮质从外观上看在各个亚区域都大致相同。听觉新皮质、体感新皮质和视觉新皮质都包含以相同方式组织的相同类型的神经元。这一点在哺乳动物的不同物种之间是一致的——大鼠、猴子和人类的新皮质，在显微镜下看起来都很相似。

这三个事实，即垂直对齐的神经元活动、垂直对齐的神经元连接以及新皮质所有区域之间的相似性，使蒙卡斯尔得出了一个惊人的结论：新皮质是由一个重复且复制的神经微环路构成的，他称之为“新皮质柱”。皮质片层只是一堆紧密排列的新皮质柱。

这一发现为“一个结构如何能执行如此多不同的功能”这一问题提供了令人惊讶的答案。根据蒙卡斯尔的观点，新皮质并不执行不同的任务，每个新皮质柱都执行完全相同的功能。新皮质不同区域之间的唯一区别在于它们接收和发送信号的位置，而新皮质本身的实际计算过程是相同的。例如，视觉皮质与听觉皮质之间的唯一区别在于，视觉皮质从视网膜接收信号，而听觉皮质从耳朵接收信号。

2000 年，即蒙卡斯尔首次提出他的理论的几十年后，麻省理工学院的三位神经科学家对他的假设进行了一次精彩的验证。如果新皮质在所有亚区域都是相同的，如果视觉皮质没有独特的视觉功能，听觉皮质也没有独特的听觉功能，那么这些区域应该是可以互换的。在对幼年雪貂进行实验时，科学家切断了来自耳朵的信号输入，并将来自视网膜的信号连接到听觉皮质。如果蒙卡斯尔的假设是错误的，那么雪貂最终会失明或视力受损——因为听觉皮质中来自眼睛的信号将不会被正确处理。如果新皮质确实处处相同，那么接收视觉信号的听觉皮质应该与视觉皮质以相同的方式工作。

令人惊讶的是，雪貂的视力并未受到影响。当研究人员记录原本是听觉区域但现在接收来自视觉输入的新皮质区域时，他们发现该区域对视觉刺激的反应与视觉皮质一样。这表明听觉皮质和视觉皮质是可以互换的。

这一结论还得到了针对先天性失明患者研究的进一步证实，这些患者的视网膜从未向大脑发送过任何信号。在这些患者中，视觉皮质从未接收到来自眼睛的信号输入。然而，如果你记录先天性失明患者视觉皮质中神经元的活动，你会发现视觉皮质并没有变成一个无用的区域。相反，它变得能够对多种其他感觉输入产生反应，如声音和触觉。这不仅印证了盲人的听力确实更敏锐的观点——视觉皮质被重新利用以辅助听觉，还再次证明了新皮质的各个区域似乎是可以互换的。

以中风患者为例，当患者新皮质的某个特定区域受损时，他们会立即失去该区域的功能。如果运动皮质受损，患者可能会瘫痪；如果视觉皮质受损，患者可能会部分失明。但随着时间的推移，功能可以恢复。这通常不是受损的新皮质区域恢复的结果——一般来说，该区域的新皮质会永久死亡——相反，新皮质附近的其他区域会被重新利用，以完成现在受损的新皮质区域的功能。这也表明新皮质的各个区域是可以互换的。

对人工智能领域的研究者来说，蒙卡斯尔的假设是一份无与伦比的科学礼物。人类的新皮质由超过 10 亿个神经元和万亿个连接组成，试图解码如此庞大的神经元集群所执行的算法和计算是一项令人绝望的任务，以至于许多神经科学家认为，尝试解码新皮质的工作方式注定会失败。但蒙卡斯尔的理论提供了一个更有希望的研究方向——我们不必试图理解整个人类新皮质的功能，也许我们只需要理解重复了大约 100 万次的神经微环路的功能；我们不必理解整个新皮质中的万亿个连接，也许我们只需要理解新皮质柱中的大约 100 万个连接。此外，如果蒙卡斯尔的理论是正确的，那么它表明新皮质柱实现了一些非常普遍和通用的算法，可被应用于如运动、语言等极其多样的功能，跨越每一种感觉模式。

在显微镜下，我们可以看到这种神经微环路的基本结构。新皮质包含六层神经元（不同于早期脊椎动物的三层皮质）。这六层神经元以一种复杂但精妙一致的方式相互连接。第五层有一种特定类型的神经元，它们总是投射到基底神经节、丘脑和运动区域。在第四层，有神经元直接从丘脑接收信号输入。在第六层，有神经元总是投射到丘脑。它并不是一堆随机连接的神经元，神经微环路以特定的方式预先连接，以执行某些特定的计算。

当然，问题随之而来：这是什么计算呢？

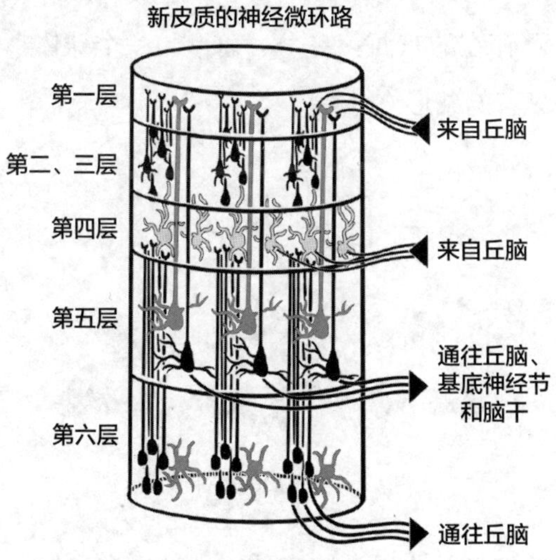

图 11.3　新皮质柱的神经微环路

感知的奇特属性

在 19 世纪，关于人类感知的科学研究开始全面展开。世界各地的科学家开始探索人类心智的奥秘。那么，视觉是如何运作的？听觉又是如何运作的呢？

对感知的研究始于利用错觉：通过操纵人们的视觉感知，科学家发现了感知的三个奇特属性。因为至少对于人类，感知大部分发生在新皮质，所以这些感知属性教会了我们新皮质是如何工作的。

属性一：填补性

19 世纪的科学家首先弄清楚的一件事是，人类的大脑会自动且无意识地填补缺失的东西。请看图 11.4 中的图像。你立刻就感知到了单词“EDITOR”，但这并不是你眼睛实际看到的东西——字母的大部分线条都缺失了。对于其他图像也是如此，你的大脑感知到了并不存在的东西：一个三角形、一个球体，以及一根被某个东西包裹着的条形物。

图 11.4　感知的填补属性

填补缺失信息并非视觉独有的特性，它在我们的大部分感觉模式中都有体现。这就是为什么即使电话信号杂乱，你仍然能理解别人在说什么，以及为什么即使闭上眼睛，你也能通过触觉识别物体。

属性二：逐一性

如果你的大脑基于感官证据来填补它认为存在的东西，那么当有多种方式可以填补你所看到的内容时，会发生什么呢？图 11.5 中的三幅图像都是 19 世纪为探究这一问题而设计的视觉错觉的例子。这些图像中的每一幅都可以有两种不同的解释。第一幅图像（图 11.5 左），你可以看到它是一段楼梯，但你也可以看到它是楼梯下面凸出的部分。[①] 第二幅图像（图 11.5 中），这个立方体可以以右下角正方形为前，也可以以左上角正方形为前。第三幅图像（图 11.5 右），这既可以是一只兔子，也可以是一只鸭子。

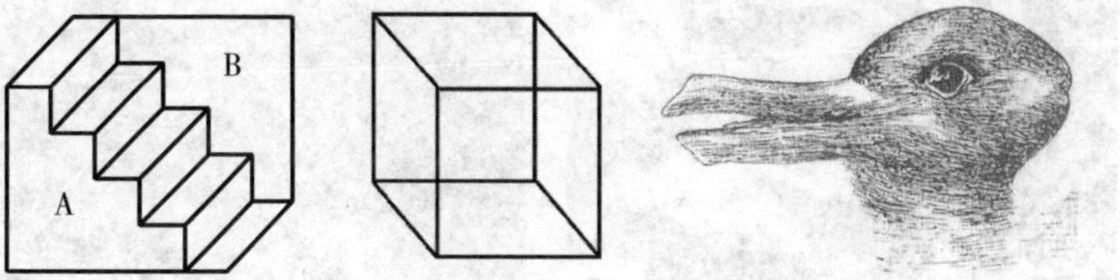

图 11.5　感知的逐一属性

所有这些模棱两可的图片的有趣之处在于，你的大脑一次只能看到一种解释。即使感官证据表明这既可以是鸭子也可以是兔子，你也不能同时看到鸭子和兔子。不知出于何种原因，大脑中的感知机制要求它只能选择其中一种解释。

① 如果你看不到这一点，请注视着楼梯，然后将页面旋转 180 度。

这也适用于听觉，想想鸡尾酒会效应。如果你身处嘈杂的鸡尾酒会，你可以专注于和一个人说话，或听旁边一群人的对话，但你无法同时听到这两段对话。无论你专注于哪段对话，进入你耳朵的听觉输入都是相同的，唯一的区别在于你的大脑从这一输入中推断出的内容。你一次只能感知一段对话。

属性三：无法忽视性

当感觉证据含糊不清，也就是无法清晰地将其解读为任何有意义的东西时，会发生什么呢？请看图 11.6 左侧的图像。如果你以前从未见过这幅图像，它看起来会毫无意义，只是一些斑点。如果我给你一个对这些斑点的合理解读，突然间，你对它的感知就会发生改变。

图 11.6　感知的无法忽视属性

图 11.6 左侧的图像可以被解读为一只青蛙（如果你看不出来，可以直接看右侧的图像）。一旦你的大脑感知到了这种解读，你就再也无法忽视它了。你的大脑喜欢有一个能够解读感官输入的解释。一旦我给你一个合理的解释，你的大脑就会坚持它。你现在看到的就是一只青蛙。

19 世纪，德国物理学家和医生赫尔曼·冯·亥姆霍兹（Hermann von Helmholtz）提出了一种新颖的理论来解释感知的这些特性。他提出，人们并不是感知到经历的事物，而是感知到大脑认为存在的事物——亥姆霍兹将这一过程称为“推断”（inference）。换句话说，你并不是感知到你实际看到的事物，你感知到的是一个模拟现实，这是你从看到的事物中推断出来的。

这一观点解释了感知的这三个奇特属性。你的大脑会填补物体缺失的部分，因为它试图解读你的视觉所暗示的真相。（“那里真的有一个球体吗？”）你一次只能看到一件事物，因为你的大脑必须选择一个单一的现实进行模拟——实际上，这只动物不能同时是兔子和鸭子。而一旦你发现将一张图像解释成青蛙最为合理，那么当你观察它时，你的大脑就会维持这个现实。

尽管许多心理学家在原则上同意了亥姆霍兹的理论，但直到又一个世纪之后，才有人提出亥姆霍兹的“推断”理论到底是如何起作用的。

生成模型：通过模拟进行识别

在 20 世纪 90 年代，杰弗里·辛顿和他的一些学生（包括之前协助发现多巴胺反应是时序差分学习信号的彼得·达扬）开始着手构建一个按照亥姆霍兹提出的方式学习的人工智能系统。

我们在第 7 章回顾了大多数现代神经网络如何进行监督训练：向网络展示一张图片（比如一张狗的图片），并给出正确答案（比如“这是一只狗”），然后调整网络中的连接，使其朝着正确的方向发展，以得出正确答案。大脑不太可能以这种方式通过监督学习来识别物体和模式。大脑必须通过某种方式在没有被告知正确答案的情况下识别世界的各个方面，也就是必须进行无监督学习。

其中一种无监督学习方法是自联想网络，就像我们推测的那样，这类网络在早期脊椎动物的皮质中出现了。这类网络基于输入模式的相关性，将常见的输入模式聚类成神经元集群，从而提供了一种方法，使得互相重叠的模式能够被区分，并且将嘈杂和受阻的模式补全。

但亥姆霍兹提出，人类的感知所做的不仅是这些。他提出，人类的感知可能并非简单地基于相关性对输入模式进行聚类，而是通过优化自身来提高"内部模拟现实预测当前外部感官输入"的准确性。

1995 年，辛顿和达扬为亥姆霍兹通过推断感知的想法提出了一个概念验证，他们将其命名为"亥姆霍兹机器"。从原则上讲，亥姆霍兹机器与其他神经网络类似，它接收从一端流向另一端的输入。但与其他神经网络不同，它还具有反向连接，这些连接从末端流向起点。

辛顿使用 0 到 9 的手写数字图像测试了这个网络。可以在网络的底部给出一张手写数字的图片（每个像素对应一个神经元），然后图片会向上流动并激活顶部的一组随机神经元。这些被激活的顶部神经元随后可以向下流动并激活底部的一组神经元，以产生自己的图片。学习的目的是使网络稳定到一个状态，即流入网络的输入在流回底部时能被准确重建。

最初，从输入图像流向网络中的神经元值与从网络中流出的结果值存在很大的差异。辛顿设计了这个网络，使其可以用两种不同的模式学习：识别模式和生成模式。在识别模式下，信息从网络底部向上流动（从输入的一张 7 的图片开始，流向顶部的某些神经元），并调整反向权重，使网络顶部被激活的神经元能更好地再现输入的感觉数据（生成一个逼真的 7）。相反，在生成模式下，信息在网络中向下流动（从生成一个想象的 7 的图片的目标开始），并调整正向权重，以使网络底部被激活的神经元在顶部能被正确识别（“我识别出我刚刚生成的图片是一个 7”）。

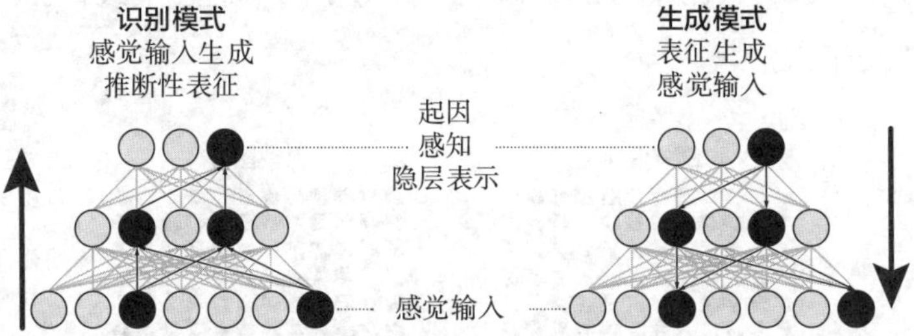

图 11.7　亥姆霍兹机器

在整个过程中，这个网络并没有被告知正确答案。它从未被告知哪些特性构成了一个 2，甚至哪些图片是 2、7 或任何其他数字。网络唯一可以学习的数据是数字图片。当然，问题在于这是否可行。这种在识别和生成之间来回切换的方式，是否能让网络在从未被告知正确答案的情况下，既能识别手写数字，又能生成自己独特的手写数字图片呢？

令人惊讶的是，它真的自学成才了。当这两个过程来回切换时，网络神奇地稳定下来。当你给它一个数字 7 的图片时，它基本上能够在下行过程中创建出一个类似的数字 7 的图像。如果你给它一个数字 8 的图像，它也能够生成一个数字 8 的输入图像。

这可能看起来并不是那么了不起。你给网络一张数字图片，它就输出一张相同数字的图片，这有什么大不了的？这个网络有三个具有突破性的属性。首先，这个网络的顶部现在可以可靠地“识别”不完美的手写字母，而无须任何监督。其次，它的泛化能力非常出色，它能将两张不同手写方式的数字图片识别为一个数字——它们会在网络的顶部激活相似的一组神经元。最后，也是最重要的一点，这个网络现在可以生成手写数字的新图片。通过操作这个网络顶部的神经元，你可以创建许多手写数字 7 或手写数字 4，或者它已学习的任何数字。这个网络通过生成自己的数据学会了识别。

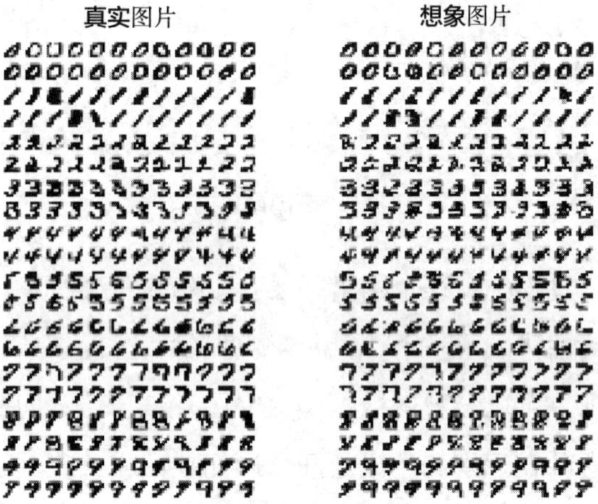

图 11.8　真实图片与想象图片

亥姆霍兹机器是生成模型这一更广泛类别模型的早期概念验证。大多数现代生成模型比亥姆霍兹机器更复杂，但它们都共享一个基本属性，即通过生成自己的数据并将生成的数据与实际数据进行比较，来学习识别世界上的事物。如果你认为生成小像素手写数字的技术并不那么令人瞩目，那么请想象一下自 1995 年以来，这些生成模型取得的巨大进步吧。当这本书的英文版即将出版时，有一个地址为 thispersondoesnotexist.com 的活跃网站。每次你刷新页面时，都会看到一张不同人的照片。而现实更令人震惊：每次你重新加载页面时，生成模型都会创建一个全新的、你从未见过的、虚构的面孔。你所看到的面孔并不存在。

图 11.9 thispersondoesnotexist.com 的 StyleGAN2 生成的人像图片

这些生成模型的惊人之处在于，它们能够在没有任何监督的情况下学习捕捉输入的本质特征。生成逼真的新面孔的能力要求模型理解构成面孔的基本要素以及它潜在的多种变化方式。正如激活亥姆霍兹机器顶部的不同神经元可以生成不同手写数字的图像一样，如果你激活这个面部生成模型顶部的不同神经元，你就可以控制它生成的样貌类型。如果你改变一组神经元的值，网络就会输出相同但旋转后的面孔。如果你改变其他神经元的值，它会给面部加上胡须，改变年龄，改变发色，等等（如图 11.10

所示）。

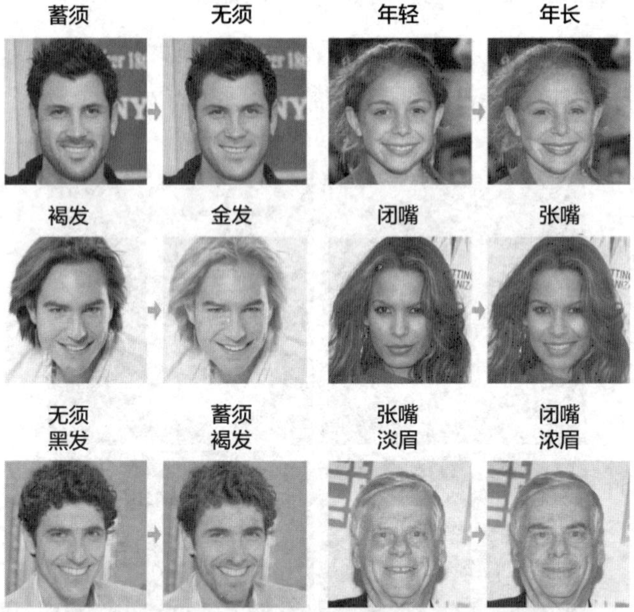

图 11.10　通过改变生成模型中的隐层表示来改变图像

虽然 21 世纪初的大多数人工智能进步都涉及监督学习模型的应用，但最近的许多进步都是生成模型的应用。深度伪造、人工智能生成艺术，以及像 GPT–3 这样的语言模型，都是生成模型在工作中的实例。

亥姆霍兹提出，人类的许多感知过程其实是一种推断过程，即使用生成模型将世界的内部模拟与呈现的感觉证据进行匹配的过程。现代生成模型的成功验证了他的想法，这些模型表明，至少在原则上，类似这样的过程是可以实现的。事实上，有大量证据表明，新皮质神经微环路正在实现这样的生成模型。

这种证据体现在视觉错觉中，体现在新皮质本身的神经连接中，它已被证明具有多种与生成模型一致的特性。在感知与想象惊人的对称性中，在生成模型和新皮质中都发现的无法更改的不可分割性中也可以看到证据。事实上，作为生成模型的新皮质不仅能解释视觉错觉，还能解释人类为何会出现幻觉、做梦和睡觉，甚至能解释想象的内在运作机制。

幻觉、梦境与想象：作为生成模型的新皮质

那些眼睛停止向新皮质发送信号的人——无论是由于视神经损伤还是视网膜损伤，通常会患上一种叫作查尔斯·邦纳综合征（Charles Bonnet syndrome）的疾病。你可能会认为，当某人的眼睛与大脑断开连接时，他们就不会再看到东西了。但事实恰恰相反——在失明后的几个月里，他们开始看到很多东西，开始产生幻觉。这一现象与生成模型是一致的：切断对新皮质的感觉输入会使其变得不稳定。它陷入了一个不断漂移的生成过程中，在没有实际感官输入的约束下模拟视觉场景，由此产生幻觉。

一些神经科学家将感知（即使它在正常运作）称为“受约束的幻觉”。如果没有感觉输入，这种幻觉就会变得不受约束。以亥姆霍兹机器为例，这就像随机激活网络顶部的神经元，并产生数字的幻觉图像，而从未将这些幻觉与真实的感觉输入联系起来。

将感知视为受限的幻觉正是亥姆霍兹所说的推断，也是生成模型所做的事情。日常生活中，我们将自己对现实的内部幻觉与我们所看到的感觉信息相匹配。当视觉信息表明图片中有一个三角形时（即使实际上并没有三角形），我们就会产生三角形的幻觉，因此产生了填补效应。

生成模型也可以解释我们为什么会做梦以及为什么需要睡眠。大多数动物都会睡觉，这有诸多好处，比如节省能量，但只有哺乳动物和鸟类在快速眼动睡眠期间表现出明确的做梦特征。而且，只有哺乳动物和鸟类被剥夺睡眠后会出现幻觉和感知障碍。事实上，鸟类似乎独立进化出了类似新皮质的大脑结构。

新皮质（以及鸟类可能与新皮质功能相似的结构）始终处于识别与生成之间的不稳定平衡状态。在人类的清醒生活中，我们花费了大量时间来识别，而生成的时间相对较少。也许梦境是对这种不平衡的一种弥补，通过强制生成的过程来稳定生成模型。如果我们睡眠不足，这种识别过多而生成不足的不平衡最终会变得很严重，以至于新皮质中的生成模型会变得不稳定。因此，哺乳动物开始出现幻觉，识别变得扭曲，生成与识别之间的界限变得模糊。巧合的是，辛顿甚至将训练亥姆霍兹机器的学习算法称为“清醒－睡眠算法”。识别步骤是模型处于“清醒”状态，生成步骤是模型处于“睡眠”状态。

哺乳动物想象力的许多特征都与我们对生成模型的预期一致。对人类来说，想象一些当前没有经历的事情是很容易的，甚至是自然的。你可以想象昨晚吃的晚餐，或者想象今天晚些时候你要做什么。当你想象某件事情时，你在做什么？这只是你的新皮质处于生成模式。你正在你的大脑新皮质中调用一个模拟现实。

想象力最明显的特征就是，你无法同时想象事物和识别事物。你不能一边读书，一边想象自己正在吃早餐——想象的过程与体验实际感觉数据的过程本身就是相互矛盾的。事实上，通过观察一个人的瞳孔，你可以判断他是否在想象某件事情——当人们想象事物时，他们的瞳孔会扩张，因为大脑停止了处理实际的视觉数据，人们会变得伪失明。就像生成模型一样，生成和识别不能同时进行。

此外，如果你在识别过程中记录新皮质神经元（比如对人脸或房屋做出反应的神经元）的活动，那么当你想象同样的事物时，这些相同的神经元也会变得活跃。当你想象移动身体的某些部位时，相应的区域会被激活，就像你真那么做了一样。当你想象某些形状时，视觉皮质的相同区域也会激活，就像你真的看到那些形状一样。事实上，两者非常一致，以至于神经科学家可以通过记录新皮质活动来解码人们正在想象的内容（作为梦境和想象是同一过程的证据，科学家也可以通过记录大脑活动来准确解码人们的梦境）。那些因新皮质受损而使某些感觉数据受损的人（比如无法识别视域左侧的对象），他们在想象这些感觉数据的特征时也会同样受损（他们甚至很难想象左侧视域的事物）。

这些都不是显而易见的结果。想象本可以由一个与识别系统分离的系统来完成。但在新皮质中，情况并非如此——它们是在完全相同的区域中进行的。这正是我们对生成模型的预期：感知和想象并不是两个独立的系统，而是同一枚硬币的两面。

预测一切

一种思考新皮质中生成模型的方式是，它会对环境进行模拟，以便在事情发生之前进行预测。新皮质会持续地将实际的感觉数据与模拟预测的数据进行比较。这样，你就可以立即识别出周围环境中发生的任何令人惊讶的事物。

当你走在大街上时，你可能并没有注意到自己脚上的感觉。

但是，随着每一步移动，你的新皮质都在被动地预测它所期望的感觉结果。如果你把左脚放下却没有感觉到地面，你会立刻查看是否即将踩进一个坑里。你的新皮质正在运行一个你走路的模拟，如果模拟与感觉数据一致，你就不会注意到它，但如果它的预测出现错误，你就会注意到。

自早期两侧对称动物以来，大脑一直在进行预测，但这些预测随着时间的推移，变得越来越复杂。早期两侧对称动物可以学习到一个神经元的激活往往先于另一个神经元的激活，因此可以用第一个神经元来预测第二个。这是最简单的预测形式。早期的脊椎动物可以利用现实世界中的模式来预测未来能得到的奖励。这是一种更复杂的预测形式。拥有新皮质的早期哺乳动物，不仅学会了预测反射的激活或未来的奖励，还学会了预测一切。

新皮质似乎一直处于持续预测所有感觉数据的状态。如果说反射环路是反射预测机器，基底神经节中的评判者（负责评价预测的神经元）是奖励预测机器，那么新皮质就是现实世界预测机器——它被设计用来重建动物周围的整个三维世界，以精确预测随着动物和周围世界中物体的移动，接下来会发生什么（见表 11.1）。

表 11.1　预测的进化

早期两侧对称动物的预测	早期脊椎动物的预测	早期哺乳动物的预测
预测反射激活	预测未来的奖励	预测所有感觉数据
反射环路	皮质和基底神经节	新皮质

新皮质微环路不知以何种方式实现了这样一个通用系统，能够模拟多种类型的输入。给它视觉输入，它就会学习模拟世界的视觉层状态；给它听觉输入，它就会学习模拟世界的听觉层状态。

这就是为什么各个亚区域的新皮质看起来都一样。新皮质的不同亚区域根据它们接收到的输入来模拟外部世界的不同方面。将这些新皮质柱整合在一起，它们就谱成了一曲模拟的“交响乐”，呈现出一个充满可见、可触和可听物体的丰满的三维世界。

新皮质是如何实现这一点的仍然是个谜。至少有一种可能性是，新皮质预先设定了一系列巧妙的假设。现代的人工智能模型通常被认为是狭隘的，也就是说，它们只能在少数被专门训练过的特定情况下工作。而人类大脑则被认为是通用的，它能够在广泛的情况下工作。因此，科学家的研究一直致力于使人工智能更加通用。然而，我们可能弄反了。新皮质之所以擅长它所做的事情，其中一个原因可能是，在某些方面，它远不如我们目前的人工神经网络通用。新皮质可能对世界做出了明确的狭隘假设，而正是这些假设使它如此通用。

例如，新皮质可能预先设定了这样的假设：无论是视觉、听觉还是触觉，传入的传感器数据都代表着独立于我们自身存在并能自行移动的三维物体。因此，它不必学习空间、时间和自我与他人的区别。相反，它通过假设所有接收到的感觉信息必须源于一个随时间展开的三维世界，以试图解释这些信息。

这为我们理解亥姆霍兹所说的“推断”提供了一些启示——新皮质中的生成模型试图推断其感觉输入的原因。这些原因只是新皮质认为与给定的感觉输入最匹配的内部模拟的三维世界。这也是为什么生成模型被说成试图解释它们被输入的信号，因为你的新皮质试图渲染一个能够产生你所看到画面的世界状态（例如，如果那里有一只青蛙，它就能“解释”为什么那些阴影看起来会那样）。

但为什么要这么做呢？模拟外部世界的内部图像有什么意义？新皮质为这些古老的哺乳动物提供了什么价值？

关于现代人工智能系统缺少什么以及如何让人工智能系统展现出人类级智能，存在许多持续的争论。有些人认为，缺失的关键部分是语言和逻辑。但另一部分人，比如 Meta 的人工智能部门负责人杨立昆，则认为缺失的是其他东西，是一些更基础、更早进化出来的东西。用杨立昆的话来说：

> 我们人类过于重视语言和符号作为智能的基础。灵长类动物、狗、猫、乌鸦、鹦鹉、章鱼以及许多其他动物，并没有类似人类的语言，但它们却表现出了超越我们最先进人工智能系统的智能行为。它们所具有的是学习强大“世界模型”的能力，这些模型使它们能够预测自己行为的后果，并寻找路径和规划行动以实现目标。学习这种世界模型的能力正是当今人工智能系统所缺少的。

哺乳动物新皮质（也许还有鸟类甚至章鱼类似结构中的新皮质）所呈现的模拟正是这种缺失的“世界模型”。新皮质之所以如此强大，不仅是因为它可以将内部模拟与感觉证据相匹配（亥姆霍兹的通过推断进行感知），更重要的是，这种模拟可以独立地进行探索。如果你有一个足够丰富的外部世界内部模型，你就可以在脑海中探索这个世界，并预测你从未采取过的行动的后果。是的，你的新皮质让你睁开眼睛认出你面前的椅子，但它也让你闭上眼睛，在脑海中依然能看到那把椅子。你可以在脑海中旋转和修改椅子，改变它的颜色与材质。当新皮质中的模拟与你周围的真实外部世界脱节时——当它想象出一些不存在的东西时——它的强大之处就变得最为明显。

这是新皮质赋予早期哺乳动物的礼物。正是想象力——呈现未来可能性和重温过去事件的能力——成为人类智能进化中的第三次突破。从这种能力中涌现出了许多我们熟悉的智能特征，其中一些我们已经在人工智能系统中重新创造并超越了，而另一些仍然不在我们的掌握中。但所有这些特征都源自第一批哺乳动物微小的大脑。

在接下来的章节中，我们将了解新皮质如何让早期哺乳动物能够执行规划、情景记忆和因果推理等难度极高的智能行为。我们将了解这些技巧是如何被重新利用以形成精细运动技能的。我们将学习新皮质是如何实现注意力、工作记忆和自我控制的。我们将看到，在早期哺乳动物的新皮质中，我们可以发现许多类人智能的秘密，而这些秘密甚至在我们最智能的人工智能系统中也是缺失的。

12

想象世界的老鼠

新皮质的出现是人类智能进化史上的一个分水岭。新皮质的原始功能肯定没有现代应用那么广泛——它并非用来深思存在的本质、规划职业生涯或撰写诗歌。相反，最初的新皮质赋予早期哺乳动物的是更基础的东西：想象并非真实存在的世界。

大多数关于新皮质的研究都集中在它令人印象深刻的识别物体的能力上：看到一张人脸的照片，就能轻易地识别出它在不同比例、不同位置以及旋转后的模样。在早期的生成模型背景下，生成模式（模拟过程）通常被认为是实现识别所带来的好处的手段。换句话说，识别是真正有用的，而想象只是副产品。但在新皮质出现之前的皮质也能很好地识别物体，即使鱼也能在物体旋转、缩放或扰动时识别它们。

新皮质的核心进化功能可能恰恰相反——识别可能只是一种手段，用以解锁模拟能力所具备的适应性优势。这表明新皮质最初的进化功能并不是识别世界，因为这一能力早已被较古老的脊椎动物皮质所掌握。相反，新皮质真正的优势在于其独特的想象与模拟世界的能力，而这正是旧皮质所缺乏的。

新皮质的模拟为早期哺乳动物提供了三种新的能力，这三种能力对它们在历时 1.5 亿年的凶猛恐龙的捕食围猎中生存下来至关重要。

新能力一：替代性试错

20 世纪 30 年代，在加州大学伯克利分校工作的心理学家爱德华·托尔曼（Edward Tolman）进行了一项实验：他把大鼠放在迷宫中，观察它们是如何学习的。当时，这种研究很常见，因为这是继桑代克之后的一代心理学家常用的研究范式。桑代克的效果定律研究范式强调动物会重复带来愉快的行为，并且这种范式在当时备受推崇。

然而，托尔曼注意到了一些奇怪的现象。当大鼠来到迷宫中的岔路口，面临模糊的方向选择时，它们会停下来，左右张望几秒钟，然后再选择方向。这在桑代克的经典观点中显得毫无道理，因为桑代克认为所有学习都是通过试错来完成的——那么，为什么大鼠停下来左右张望的行为会得到强化呢？

托尔曼提出了一个推测：大鼠在选择之前会“预演”每一个选项。托尔曼把这种现象称为“替代性试错”。

大鼠只有在做艰难决定时才会表现出这种左右张望的行为。让决策变得困难的一个方法是让成本与收益接近。假设你把一只大鼠放在一条隧道里，它会经过几扇门，每扇门都通向食物。假设大鼠经过这些门时，你会发出特定的声音，表明大鼠需要等待多久才能从这扇门后获得食物。一种声音表明大鼠只需要等待几秒钟，另一种声音则表明大鼠需要等待长达半分钟。一旦大鼠学会了这一切，它们就不会在候时较短的门口表现出左右张望的行为（它们会立刻跑进去拿食物，可能心想：这显然值得等待），也不会在候时较长的门口表现出这种行为（它们会立刻走过门口，心想：这绝对不值得等待，我还是看看下一扇门吧）。但是，在候时中等的门口，它们会表现出左右张望的行为（这是否值得等待，还是应该试试下一个选项）。

让决策变得困难的另一个方法是改变规则。如果大鼠突然在迷宫中找不到它预期的食物，那么下次它被放进迷宫时，它会大大增加左右张望的行为，似乎是在考虑其他路径。同样地，假设大鼠进入一个有两种食物的迷宫，并且假设最近这只大鼠吃了很多其中一种食物（因此不再想要那种食物），这时就会出现左右张望的行为（我是想要向左转去吃 X，还是向右转去吃 Y 呢）。

当然，仅凭观察到大鼠停下来左右摇头的行为，并不能证明它实际上正在想象沿着不同的路径前进。由于缺乏证据，在托尔曼观察之后的几十年里，替代性试错这一观点逐渐淡出了人们的视线。直到 21 世纪初，技术才发展到可以实时记录大鼠在环境中导航时，大脑中神经元集群活动的程度。这是神经科学家第一次能够直观地观察到大鼠在停下来左右张望时大脑中发生了什么。

明尼苏达大学的神经科学家戴维·雷迪什和他的学生亚当·约翰逊（Adam Johnson）是首批探究大鼠在做选择时大脑中发生了什么的研究人员。当时，人们已经清楚地知道，当大鼠在迷宫中导航时，其海马体中的特定位置细胞会被激活。这与鱼类的空间地图类似，即特定的海马体神经元会编码特定的位置。对于鱼类，这些神经元只有在鱼实际位于编码位置时才会变得活跃。

但是，当雷迪什和约翰逊记录大鼠的这些神经元时，他们发现了不同的情况：当大鼠在决策点停下来左右张望时，它的海马体不再编码大鼠的实际位置，而是快速地在构成从决策点开始的两条可能未来路径的位置编码之间来回切换。实际上，雷迪什可以看到大鼠在想象未来的路径。

这一发现的突破性意义不言而喻——神经科学家直接窥视了大鼠的大脑，并直接观察到大鼠在考虑不同的未来。托尔曼是对的，他观察到的左右张望行为确实是大鼠在规划未来的行动。

相比之下，第一批脊椎动物并没有提前规划它们的行动。这可以通过观察它们的冷血动物后代（现代鱼类和爬行动物）来验证，它们没有表现出通过替代性试错来学习的迹象。

让我们思考一下绕行任务。把一条鱼放进一个水箱里，水箱中间有一个透明的隔板。在隔板的一个角落开一个小洞，这样鱼就可以通过这个洞从一边游到另一边。让鱼探索水箱，找到这个小洞，然后花一些时间来回游动。几天后，再做个新实验：把鱼放在水箱的一边，把食物放在透明隔板的另一边。接下来会发生什么呢?

如果鱼想吃东西，聪明的做法应该是立即离开现在的位置，游到隔板的角落，穿过洞口，然后再转向去获取隔板那一侧的食物，但鱼不是这样做的。鱼会直接游向透明的隔板，试图获取食物。在多次撞上隔板之后，它会放弃并继续在其环境中徘徊。最终，当鱼在环境中徘徊时，它碰巧再次穿过了小洞，但即使在这里，它也没有表现出它明白现在可以获取食物了，因为鱼没有转向食物。相反，鱼只是继续游向水箱的另一边。只有当它碰巧转身看到食物时，它才会兴奋地冲向食物。事实上，无论是多次穿越隔板两侧的鱼，还是从未有过到达隔板另一侧经历的鱼，找到食物所需的时间都是一样的。

为什么会这样呢？虽然鱼之前游过洞口到达水箱的另一侧，但它从未意识到穿过洞口这条路会获得多巴胺。试错学习从未训练鱼的基底神经节，它也因此未能在看到透明隔板另一侧的食物时，选择穿过洞口获取食物。

这就是仅通过实践来学习的一个关键问题：虽然鱼已经学会了通过洞口的路径，但它之前从未通过这条路径获取过食物。所以，当它看到食物时，它能做的就是直接生成一个“接近”食物的信号。然而，大鼠要聪明得多。在这样的绕行任务中，它们的表现远远超过鱼类。大鼠和鱼最初都会跑到透明隔板处尝试获取食物，但大鼠更擅长找出绕过隔板的方法。一只已经很好地探索过地图，也就是知道如何穿过透明隔板到达另一侧（即使这样做从未得到过奖励）的大鼠，会比另一只从未绕过隔板的大鼠更快地到达另一侧。这揭示了替代性试错的其中一个好处：一旦大鼠对其环境有了世界模型，它们就可以迅速地在脑海中进行探索，直到找到绕过隔板获取想要的东西的方法。

通过实践来学习的旧策略存在的另一个问题是，有时过去的奖励并不能预测当前的奖励，因为动物的内部状态已经发生了变化。例如，把一只大鼠放在一个迷宫中，一侧提供过咸的食物，另一侧提供正常食物。让大鼠正常地在迷宫中导航，并尝试咸的食物（它会讨厌并回避）和正常食物（大鼠会喜欢）。假设你再次把大鼠置于那种情况，但有一点不同：你让它严重缺盐。大鼠会怎么做呢？

它会立刻奔向盐。这让人瞠目结舌，因为现在大鼠正跑向迷宫中之前被负面强化过的区域。这之所以可能，是因为大鼠“模拟”了每条路径，并通过替代性试错意识到过咸的食物现在具备的吸引力。换句话说，在大鼠采取行动之前，通往盐的这条路径就已经通过替代性试错得到了强化。我没听说过有任何研究表明鱼类或爬行动物能够完成这样的任务。

新能力二：反事实学习

人类总是花费大量痛苦的时间在悔恨中挣扎。在普通的日常对话中，你可能会听到这样的问题：“如果当初我答应了拉米雷斯，放弃一切，搬到智利去他的农场工作，我的生活会是什么样子呢？”“如果我追随自己的梦想，去打棒球而不是做这份文职工作，又会怎样？”“为什么我今天在工作中说了那么愚蠢的话？如果我说得更巧妙些，结果又会是怎样呢？”

佛教徒和心理学家都意识到，对过去可能发生的事情反复思考是人类痛苦的根源。我们无法改变过去，那么为什么要让自己受折磨呢？这种行为的进化根源可以追溯到早期的哺乳动物。在远古世界以及随后的大部分世界中，这种反复思考是有用的，因为相同的情境经常会再次出现，这样生物体就可以做出更好的选择。

我们在早期脊椎动物身上看到的强化学习方式有一个缺陷：它只能强化实际采取的具体行动。这种策略的问题是，实际走过的路径只是所有可能路径中的一个小子集。动物第一次尝试就选中最佳路径的可能性有多大呢？

如果一条鱼游进一群无脊椎动物中捕食，只捕到了一只，而附近另一条鱼选择了不同的路径，却捕到了四只，那么第一条鱼不会从这次失误中学习，它只会强化这条带来较少奖励的路径。鱼类所缺少的是从反事实中学习的能力。反事实指的是如果你在过去做出了不同的选择，现在世界会是什么样子。

戴维·雷迪什发现大鼠能够想象不同的未来后，还想看看大鼠是否也能想象不同的过去选择。雷迪什和他的一个学生亚当·斯坦纳把大鼠放在一个被他们称为“美食街”的圆形迷宫中。大鼠沿逆时针方向跑动，不停地经过相同的 4 条走廊。每条走廊的尽头都有一家“餐厅”，里面放着不同口味的食物（图 12.1）。当大鼠经过每条走廊时，研究员会随机发出一个音调，表明如果大鼠在这个走廊等待而不是继续跑到下一个走廊，食物将在多久之后被提供。音调 A 意味着如果大鼠在当前走廊等待，它将在 45 秒内得到食物；音调 B 意味着它将在 5 秒内得到食物。如果大鼠选择不等待，那么当它到达下一个走廊时，就不能再回去了。除非它再绕一圈，否则食物是不会被提供的。这给大鼠提供了一系列连续的、不可逆转的选择。大鼠有 1 小时的时间，不断地尝试获取尽可能多的它们最喜欢的食物。

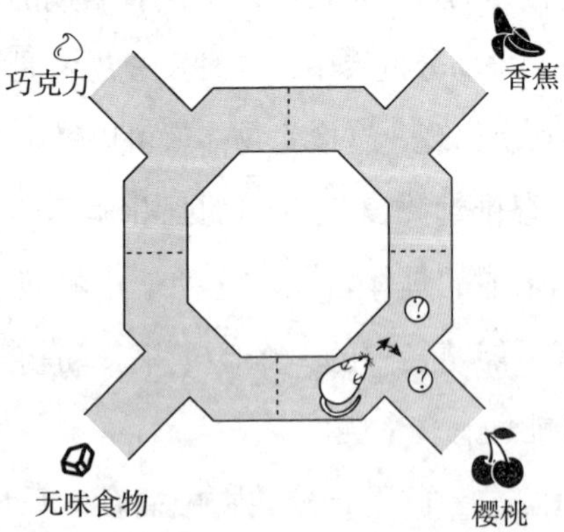

图 12.1　雷迪什美食街的大鼠后悔测试

考虑一下大鼠在特定走廊面临的选择：我是在这里等待 5 秒后就会出现的香蕉，还是跑到下一道门，那里有我喜欢的食物樱桃，并赌一把它也会很快出现？当大鼠选择放弃快速获取香蕉而选择樱桃门，而下一个信号表明需要等待 45 秒时，大鼠表现出了后悔选择的所有迹象。它们停顿下来，回头看向它们经过的走廊，它们已经回不去了。新皮质味觉区的神经元重新激活了香蕉的表象，这表明大鼠实际上正在想象一个它们做出了不同选择并吃到香蕉的世界。

那些回头并重新激活大脑里被放弃选择的表象的大鼠，最终也改变了它们未来的选择。它们下一次等待的时间更长，吃其他食物也更匆忙，试图重新绕过迷宫回到樱桃那里再试一次。

灵长类动物也能进行反事实推理。在一项实验中，猴子学会了玩石头剪刀布的游戏。每当猴子输掉游戏时，它的下一步总是偏向于能在上一局中获胜的动作。如果猴子因为出了“布”而输掉游戏，而对手出了“剪刀”，那么它下一次最有可能出“石头”（这可以赢过“剪刀”）。这种现象无法用早期脊椎动物的时序差分学习来解释。根据这里提出的进化框架，如果鱼能够玩石头剪刀布的游戏，它就不会表现出这种反应。鱼在出“布”输给“剪刀”后，它下次出“布”的可能性会降低（因为这个动作导致了失败），但是鱼下次出“石头”或“剪刀”的可能性是相等的（这两个动作都没有受到惩罚或强化）。相比之下，因为猴子在输掉游戏后能够重新思考出“布”的可能结果，它会意识到如果它出了“石头”就会赢。因此，猴子会基于反事实学习来改变它们的行动。

对因果关系的感知可能与反事实学习的概念紧密相连。当我们说“X 导致了 Y”时，我们指的是在反事实的情况下，如果 X

没有发生，那么 Y 也没有发生。这就是我们区分相关性和因果关系的方式。如果你看到闪电击中干燥的森林，并立即起火，你会说是闪电导致了火灾，而不是火灾导致了闪电。你这么说是因为当你想象反事实的情况，即闪电没有击中森林，火灾就不会发生。如果没有反事实的概念，就无法区分因果关系和相关性，你就永远无法知道是什么导致了什么。你只能知道“X 总是在 Y 之前发生”，或“每当 X 发生时，Y 就会发生”，抑或“没有 X 发生，Y 就从未发生过”，等等。

反事实学习在早期动物大脑解决贡献度分配问题方面取得了重大进展。提醒一下，贡献度分配问题是指：当发生了一些你希望能够提前预测的重要事件时，你如何选择之前的行为或事件来分配它们对预测该事件的贡献度？简单来说就是，发生了一连串事情（鸟儿鸣叫、一阵风吹过、树叶摇动、闪电击中），然后发生了火灾——你会把哪件事作为预测火灾的最相关指标？在早期两侧对称动物中，像阻断、潜伏抑制和掩盖这样的简单技巧驱动了简单的预测和关联的逻辑。在早期脊椎动物中，时序差分学习的进化使基底神经节能够利用未来预测奖励的变化来分配贡献度，当评判者认为情况刚刚变得更好或更糟时，就会为线索或行动分配贡献度。但在早期哺乳动物中，由于它们能够模拟不同的过去，所以也可以利用反事实来分配贡献度（见表 12.1）。通过问“如果我没有做出这个举动，我会不会输掉比赛？”这样的问题，哺乳动物可以确定一个举动是否真的为赢得比赛做出了贡献。

因果关系本身可能更多地存在于心理学而非物理学中。没有实验能够证明因果关系的存在，它完全是无法测量的。我们进行的控制变量的实验可能暗示因果关系，但它们永远无法被证明，因为事实上，你无法进行完全控制变量的实验。即使因果关系是真实的，它也总是无法通过经验验证。事实上，量子力学领域的现代实验表明，因果关系可能根本不存在，至少不是无处不在。物理定律可能包含关于现实特征如何从一个时间间隔进展到下一个时间间隔的规则，而事物之间并没有真正的因果关系。最终，无论因果关系是否真实，我们对因果关系的直觉感知的进化并非源于其真实性，而是源于其有用性。因果关系是由我们的大脑构建的，使我们能够从过去的不同选择中间接学习。

表 12.1　贡献度分配的进化

早期两侧对称动物的贡献度分配	早期脊椎动物的贡献度分配	早期哺乳动物的贡献度分配
根据阻断、潜在抑制和掩盖等基本规则来分配贡献度	根据评判者预测未来奖励变化的时间来分配贡献度	根据反事实推理来分配贡献度，即如果之前的事件或行动没有发生，是否将会阻止后续事件的发生（即导致事件发生的真正原因是什么？）

尽管在许多哺乳动物甚至是大鼠身上，都可以看到这种反事实学习和因果推理，但没有令人信服的证据表明鱼类或爬行动物能够从反事实中学习或进行因果推理（然而，有证据表明鸟类具有这种推理能力）。这表明，至少在我们的谱系中，我们的哺乳动物祖先最初表现出了这种能力。

新能力三：情景记忆

1953 年 9 月，一位名叫亨利 · 莫莱森（Henry Molaison）的 27 岁男子接受了一项实验性手术，手术切除了他的整个海马体，这是导致他重度癫痫发作的根源。从某种程度上说，手术是成功的：他的癫痫发作程度明显减轻，并且他的人格和智力得以保留。但他的医生很快发现，手术剥夺了患者一种宝贵的能力：醒来后，莫莱森完全无法形成新的记忆。他可以进行一两分钟的对话，但不久之后就会忘记刚刚发生的一切。甚至在 40 年后，他仍然可以用 1953 年之前的事实做填字游戏，但对之后发生的事实一无所知。莫莱森的记忆永远停留在了 1953 年。

我们回顾过去，不仅是为了考虑替代性的过去选择，也是为了记住过去的生活事件。人们可以轻松地回忆起 5 分钟前做了什么、大学时的主修专业或是婚礼致辞中的那个笑话。这种回想我们生活中具体片段的记忆形式被称为“情景记忆”（episodic memory）。这与程序性记忆（procedural memory）不同，程序性记忆是指我们记得如何做出各种动作，比如说话、打字或扔棒球。

但奇怪的是，我们并没有真正记住情景事件。情景记忆的过程其实是模拟一种类似往日重现的过程。在想象未来事件时，你正在模拟未来的现实；在回忆过去事件时，你正在模拟过去的现实。两者都是模拟。

我们之所以这样认为，是基于两个证据。第一个证据是，回忆过去事件和想象未来事件使用的是相似甚至相同的神经环路。无论是想象未来还是回忆过去，相同的网络都会被激活。回忆特定事物（如面孔、房子）时，感觉新皮质中的神经元会被重新激活，就像你实际感知这些事物时一样（正如我们在想象事物时所看到的那样）。

第二个证明情景记忆只是模拟的证据来自与这种记忆相关的现象。例如，事实证明，人们的情景记忆在回忆过程中会被“填充”（就像视觉形状的填充一样）。这就是为什么情景记忆感觉如此真实，但准确度却不尽如人意。情景记忆缺陷的最明显表现是在目击者证词中。有人看着一排可能的罪犯，通常会 100% 确定是某个人犯了罪。然而，与我们对自己记忆准确性的感知相反，事实证明目击者证词非常不可靠：被“昭雪计划”证明无罪的错误被定罪者中，有 77% 的错误被定罪者最初是因为目击者错误的证词而被定罪的。在新皮质中，虚构的想象场景和实际的情景记忆之间的区别很微妙。研究表明，反复想象一个未发生的事件会错误地增加一个人对该事件确实发生过的信心。

人们可以通过向动物提出关于最近事件的意外问题，来测试它们是否具有情景记忆。例如，大鼠可能学习到，当它面对某个迷宫时，只有在之前几分钟内遇到过食物的情况下，它才会在一条路上找到食物；否则，它应该走另一条路去获取食物。由于这个问题是随机提出的（通过随机向大鼠展示这个迷宫），迷宫的设计也使得每个方向被呈现的概率是相同的，因此很难看出第一批脊椎动物时序差分学习机制是如何掌握这种偶然性的。然而，当被放在这个迷宫里时，大鼠很容易学会回忆它们最近是否遇到过食物，然后选择正确的路径来获取更多食物。已经证明具有这种情景记忆的非哺乳动物只有鸟类和头足类动物，这两类物种似乎独立进化出了自己的大脑结构来进行模拟。

莫莱森手术后成为历史上被研究最多的神经学患者——为什么海马体对于创建新的情景记忆是必不可少的，但对于检索旧的记忆却不是必需的？这就是进化将旧结构重新用于新用途的一个例子。在哺乳动物的大脑中，情景记忆是由较老的海马体和较新的新皮质共同产生的。海马体可以快速学习模式，但不能模拟世界；新皮质可以模拟世界的细节，但不能快速学习新模式。情景记忆必须迅速存储，因此，专门用于快速识别地点模式的海马体被重新用于帮助快速编码情景记忆。通过重新激活海马体中对应的模式，可以“检索”感觉新皮质的分布式神经激活（即模拟）。就像大鼠重新激活海马体中的位置细胞来模拟走不同的路径一样，大鼠也可以在海马体中重新激活这些“记忆代码”，以重新呈现最近事件的模拟。

这种动态为灾难性遗忘问题（神经网络在学习新模式时会忘记旧模式）提供了新的解决方案。通过检索和回放最近的记忆与旧的记忆，海马体帮助新皮质在不影响旧记忆的情况下融入新记忆。在人工智能领域，这个过程被称为“生成回放”或“经验回放”，已被证明是解决灾难性遗忘问题的有效方法。这就是为什么海马体对于创建新记忆是必不可少的，但对于检索旧记忆却不是必需的。在足够的回放之后，新皮质可以自行检索记忆。

• • •

所有这些对未来和过去的模拟在机器学习中有一个更大的类比。我们在第二次突破中看到的强化学习类型——时序差分学习——是一种无模型强化学习形式。在这种强化学习中，人工智能系统通过直接建立刺激、行为和奖励之间的关联来学习。这些系统被称为“无模型”，因为它们不需要在做出决策之前先模拟出可能的未来行动。虽然这使得时序差分学习系统高效，但也使它们缺乏灵活性。

另一类强化学习被称为“基于模型的强化学习”。这类系统必须学习更复杂的东西：一个关于它们的行动如何影响世界的模型（见表 12.2）。一旦构建了这样的模型，这些系统就会在做出选择之前模拟出可能的一系列行动。这些系统更加灵活，但在决策时却肩负着构建和探索内部世界模型的艰巨任务。

表 12.2　两类强化学习

无模型强化学习	基于模型的强化学习
学习当前状态与最佳行动之间的直接关联	学习一个模型，了解行动如何影响世界，并利用这个模型在选择前模拟不同的行动
决策更快但灵活性较差	决策较慢但灵活性更强
出现在早期脊椎动物中	出现在早期哺乳动物中
不需要新皮质	需要新皮质
例子：习惯性地上班，只是对每个出现的提示（交通灯、地标）做出反应	例子：思考不同的上班路线，并在脑海中挑选出之前让你最快到达的那条路线

现代技术中采用的大多数强化学习模型都是无模型的。那些掌握了多种雅达利游戏玩法的著名算法以及许多自动驾驶汽车所采用的算法，都是无模型的。这些系统不会停下来考虑它们的选择，而是立即对它们接收到的感觉数据做出反应。

基于模型的强化学习之所以被证明难以实施，主要有两个原因。

第一个原因是，构建世界模型是困难的——世界是复杂的，而我们获取的有关世界的信息是嘈杂且不完整的。这就是杨立昆所说的缺失的世界模型，新皮质以某种方式呈现了它。没有世界模型，我们就无法模拟行动并预测其后果。

基于模型的强化学习难以实施的第二个原因是难以选择模拟的内容。在马文·明斯基的一篇论文中，他除了将时序贡献度分配问题视为人工智能的障碍，还指出了他所谓的“搜索问题”：在大多数现实世界中，不可能搜索所有可能的选择。以国际象棋为例，构建一个国际象棋游戏的世界模型相对简单（规则是确定的，你知道所有的棋子、它们的移动方式以及棋盘上的所有方格）。但在国际象棋中，你无法搜索所有可能的未来走法，国际象棋中分支棋路的数量比宇宙中的原子数还多。因此，问题不仅在于构建外部世界的内部模型，还在于如何探索这个模型。

然而，早期哺乳动物的大脑显然以某种方式解决了搜索问题。让我们看看它是如何做到的。

13

基于模型的强化学习

在 TD-Gammon 取得成功之后，人们尝试将萨顿的时序差分学习应用于像国际象棋这样更复杂的棋盘游戏。然而，其结果令人失望。

虽然像时序差分学习这样的无模型方法在双陆棋和某些电子游戏中可能表现不错，但它们在处理像国际象棋这样更复杂的游戏时表现并不理想。问题在于，在复杂的情况下，不包含任何规划或演练未来可能情况的无模型学习方法，并不擅长找到那些目前看起来不怎么精妙但能为未来奠定良好基础的棋步。

2017 年，谷歌的 DeepMind 发布了一个名为 AlphaZero 的人工智能系统，它不仅超越了人类的国际象棋表现，还在围棋比赛中击败了世界围棋冠军李世石。围棋是一种古老的中国棋盘游戏，其复杂性甚至超过了国际象棋——围棋中可能的棋盘布局数量是国际象棋的数万亿倍。

AlphaZero 是如何在围棋和国际象棋中超越人类表现的呢？AlphaZero 是如何在时序差分学习无法胜任的领域取得成功的

呢？关键的区别在于，AlphaZero 模拟了未来的可能性。与 TD-Gammon 类似，AlphaZero 是一个强化学习系统——它的策略不是通过专业人士经验规则编程设定的，而是通过试错学习得到的。但与 TD-Gammon 不同的是，AlphaZero 是一个基于模型的强化学习算法——在决定下一步行动之前，它会搜索可能的未来走法。

图 13.1　围棋

在对手走棋之后，AlphaZero 会暂停一下，选择若干走法进行考虑，然后模拟出数千种基于这些选定走法的整局游戏可能发生的情况。运行完一系列模拟后，AlphaZero 可能会发现：当它走 A 步时，它在 40 局想象中的游戏中赢了 35 局；当它走 B 步时，它在 40 局想象中的游戏中赢了 39 局。以此类推，对于许多其他可能的后续棋步也是如此。然后，AlphaZero 会选择在想象中获胜比例最高的走法。

当然，这样做会遇到搜索问题，即使使用谷歌的超级计算机，也需要超过 100 万年才能模拟出围棋中从任意棋盘位置出发的每一种可能的未来棋步。然而，AlphaZero 却能在半秒钟内完成这些模拟。这是怎么做到的呢？因为它并没有模拟万亿种可能的未来走法，而只模拟了1000种。换句话说，它进行了优先级排序。

在决定如何优先搜索大型可能性树中的哪个分支时，有许多算法可以使用。谷歌地图在搜索从A点到B点的最佳路线时就使用了这样的算法。但是，AlphaZero使用的搜索策略是不同的，并为理解真实大脑的工作原理提供了独特的见解。

我们已经讨论过，在时序差分学习中，一个行动者会根据其对棋局的猜测来学习预测下一步的最佳走法，而无须任何规划。AlphaZero只是在这个架构上进行了扩展。它并没有只选择行动者认为最佳的下一步走法，而是选择了多个行动者认为优秀的走法。AlphaZero并没有简单地假设行动者的判断是正确的（因为行动者的判断并不总是准确的），而是使用搜索来验证行动者的猜测。AlphaZero实际上是在对行动者说："好的，如果你认为走A步是最佳走法，那么让我们看看如果我们真的走了A步，游戏会如何发展。"然后，AlphaZero还会探索行动者的其他猜测，考虑行动者提出的次佳和再次佳走法。（这时它会对行动者说："好的，但如果你不走A步，你的次优选会是什么？也许走B步的结果会比你想象的还要好！"）

这种方法的优雅之处在于，从某种程度上来说，AlphaZero只是对萨顿的时序差分学习进行了巧妙的扩展，而不是重新创造一个方法。它使用搜索不是为了逻辑上考虑所有未来的可能性（这在大多数情况下是不可能的），而是简单地验证和扩展一个行动者－评判者系统已经产生的猜测。我们会发现，这种方法在原则上可能与哺乳动物解决搜索问题的方式有相似之处。

虽然围棋是最复杂的棋盘游戏之一，但它仍然远不及在真实世界中模拟未来情形的任务复杂。首先，围棋中的动作是离散的（从给定的棋盘位置出发，通常大约只有 200 种可能的下一步走法），而在真实世界中，动作是连续的（有无数种可能的身体动作和导航路径）。其次，围棋中关于世界的信息是确定且完整的，真实世界中的信息则是嘈杂且不完整的。最后，围棋中的奖励很简单（你要么赢要么输），但在真实世界中，动物有着随时间变化且相互竞争的需求。因此，尽管 AlphaZero 是一个巨大的进步，但人工智能系统仍远未能在具有连续动作空间、世界信息不完整以及奖励复杂的环境中执行规划。

然而，哺乳动物大脑在规划方面相对于现代人工智能系统（如 AlphaZero）的最关键优势，并不是它们能够在具有连续动作空间、世界信息不完整或奖励复杂的环境中进行规划的能力，而是哺乳动物大脑能够根据不同情况灵活改变其规划方法的能力。AlphaZero 只适用于棋盘游戏，因为它每一步都采用了相同的搜索策略。然而，在真实世界中，不同的情况需要不同的策略。哺乳动物大脑中模拟的巧妙之处不太可能是一种特殊的、尚未被发现的搜索算法，而更可能是哺乳动物大脑在运用不同策略时所展现出的灵活性。有时我们会停下来模拟我们的选择，但有时我们根本不会模拟任何事情，只是本能地行动（大脑以某种方式聪明地决定何时采取哪种行动）。有时我们会停下来考虑可能的未来，但有时我们会停下来模拟一些过去的事件或替代性的过去选择（大脑以某种方式选择何时进行每种模拟）。有时我们在计划中想象丰富的细节，逐个完成每个详细的子任务，有时我们只呈现计划的一般想法（大脑以某种方式聪明地选择模拟的正确粒度）。那么，我们的大脑是如何做到这一点的呢？

前额叶皮质与内部模拟的控制

20 世纪 80 年代，神经科学家安东尼奥·达马西奥（Antonio Damasio）探访了一位名叫“L”的病人，这位病人曾中过风。她躺在床上，睁着眼睛，面无表情。她一动不动，也不说话，但不是因为瘫痪了。有时，她会以极好的运动协调能力掀起毯子盖住自己；有时，她会看向移动中的物体，也能够清楚地听出有人叫她的名字。但她什么也不做，什么也不说。人们看着她的眼睛时，都说她“似乎在那里，又似乎不在那里”。

中风患者如果视觉新皮质、体感新皮质或听觉新皮质受损，会出现感知障碍（如失明或失聪）。但 L 并没有这些症状，她的中风发生在前额叶新皮质的特定区域。L 患上了无动性缄默症（akinetic mutism），这是一种由前额叶皮质某些区域受损引起的悲惨而奇异的状况。患者能够正常移动物体和理解事物，但他们既不运动，也不说话，对任何事情都漠不关心。

6 个月后，和许多中风患者一样，L 开始康复，因为她新皮质的其他区域重新映射以补偿受损区域。随着 L 慢慢开始再次说话，达马西奥询问她过去 6 个月的经历。虽然 L 几乎什么都不记得，但她确实想起了自己开始说话前的那几天。她说，自己没有说话是因为她无话可说。她声称自己的大脑完全“空白”，没有什么是“重要”的。她声称自己完全能够跟上周围的对话，但她“没有‘意志’去回复”。似乎 L 失去了所有的“意图”（intention）。

所有哺乳动物的新皮质都可以分为两个部分。后半部分是感觉新皮质，包含视觉、听觉和体感区域。我们在第 11 章中讨论的新皮质的所有内容都与感觉新皮质有关——它负责呈现外部世界的模拟，要么使模拟与输入的感觉数据匹配（通过推断进行感知），要么模拟替代现实（想象）。然而，感觉新皮质仅仅揭示了新皮质工作原理的一半。第一批哺乳动物的新皮质，就像现代大鼠和人类的新皮质一样，还有另一个组成部分，位于前半部分：额叶新皮质。

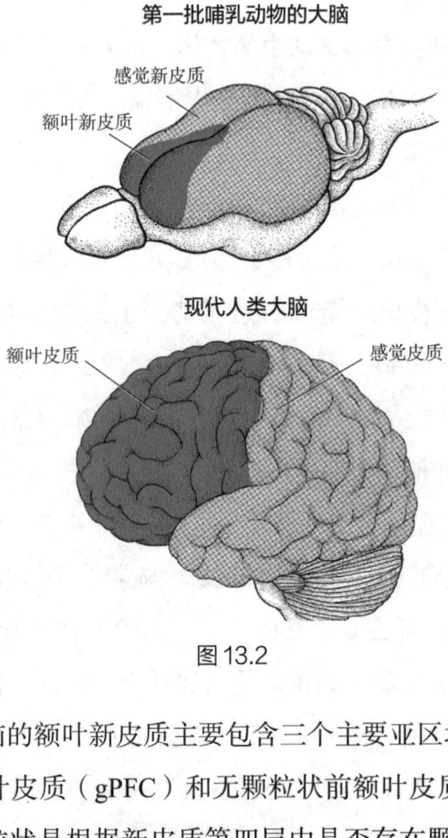

图 13.2

人类大脑的额叶新皮质主要包含三个主要亚区域：运动皮质、颗粒状前额叶皮质（gPFC）和无颗粒状前额叶皮质（aPFC）。颗粒状和无颗粒状是根据新皮质第四层中是否存在颗粒细胞来区分前额叶皮质的不同部分的。在颗粒状前额叶皮质中，新皮质包含正常的六层神经元。然而，在无颗粒状前额叶皮质中，新皮质的第四层（即颗粒细胞所在的位置）却奇怪地缺失了。[①]因此，前额叶皮质中缺失第四层的部分被称为“无颗粒状前额叶皮质”，而包含第四层的部分则被称为“颗粒状前额叶皮质”。目前，我们仍不清楚为什么前额叶皮质的某些区域会完全缺失一层新皮质，但我们将在接下来的章节中探讨一些可能性。

颗粒状前额叶皮质在早期灵长类动物中进化得比较晚，我们将在第四次突破中详细了解它。运动皮质是在第一批哺乳动物之后、第一批灵长类动物之前进化的（我们将在下一章学习有关运动皮质的知识）。然而，无颗粒状前额叶皮质是额区中最古老的部分，并在第一批哺乳动物中进化出来。达马西奥的病人 L 受损的正是无颗粒状前额叶皮质。无颗粒状前额叶皮质如此古老且对新皮质的正常功能至关重要，以至于当其受损时，L 失去了作为人类（或者更具体地说，作为哺乳动物）的核心特质。

在第一批哺乳动物中，整个额叶皮质都只是无颗粒状前额叶皮质。所有现代哺乳动物都继承了第一批哺乳动物的无颗粒状前额叶皮质。为了理解 L 的无动性缄默症，以及哺乳动物如何决定何时模拟、模拟什么，我们必须首先回拨进化时钟，探索无颗粒状前额叶皮质在第一批哺乳动物大脑中的功能。

在早期哺乳动物中，感觉新皮质似乎是呈现模拟的地方，而额叶新皮质则是控制模拟的地方——它决定了何时模拟以及模拟什么。一只额叶新皮质受损的大鼠会失去触发模拟的能力，不再参与替代性试错、唤起情景记忆或反事实学习。这会在很多方面损害大鼠的能力。它们在解决需要预先规划的空间导航挑战时表

---

① 请注意，运动皮质也缺少第四层，但它不被认为是前额叶皮质。

现得更差。比如被置于迷宫中全新的起点位置时，大鼠会做出更懒惰的选择，经常选择更简单的路径，即使这些路径提供的奖励要少得多，似乎大鼠无法停下来模拟每个选项并意识到努力是值得的。而且，由于没有情景记忆，它们无法回忆起过去的危险线索，所以更有可能重复过去的错误。

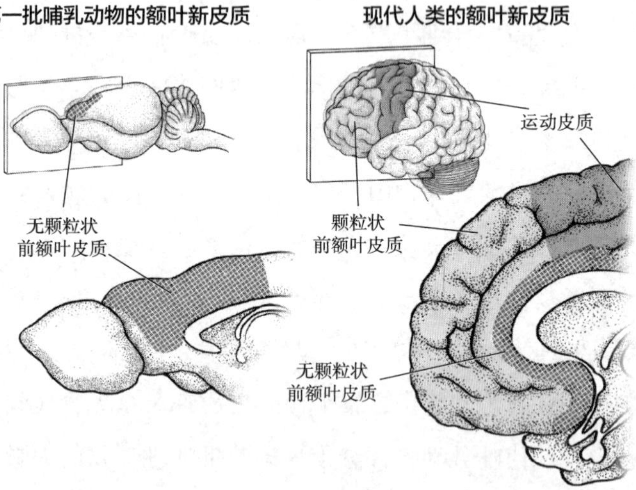

图 13.3 第一批哺乳动物和现代人类的额区

即使那些只有部分额叶损伤、仍保留一些触发这些模拟能力的大鼠，在监控这些模拟的“计划”推演进展时也会遇到困难。无颗粒状前额叶皮质受损的大鼠在持续进行的计划中难以记住自己的位置，会做出不符合顺序的动作，并且不必要地重复已完成的动作。无颗粒状前额叶皮质受损的大鼠也会变得冲动，比如它们会在需要等待和耐心以获取食物的任务中过早地做出反应。

尽管额叶皮质和感觉皮质似乎具有不同的功能（额叶新皮质触发模拟，感觉新皮质呈现模拟），但它们都是新皮质的不同区域，因此应该执行相同的基本计算。这提出了一个难题：作为新皮质的另一个区域，额叶新皮质是如何实现与感觉新皮质如此不同的功能的呢？为什么一个无颗粒状前额叶皮质受损的现代人会失去“意图”？无颗粒状前额叶皮质是如何在感觉新皮质中触发模拟的？它是如何决定何时模拟某物的？它又是如何决定模拟什么的？

预测自己

在某一感觉皮质柱中，主要输入来自外部传感器，如眼睛、耳朵和皮肤。然而，无颗粒状前额叶皮质的主要输入来自海马体、下丘脑和杏仁核。这表明，无颗粒状前额叶皮质处理地点序列、效价激活和内部情感状态的方式与感觉新皮质处理感觉信息序列的方式相同。因此，也许无颗粒状前额叶皮质试图以与感觉新皮质解释和预测外部感觉信息流相同的方式，来解释和预测动物自身的行为？

或许无颗粒状前额叶皮质一直在观察由基底神经节驱动的大鼠的选择，并思考：“为什么基底神经节会选择这个？”例如，某只大鼠的无颗粒状前额叶皮质可能会因此学习到，当这只大鼠醒来并出现特定的下丘脑激活时，它总是会跑到河边喝水。随后，无颗粒状前额叶皮质可能会了解到这种行为的目的是“获取水分”。然后，在类似的情况下，无颗粒状前额叶皮质可以在基底神经节触发任何行为之前预测动物会做什么——它可以预测，当动物口渴时，它会跑向附近的水源。换句话说，无颗粒状前额叶皮质学会了模拟动物本身，推断它观察到的行为意图，并利用这种意图来预测动物接下来会做什么。

尽管“意图”听起来可能有些哲学性的模糊，但从概念上讲，它与感觉皮质如何构建对于感觉信息的解释并无不同。当你看到一个似乎表示三角形的视觉错觉（即使实际上并没有三角形）时，你的感觉新皮质会构建一个关于它的解释，这就是你所感知到的——一个三角形。这个解释（三角形）并不是真实的，而是被构建出来的。它是感觉新皮质用来进行预测的一种计算技巧（见表 13.1）。对三角形的解释使你的感觉皮质能够预测，如果你伸出手去抓取它，或打开灯，抑或尝试从另一个角度去看它，会发生什么。

表 13.1　第一批哺乳动物的额叶新皮质与感觉新皮质

额叶新皮质	感觉新皮质
自我模型	世界模型
从海马体、杏仁核和下丘脑获取输入	从感觉器官获取输入
“我这样做是因为我想喝水”	“我看到这个是因为那里有一个三角形”
试图预测动物接下来会做什么	尝试预测外部对象接下来将做什么

通过记录大脑神经活动，研究人员证实了无颗粒状前额叶皮质创建动物目标模型的观点。如果你查看大鼠无颗粒状前额叶皮质的记录，你可以看到编码大鼠正在执行任务的活动模式——在复杂的任务序列中，特定的神经元群体会在特定的位置选择性地输出电信号，可靠地追踪向想象目标推进的情况。

额叶皮质中这种自我模型的进化意义是什么？为什么要通过构建“意图”来“解释”自己的行为？事实证明，这可能是哺乳动物选择何时模拟事物以及选择模拟内容的方式。解释自己的行为可能有助于解决搜索问题。让我们来看看这是如何实现的。

哺乳动物如何做出选择

我们可以以一只大鼠在迷宫中导航并在遇到分岔时选择走哪个方向为例。向左走会得到水，向右走会得到食物。这种情境下会发生替代性试错，这个过程分为三步。

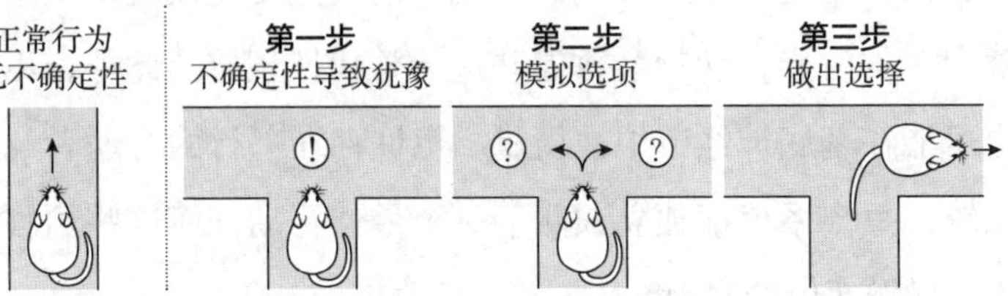

图 13.4　关于哺乳动物如何做出审慎选择的推测

步骤一：触发模拟

无颗粒状前额叶皮质柱可能始终处于以下三种状态之一。（1）静息状态：此时，它并没有从观察到的行为中识别出任何特定的意图（就像视觉皮质柱没有识别出图像中任何有意义的内容一样）；（2）多个或所有额叶皮质柱都识别出了某个意图，并预测出相同的下一步行为（“哦！我们显然要往左转了”）；（3）许多额叶皮质柱识别出了某个意图，但预测出不同且不一致的行为（一些皮质柱预测“我将左转找水喝”，而其他皮质柱则预测“我将右转找食物”）。可能正是在这最后一种状态下，即无颗粒状前额叶皮质柱的预测无法达成一致时，无颗粒状前额叶皮质才最为有用。事实上，当正在执行的任务中出现错误或意外情况时，哺乳动物的无颗粒状前额叶皮质会变得最为活跃。

预测的分歧程度是衡量不确定性的一个指标。在原则上，许多最先进的机器学习模型就是通过这种方式来衡量不确定性的：

让一组不同的模型进行预测，这些预测的分歧越大，报告的不确定性就越高。

可能正是这种不确定性触发了模拟过程。无颗粒状前额叶皮质可以直接连接到基底神经节的特定部分，触发全局暂停信号，并且无颗粒状前额叶皮质的激活与不确定性水平相关已得到证实。正如我们在上一章中所看到的，在事情发生变化或变得困难（即不确定）的时候，动物会暂停并进行替代性试错。此外，不确定性也可能在基底神经节中被衡量。也许存在平行的行动者 - 评判者系统，每个系统都独立预测下一个最佳行动，而这些预测的分歧正是触发暂停的原因。

无论如何，这都为哺乳动物大脑如何应对“决定何时进行模拟”这一挑战提供了一种推测。如果事件按照预期发展，那么就没有理由浪费时间和精力去模拟各种选择，直接让基底神经节驱动决策（无模型学习）会更为轻松。然而，当不确定性出现时（出现了新事物，某些意外情况发生，成本与收益接近），就会触发模拟。

步骤二：模拟选项

这只大鼠停了下来并决定通过模拟来解决其不确定性，接下来会发生什么呢？这让我们又回到了搜索问题。迷宫中的大鼠可以做数十亿件事情中的任何一件，那么它如何决定模拟什么呢？

我们之前看到了 AlphaZero 如何解决这个问题：模拟它预测的最佳走法。这个思路与我们对新皮质柱和基底神经节的了解非常吻合。无颗粒状前额叶皮质并不是静静地待在那里梳理每一个可能的动作，而是专门探索它已经预测动物会采取的路径。换句话说，无颗粒状前额叶皮质搜索的是不同的无颗粒状前额叶皮质柱已经预测出的具体选项。一组皮质柱预测一直向左走到水边，另一组皮质柱预测向右走，因此只需要运行两种不同的模拟。

当这个动物停止运动后，不同的无颗粒状前额叶皮质柱会轮流模拟它们各自预测的动物行为。一组皮质柱模拟向左走并沿着这条路一直走到水边的情景，另一组皮质柱则模拟向右走并沿着另一条路获取食物的过程。

无颗粒状前额叶皮质与感觉新皮质之间的连接关系正在逐渐被揭示：无颗粒状前额叶皮质广泛投射到感觉皮质的各个区域，并已被证明能显著调节感觉新皮质的活动。特别是当大鼠进行这种间接的试错行为时，无颗粒状前额叶皮质和感觉皮质的活动会变得非常同步。一种推测是，无颗粒状前额叶皮质正在触发感觉新皮质对世界的特定模拟。无颗粒状前额叶皮质首先问道："如果我们向左走，会发生什么？"然后，感觉新皮质模拟向左转弯的情况，并将模拟结果传回给无颗粒状前额叶皮质。接着，无颗粒状前额叶皮质会问："好的，如果我们继续向前走，又会发生什么呢？"感觉新皮质再次进行模拟，如此循环往复，直到达到无颗粒状前额叶皮质中模拟的目标。

另一种可能是，在这些模拟过程中，是基底神经节决定采取的行动。这将更接近 AlphaZero 的工作方式——它根据无模型行动者预测的最佳动作来选择模拟动作。在这种情况下，无颗粒状前额叶皮质选择基底神经节的不同行动预测中的一个进行模拟，但基底神经节将继续决定它想在感觉新皮质呈现的想象世界中采取哪些行动。

步骤三：做出选择

新皮质会模拟一系列动作，但究竟是什么决定大鼠最终会向哪个方向行动？大鼠是如何做出选择的呢？以下是一种推测：基底神经节已经拥有了一套做选择的系统。即使是古老的脊椎动物，在面临相互冲突的刺激时，也不得不做出选择。基底神经节会为竞争性的选择累积投票，不同的神经元群体分别代表各个相互竞争的动作，它们会逐渐增加兴奋度，直到达到选择阈值，此时就会选择一个动作。

因此，随着替代性试错过程的展开，这些替代性行为回放的结果在基底神经节中为每个选择累积投票——就像试错是真实发生的而非替代性的。如果基底神经节通过想象喝水比通过想象吃东西更加兴奋（通过多巴胺的释放量来衡量），那么这些支持喝水的投票将很快超过选择阈值。这时，基底神经节将接管行为，大鼠就会去喝水。

所有这些产生的效应是，无颗粒状前额叶皮质通过替代性训练使基底神经节得知向左是更好的选择。基底神经节并不知道感觉新皮质是在模拟当前世界还是想象的世界，它只知道当它向左转弯时，得到了强化。因此，当感觉新皮质回到迷宫起点模拟现实世界时，基底神经节会立即尝试重复刚才通过替代性方式得到强化的行为。就这样，这只动物跑到左边去喝水了。

目标和习惯（或哺乳动物的内在双重性）

20 世纪 80 年代初的一天，剑桥大学的心理学家托尼·迪金森（Tony Dickinson）正在进行当时流行的心理学实验：训练动物推动杠杆以获得奖励。迪金森提出了一个看似普通的问题：如果你学会了一个行为，该行为的奖励价值降低了，那么会发生什么？如果你教会了一只大鼠通过推动杠杆从附近的一个装置中取食，这只大鼠便会迅速地在推动杠杆和吞食食物之间来回穿梭。假设有一天，在完全脱离杠杆装置的环境中，你给这只大鼠同样的食物颗粒，但偷偷在其中加入了一种使它感到恶心的化学物质。这将如何改变它的行为？

第一个结果，并不出人意料，大鼠在短暂的恶心感消失后，不再觉得这些颗粒像以前那样可口。当它面前有一堆这样的颗粒时，大鼠会吃得少很多。但更有趣的问题是，当大鼠再次看到杠杆时，会发生什么？如果动物只是简单地遵循桑代克的效果定律，那么它们会像以前一样迅速跑到杠杆旁并推动它——推杆已经被强化了很多次，而且推杆的行为还没有被削弱。但是，如果动物确实能够模拟推杆的后果，并意识到结果是它们不再喜欢的食物颗粒，那么它们就不会那么想推杆了。迪金森发现，经过这个程序后，那些将食物颗粒与恶心感觉关联在一起的大鼠推动杠杆的次数几乎减少了 50%，而那些没有建立这种关联的大鼠则没有减少推杆次数。

这些观察支持了一个观点：新皮质使得即使像大鼠这样简单的哺乳动物也能间接地模拟未来的选择，并根据想象的结果改变它们的行为。但随着迪金森继续这些实验，他注意到了一些奇怪的事情：有些大鼠将食物颗粒与恶心感觉关联起来之后，仍然以同样的甚至更大的力度去推杆。有些大鼠变得（用他的话说）“对贬值不敏感”。他发现，这种差异仅仅源自大鼠推杆以获取奖励的次数。那些只做了 100 次任务的大鼠会做出明智的选择——一旦食物贬值，它们就不再想推杆了。但是那些做了 500 次任务的大鼠，即使食物贬值了，也会跑到杠杆旁疯狂地推动它。在所有这些测试中，食物颗粒未再被提供过，但那些对贬值不敏感的大鼠即使没有奖励，也会一直不停地推杆。

迪金森发现了习惯的力量。大鼠通过 500 次的行为练习，形成了一种自动的运动反应。这种反应由感官提示触发，并且完全脱离了行为的高级目标。大脑基底神经节接管了行为，而大脑无颗粒状前额叶皮质没有停下来考虑这些行为会产生什么样的后果。由于这种行为被重复了太多次，无颗粒状前额叶皮质和基底神经节都没有检测到任何不确定性，因此动物不会停下来考虑后果。

这或许是大家都有过的经历。人们醒来后，会不假思索地看手机。如果有人问他们是否想继续浏览，他们会回答“不”，但他们还是会不停地刷着 Instagram。当然，并非所有习惯都是不好的：走路时你不需要思考，但你却走得稳稳当当；打字时你不需要思考，但你的思绪却能流畅地从大脑传递到指尖；说话时你不需要思考，但你的想法却能神奇地转化成一系列舌头、嘴巴和喉咙的动作。

习惯是由刺激直接触发的自动化动作（它们是无模型的）。它们是由基底神经节直接控制的行为。习惯是哺乳动物大脑节省时间和能量的方式，避免了不必要的模拟和规划。当这种自动化发生在适当的时候，它能使我们轻松地完成复杂的行为；而当它发生在不适当的时候，我们会做出错误的选择。

基于模型的决策方法和无模型决策方法之间的二元性在不同领域以不同形式表现出来。人工智能领域使用的是“基于模型”和“无模型”这两个术语；动物心理学将它们描述为目标导向行为和习惯行为；在行为经济学中，正如丹尼尔·卡尼曼在其著作《思考，快与慢》中所描述的，这种二元性被定义为“系统2”（慢思考）与“系统1”（快思考）。在所有这些情况下，二元性都是一样的。人类以及所有哺乳动物（还包括一些独立进化出模拟能力的其他动物），有时会停下来模拟他们的选择（基于模型、目标驱动、系统2），有时则会自动行动（无模型、习惯、系统1）。两种方式没有优劣之分，每种方式都有其利弊。大脑试图根据不同情况选择不同的方式，但它并不总能做出正确的决定，这就是我们许多非理性行为的根源。

动物心理学中使用的术语颇具启示性——一种行为是目标导向的，而另一种则不是。事实上，目标本身可能直到早期哺乳动物时期才进化出来。

第一个目标的进化

正如对感觉信息的解释不是真实的（即你感知到的并不是你看到的），意图也不是真实的。相反，它是一种计算技巧，用于预测动物接下来会做什么。

这一点很重要，基底神经节没有意图或目标。像基底神经节这样的无模型强化学习系统是没有意图的，它是一个简单地学习重复以前被强化过的行为的系统。这并不是说这种无模型系统是愚蠢的或缺乏动机的，它们可以非常聪明和灵巧，并且能迅速学会产生最大程度增加奖励数量的行为。但是，这些无模型系统并没有“目标”，因为它们不是为了追求特定的结果而设置的。这就是无模型强化学习系统难以解释的原因之一，当我们问“为什么人工智能系统要这样做？”时，我们问的是一个真正没有答案的问题。或者至少，答案总是相同的——因为它认为那是预期奖励最多的选择。

相比之下，无颗粒状前额叶皮质确实有明确的目标——它想去冰箱拿草莓吃，或者想去饮水机接水喝。通过模拟一个以某种最终结果结束的未来，无颗粒状前额叶皮质有一个它试图实现的最终状态（目标）。这就是为什么至少在人们做出由无颗粒状前额叶皮质驱动（目标导向、基于模型、系统 2）选择的情况下，我们可以问一个人做某事的原因。

非常神奇的是，构建感觉皮质中外部对象模型的新皮质微环路可以被重新用于构建目标，并在额叶皮质中修改行为以追求这些目标。伦敦大学学院的卡尔·弗里斯顿是新皮质实现生成模型这一想法的先驱之一，他称之为“主动推理”。感觉皮质进行被动推理（仅仅解释和预测感觉输入），无颗粒状前额叶皮质则进行主动推理（解释自己的行为，然后利用预测来积极改变这种行为）。通过暂停并模拟无颗粒状前额叶皮质预测即将发生的事情，从而间接训练基底神经节，无颗粒状前额叶皮质正在重新利用新皮质的生成模型进行预测，以创造意志。

当你停下来模拟不同的晚餐选项，然后选择吃意大利面，接下来开始一系列漫长的行动前往餐厅时，这是一个“有意志的”选择——你可以回答你为什么上车，你知道你正在追求的最终状态。相比之下，当你只凭习惯行动时，你无法解释为什么你做了你所做的事情。

卡尔·弗里斯顿也解释了一个令人困惑的事实，即额叶皮质的某些部分缺少新皮质柱的第四层。第四层是做什么的呢？在感觉皮质中，第四层是原始感官输入流入新皮质柱的地方。据推测，第四层的作用是推动新皮质柱的其余部分进行模拟，以使其与传入的感官数据（通过推理感知）最匹配。有证据表明，当新皮质柱进行模拟时，第四层的活动会下降，因为主动感官输入被抑制——新皮质就是这样模拟目前未曾经历的事物的（例如，看天空时想象一辆车）。这是一个线索。主动推理表明，无颗粒状前额叶皮质构建意图，然后尝试预测与该意图一致的行为。换句话说，它试图让意图成真。如果动物做出了与无颗粒状前额叶皮质构建的意图不一致的行为，无颗粒状前额叶皮质不会想调整其意图模型来匹配行为，而是想调整行为：如果你感到口渴，而你的基底神经节做出了“走向没有水的方向”的决定，无颗粒状前额叶皮质不想调整你口渴的意图模型，而是会暂停基底神经节的错误决策，并说服它转身走向水。因此，无颗粒状前额叶皮质几乎不会花费任何时间尝试将其推断出的意图与观察到的行为相匹配，因此它不需要一个大的（甚至是任何形态的）第四层。

当然，无颗粒状前额叶皮质在进化上并没有被编程为理解动物的目标，而是通过首先模拟原本由基底神经节控制的行为来学习这些目标。无颗粒状前额叶皮质通过观察最初完全没有目标的行为来构建目标。只有当这些目标被学会后，无颗粒状前额叶皮质才开始对行为施加控制。基底神经节最初是无颗粒状前额叶皮质的老师，但随着哺乳动物的发育，它们的角色发生了反转，无颗粒状前额叶皮质会变成基底神经节的老师。事实上，在大脑的发育过程中，前额叶皮质的无颗粒部分最初具有第四层，然后其在发育过程中慢慢萎缩并消失。也许这是构建自我模型发育计划的一部分，首先通过将自己的内部模型与观察结果相匹配（因此开始有第四层），然后转变为推动行为与内部模型相匹配（因此不再需要第四层）。我们再次看到了进化中的美妙自举现象。

这也为达马西奥的病人 L 的经历提供了一些启示。对于她感到大脑“空白”也有了一些合理的解释：她无法构建内心的模拟。她没有思想，没有任何回应的意愿，因为她的内心意图模型已经消失，没有了这个模型，她的思维甚至无法设定最简单的目标。更可悲的是，没有了目标，一切都变得毫无意义。

哺乳动物如何控制自己：注意力、工作记忆和自我控制

在经典神经科学教科书中，额叶新皮质被赋予的四个功能是注意力、工作记忆、执行控制和我们前面已经提过的规划。这些功能之间的关联性一直令人困惑：一个结构竟会承担这些不同的功能。但从进化的角度来看，这些功能都是密切相关的——它们都是控制新皮质模拟的不同应用。

还记得那张既可以看作鸭子也可以看作兔子的模糊图片吗？当你在感知鸭子和兔子之间摇摆不定时，正是你的无颗粒状前额叶皮质推动你的视觉皮质在两个解释之间来回切换。当你闭上眼睛时，你的无颗粒状前额叶皮质可以触发鸭子的内部模拟；而当你睁开眼睛看着这张图片时，你的无颗粒状前额叶皮质也可以使用相同的机制来触发鸭子的内部模拟。在这两种情况下，无颗粒状前额叶皮质都在试图调用一个模拟机制。唯一的区别是，当你闭上眼睛时，模拟是不受限制的，而当你睁开眼睛时，模拟则受到你所看到的事物的限制，必须与之保持一致。无颗粒状前额叶

皮质触发模拟的过程，在没有当前感觉输入的限制时被称为“想象”，而在受到当前感觉输入的限制时被称为“注意力”。但在两种情况下，无颗粒状前额叶皮质原则上都在做同样的事情。

注意力有什么用呢？当一只老鼠经过想象的模拟后选择了一系列动作，它在执行这一系列动作时必须坚持自己的计划。这知易行难。想象模拟不可能完美无缺，老鼠不可能预测到它将实际体验到的每个景象、气味和环境轮廓。这意味着基底神经节所经历的替代性学习与计划展开时的实际体验会有所不同。因此，基底神经节可能无法正确完成预期的行为。

无颗粒状前额叶皮质解决这一问题的方法之一就是利用注意力。假设一只老鼠的基底神经节通过试错学会了避开鸭子而跑向兔子，在这种情况下，基底神经节看到鸭子或兔子时的反应将是相反的，这取决于从新皮质发送给它的是哪种模式。如果大脑无颗粒状前额叶皮质先前曾想象过看到兔子并跑向它，那么它就可以利用注意力来控制基底神经节的选择，以确保当老鼠看到这张模糊的图片时，它看到的是兔子，而不是鸭子。

控制正在进行的行为通常还需要工作记忆——在没有任何感觉线索的情况下维持表征。许多想象的路径和任务都涉及等待。例如，当啮齿动物在树木间寻找坚果时，它必须记住哪些树已经被搜寻过。这是一项需要大脑无颗粒状前额叶皮质参与的任务。如果在这些延迟期间抑制啮齿动物的无颗粒状前额叶皮质，它们就会失去从记忆中执行此类任务的能力。在执行此类任务时，无颗粒状前额叶皮质会表现出“延迟活动”，即纵使在没有任何外部线索的情况下也会保持激活状态。这些任务之所以需要无颗粒状前额叶皮质的参与，是因为工作记忆的作用方式与注意力和规划相同——都是调用内部模拟。工作记忆，即将某些内容记在脑中，就是大脑无颗粒状前额叶皮质试图不断重新调用内部模拟，直到你不再需要它为止。

除了规划、注意力和工作记忆，无颗粒状前额叶皮质还可以更直接地控制正在进行的行为：它可以抑制杏仁核。从无颗粒状前额叶皮质到围绕杏仁核的抑制性神经元有一个投射，在实施想象的计划时，无颗粒状前额叶皮质会尝试阻止杏仁核触发其自身的趋避反应。这就是心理学家所说的行为抑制、意志力和自我控制的进化起源：我们时刻的渴望（由杏仁核和基底神经节控制）与我们知道更好的选择（由无颗粒状前额叶皮质控制）之间的持续紧张关系。在意志力发挥作用时，你可以抑制由杏仁核驱动的渴望。在意志力薄弱时，杏仁核就会占据上风。这就是为什么人们在疲惫或压力大时会变得冲动，因为运行无颗粒状前额叶皮质需要消耗大量能量，当你感到疲惫或充满压力时，无颗粒状前额叶皮质抑制杏仁核的效果就会大打折扣。

总的来说，规划、注意力和工作记忆都是由无颗粒状前额叶皮质控制的，因为从原则上讲，这三者都是一回事。它们都是大脑试图选择呈现哪种模拟的不同表现形式。无颗粒状前额叶皮质是如何“控制”行为的呢？这里提出的观点是，它并不直接控制行为本身，而是试图通过向基底神经节替代性地展示更好的选择，并过滤传送给基底神经节的信息，从而说服基底神经节做出正确的选择。无颗粒状前额叶皮质通过展示而非命令，来控制行为。

与其他脊椎动物（如蜥蜴）在需要抑制本能反应以做出“更明智”的选择进行表现上的比较时，无颗粒状前额叶皮质这种作用的优势就可以体现出来。如果你把一只蜥蜴放在一个迷宫中，试图训练它朝红灯走以获得诱人的食物，同时避开提供没有吸引力的食物的绿灯，蜥蜴需要数百次试验才能学会这个简单的任务。蜥蜴对绿灯的本能偏好需要很长时间才能消除。由于没有新皮质来暂停并考虑替代性的选择，蜥蜴学习这项任务的唯一方法就是进行无数次试错。相比之下，老鼠能更快地抑制它的本能反应，但如果你损伤了老鼠的无颗粒状前额叶皮质，这种优势就会消失。

早期哺乳动物有能力间接探索它们对世界的内部模型，根据想象的结果做出选择，并在做出选择后坚持执行这个想象中的计划。它们可以灵活地决定何时模拟未来，何时运用习惯，并且能够聪明地选择模拟什么，从而解决搜索问题。它们是我们人类最早拥有目标的祖先。

14

洗碗机器人的秘密

想象一下以下情景。当你正拿着这本书时，你的右手开始抽筋。你原本可以轻松地将每根手指放置到合适的位置，以完美地平衡手中的书，但现在你却开始失去对右臂肌肉的控制，手指开始变得无力。你意识到你无法再单独控制每根手指了，你只能使所有手指同时张开或握紧，你的手从灵巧的工具变成了不协调的爪子。几分钟之内，你甚至无法再用右手握住这本书，你的手臂也变得太虚弱而无法抬起。这就是运动皮质中风（大脑某个区域血流中断）时的体验。这种状况剥夺了患者的精细运动技能，甚至可能导致瘫痪。

运动皮质是额叶皮质边缘的一条薄薄的新皮质带。运动皮质构成了整个身体的“地图”，每个区域控制着特定肌肉的运动。虽然整个运动皮质负责身体的每个部分，但它并没有为每个身体部位分配等量的空间。相反，它为动物能够熟练控制运动的身体部位分配了大量空间（在灵长类动物中，这些部位是嘴巴和手），而为它们无法精准控制的区域（如脚）分配的空间则较少。运动皮质的这张地图在相邻的躯体感觉皮质中也有体现——这是新皮质中处理躯体感觉信息的区域（如皮肤上的触觉传感器和来自肌肉的本体感受信号）。

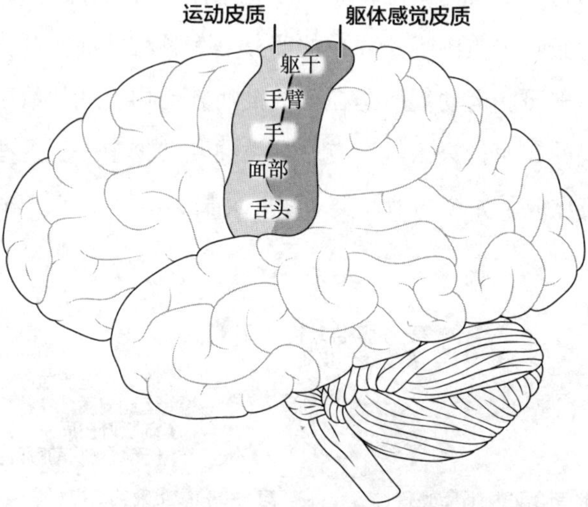

图 14.1　人类的运动皮质

对于人类，运动皮质是控制运动的主要系统。刺激运动皮质的特定区域会引发相应身体部位的运动，而损伤运动皮质的相同区域则会导致该身体部位的瘫痪。中风患者的运动缺陷几乎总是源于运动皮质区域的损伤。对于黑猩猩、猕猴和狐猴，运动皮质的损伤也有这种后果。在灵长类动物中，运动皮质的神经元直接向脊髓发送投射以控制运动。所有这些都指向了一个结论：运动皮质是运动指令的发源地，它是运动的控制器。

但这种说法存在三个问题。第一，运动皮质中的新皮质柱与新皮质的其他区域具有相同的神经微环路。如果我们相信新皮质实现了一个生成模型，该模型试图解释其输入并使用这些解释来做出预测，那么我们必须研究它是如何被重新利用来产生运动指令的。

第二，有些哺乳动物没有运动皮质，但它们显然可以正常移动。正如前一章所讨论的，大多数进化神经科学家认为，第一批哺乳动物额叶皮质中唯一存在的部分是无颗粒状前额叶皮质，并没有运动皮质。运动皮质是在第一批哺乳动物出现的数千万年之后才出现的，而且只出现在有胎盘类哺乳动物中——这些哺乳动物后来演化成了如今的啮齿类动物、灵长类动物、狗、马、蝙蝠、大象和猫。

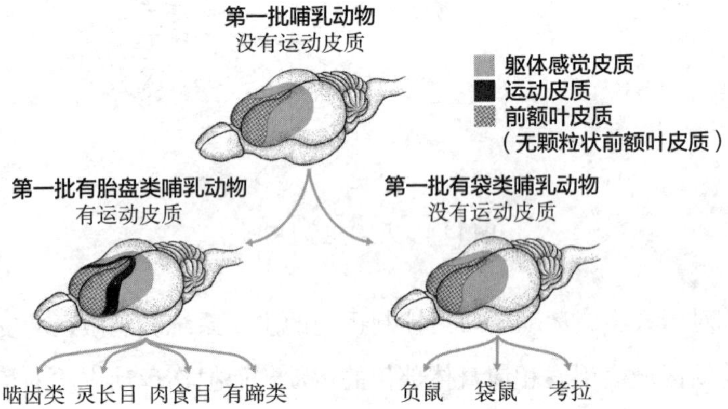

图 14.2　运动皮质进化的主导理论

第三，由运动皮质损伤引起的瘫痪是灵长类动物独有的，大多数运动皮质受损的哺乳动物并不会遭受此类瘫痪。运动皮质受损的大鼠和猫仍然可以正常行走、捕猎、进食和移动。显然，在早期哺乳动物中，运动皮质并不是运动指令的发源地，只是在后来的灵长类动物中，它才成为运动所需。那么，运动皮质为什么会进化呢？它的原始功能是什么？在灵长类动物中发生了什么变化？

预测，而非命令

“主动推理”理论的先驱卡尔·弗里斯顿对运动皮质提出了另一种解释。虽然主流观点一直认为运动皮质生成运动指令，确切地告诉肌肉应该做什么，但弗里斯顿却颠覆了这一观点——也许运动皮质并不生成运动指令，而是生成运动预测。或许运动皮质一直处于观察附近躯体感觉皮质中发生的身体运动的状态（这就是为什么运动皮质和躯体感觉皮质之间有着如此精妙的镜像关系），然后试图解释这些行为，并使用这些解释来预测动物下一步将做什么。也许运动皮质的神经元连接只是进行了微调，使得运动皮质的预测流向脊髓，并控制我们的运动——换句话说，运动皮质的神经元连接是为了让它的预测成为现实。

根据这一观点，运动皮质的工作方式与无颗粒状前额叶皮质相同。不同之处在于，无颗粒状前额叶皮质学会了预测导航路径的运动，而运动皮质学会了预测特定身体部位的运动。无颗粒状前额叶皮质会预测动物会向左转弯，而运动皮质会预测动物会将其左爪精确地放在平台上。

这就是“具身化”的一般概念——新皮质的部分区域，如运动皮质和躯体感觉皮质，拥有一种可以模拟、操纵和调整的动物身体的完整模型，这种模型随着时间推移而不断完善。弗里斯顿的理论解释了新皮质神经元微环路如何被重新利用以产生特定的身体运动。

如果大多数哺乳动物即使没有运动皮质也能正常移动，那么运动皮质的原始功能是什么呢？如果无颗粒状前额叶皮质负责规划导航路线，那么运动皮质又负责什么呢？

非灵长类哺乳动物（如啮齿动物和猫）的运动皮质受损会产生两种影响。其一，这些动物在执行精细动作时会变得困难，比如小心翼翼地将爪子放在细树枝上，穿过小孔抓取食物碎片，在看不见障碍物时跨过去，或将脚放在小而不平整的平台上。其二，非灵长类哺乳动物在学习从未执行过的一系列新动作时会变得困难。例如，一只被训练执行特定编排的一系列动作的大鼠，只有在熟练掌握任务后才能在运动皮质受损的情况下执行这些动作序列。如果在训练任务之前损伤大鼠的运动皮质，它将无法学会推动杠杆的动作顺序。

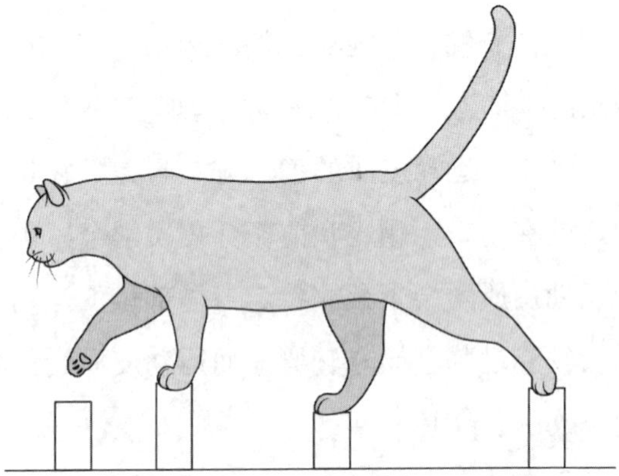

图 14.3　运动皮质受损后，猫难以执行规划好的动作

这表明运动皮质最初并不是运动指令的发源地，而是运动规划的发源地。当动物需要执行精细的动作，比如将爪子放在小平台上或跨过看不见的障碍物时，它必须提前在脑海中规划和模拟身体的运动。这就解释了为什么运动皮质对于学习新的复杂运动是必要的，但对于执行已经熟练掌握的运动则不是。当动物学习新的运动时，运动皮质的模拟会替代性地训练基底神经节。一旦

动作被熟练掌握，就不再需要运动皮质了。

记录运动皮质活动的研究支持了这一观点。在非灵长类哺乳动物中，运动皮质最活跃的时候并非在一般性的运动中，而是在需要规划的动作中。这与动物在模拟运动的观点相一致，即使动物未看到障碍物，而只是知道它的存在，运动皮质和躯体感觉皮质也会在即将到来的精细动作之前被激活。这种运动皮质活动会一直持续到动物完成其规划的动作为止。

在人类中，有大量证据表明，前运动皮质和运动皮质在做运动和想象运动时都会被激活。例如，让人想象走路，运动皮质中负责腿部的区域就会被激活。这种想象运动和实际运动的神经结构之间的交织，不仅可以在脑电记录中观察到，还可以在物理实验室的实验中观察到。让一个人坐在椅子上，要求他们除了保持直立的姿势外什么都不做，然后播放一些随机的句子录音。当她听到像“我起床，穿上拖鞋，去洗手间”这样的句子时，她的坐姿会变差，而听到与运动无关的句子时则不会。仅仅听到这些句子就激活了姿势改变的大脑内部模拟，从而影响了她的实际姿势。当然，这种大脑内部模拟也带来了好处（它不仅破坏我们的姿势）：运动技能的心理排练可以显著提高语言表达、高尔夫挥杆，甚至是外科手术操作的表现。

运动皮质在感觉运动规划方面的技能使早期哺乳动物能够学习和执行精确的运动。将哺乳动物的运动技能与爬行动物的进行比较时，很明显哺乳动物在精细运动技能方面独具优势。老鼠可以捡起种子并熟练地剥开它们。老鼠、松鼠和猫能够非常熟练地爬树，它们能够轻松将四肢放在精确的位置，以确保自己不会掉下来。松鼠和猫可以规划和执行极其精准的跳跃，跨越不同的平台。如果你曾经养过宠物蜥蜴或乌龟，你就会知道这样的技能并不是大多数爬行动物所具备的。事实上，研究蜥蜴越过障碍物的行为，可以发现整个过程竟然如此笨拙。它们不会预测障碍物，也不会调整前肢的位置来绕过平台。鉴于它们似乎无法提前规划运动，很少有爬行动物生活在树上也就不足为奇了，而那些生活在树上的爬行动物行动缓慢，与树栖哺乳动物快速而熟练的奔跑和跳跃形成鲜明对比。

目标的层次：模拟与自动化的平衡

那么这一切是如何协同工作的呢？早期有胎盘类哺乳动物的额叶新皮质是分层组织的。在层级结构的最顶端是无颗粒状前额叶皮质，它基于杏仁核和下丘脑的激活来构建高级目标。无颗粒状前额叶皮质可能会产生诸如“喝水”或“吃东西”的意图。然后，无颗粒状前额叶皮质将这些目标传递给附近的额区（即前运动皮质），前运动皮质构建子目标，并将这些子目标进一步传递，直到它们到达运动皮质，运动皮质再构建次一级子目标。运动皮质模拟的意图就是这些次一级子目标，它们可能非常简单，比如“把食指放在这里，把拇指放在那里”。

这种层级结构通过将处理过程分散到许多不同的新皮质柱上，实现了更高效的处理。无颗粒状前额叶皮质不必担心实现目标所需的具体动作，它只需要关注高级导航路径。同样，这也允许运动皮质不必关心行为的高级目标，而只关注实现特定的低级运动目标（如拿起杯子或弹奏特定的和弦）。

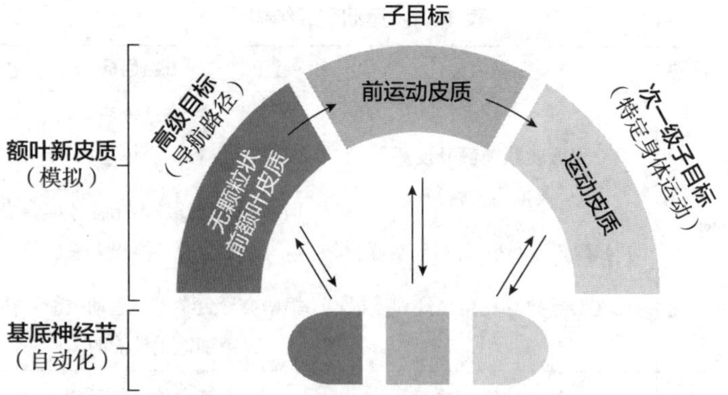

图 14.4　早期有胎盘类哺乳动物的运动层次

基底神经节与额叶皮质形成了连接环路，其中无颗粒状前额叶皮质连接到基底神经节的前部区域（然后通过丘脑再连接回无颗粒状前额叶皮质），而运动皮质则连接到基底神经节的后部区域（然后通过丘脑的不同区域再连接回运动皮质）。这些神经环路的连接如此优雅和独特，以至于让人很难抗拒通过逆向工程去研究其工作原理的冲动。

神经科学家普遍认为，这是用来管理运动层级结构中不同层级的子系统。基底神经节的前部区域会自动将刺激与高级目标相关联，这就是产生渴望的原因。你回家闻到通心粉的味道，突然之间你就想吃它了。瘾君子在看到能引发毒瘾的刺激时，基底神经节前部区域的活跃度会变得极高。然而，无颗粒状前额叶皮质会让你暂停并考虑是否真的要追求这些渴望（如“我们的饮食计划怎么办？”）。基底神经节的后部区域则会自动将刺激与低级目标（如特定的身体运动）相关联。它会生成自动的熟练动作。此外，运动皮质让你暂停并提前规划出精确的动作（见表 14.1）。

表 14.1 运动层级结构

预测 / 行动	高级目标	低级目标
模拟	无颗粒状前额叶皮质 模拟导航路径 问“我想要通心粉，还是节食呢？” 损伤会导致导航路径规划受损	运动皮质 模拟身体运动 问“我怎样摆放手指，才能弹奏我刚学会的吉他 C 和弦？” 损伤会导致学习新运动技能和执行精细运动技能的障碍
自动化	基底神经节前部 对刺激做出反应，自动追求高级目标 产生习惯性的渴望 损伤可以抑制毒瘾	基底神经节后部 对刺激做出反应，自动执行运动技能 产生习惯性的运动反应 损伤会导致执行已学技能的能力受损，并影响运动习惯的形成

无论目标是高级还是低级，任何层级的目标在额叶新皮质中都有一个自我模型，在基底神经节中都有一个无模型系统。新皮质提供了一个虽较慢但更灵活的训练系统，而基底神经节则提供了一个更快但灵活性较差的系统，用于经过良好训练的路径和运动。

有充分的证据表明存在这样的运动层级结构。记录显示，无颗粒状前额叶皮质的神经元对高级目标敏感，而前运动皮质和运动皮质的神经元则对层次逐级降低的子目标敏感。学习新行为时，最初会激活运动层级结构的所有层级，但随着行为的自动化，它只会激活层级结构中的较低层级。如果损伤了大鼠运动层级结构中的高级部分（无颗粒状前额叶皮质或基底神经节前部），它们对高级目标的敏感性就会降低（它们会继续推杆，尽管它们不再需要推杆后获得的食物）。相反，如果损伤了运动层级结构中的低级部分，大鼠对高级目标的敏感性就会增强，并且难以形成运动习惯（例如，无论经过多少次试验，大鼠都不会形成推杆的习惯）。

正如我们在患者 L 身上所见，损伤无颗粒状前额叶皮质会使动物丧失意图，而损伤前运动皮质的某些部分似乎会阻断这些意图从高级目标流向具体运动的正确流程。这可能导致异己体综合征（alien limb syndrome）：患者会声称自己身体的某些部位在不受自己控制的情况下自行移动。这种异常运动的迹象在前运动皮质受损的啮齿动物身上也被观察到了。这种损伤还会导致所谓的“利用行为”或“场依存行为”，患者会执行没有明确目标的运动动作序列：他们会从空杯中喝水，穿上别人的夹克衫（即使他们不去任何地方），用铅笔乱涂乱画，或者进行附近刺激所提示的任何其他行为。所有这些都是其中一个层级结构被破坏的结果——运动皮质的某些部分，现在不再受到意图的约束，这个意图是自上而下从无颗粒状前额叶皮质流经前运动皮质的，因此运动皮质会独立地为运动序列设定低级目标。

还有大量证据表明，额叶新皮质是模拟的基地，而基底神经节是自动化的基地。损伤动物的运动皮质会损害运动规划和学习新运动的能力，但不会损害执行已训练运动的能力（因为基底神经节的后部已经学会了这些运动）。同样地，损伤动物的无颗粒状前额叶皮质会损害路径规划和学习新路径的能力，但不会损害执行已训练路径的能力。

此外，基底神经节的前部表现出自动选择追求线索的所有迹象（即自动化的高级行为）。当你看到引发渴望的线索时，大脑中最活跃的部分是基底神经节的前部。那些试图抑制自己渴望的人会在无颗粒状前额叶皮质等前额叶区域显示出额外的神经活动（模拟负面后果并尝试训练基底神经节做出更艰难的选择）。事实上，损伤基底神经节前部是治疗毒瘾的有效方法（尽管这种方法极具争议且存在伦理问题）。海洛因成瘾者的复吸率极高，有人估计高达 90%。一项研究选择了最严重的海洛因成瘾者，损伤他们的基底神经节前部，他们的复吸率随之降到了 42%。人们失去了自动追求线索和产生渴望的行为（当然，这种手术也有许多副作用）。

一个完整且功能良好的运动层级结构将使早期有胎盘类哺乳动物的行为具有令人印象深刻的灵活性，动物可以在无颗粒状前额叶皮质中设定高级目标，而运动层级结构的较低层级区域可以灵活地应对出现的任何障碍。一只寻求远处水源的哺乳动物可以随着事态的发展不断更新其子目标——前运动皮质可以通过选择新的运动序列来应对意外的障碍，而运动皮质可以调整肢体最微妙的特定运动，所有这些都是为了实现一个共同的目标。

洗碗机器人的秘密就隐藏在哺乳动物的运动皮质和更广泛的运动系统中。正如我们尚未理解新皮质神经微环路如何准确模拟感官输入一样，我们也尚未理解运动皮质如何以如此灵活和准确的方式模拟和规划精细的身体运动，以及它如何在运动过程中不断学习。

但是，如果我们以过去几十年的研究为指南，机器人专家和人工智能研究人员可能会在不远的未来找到解决这个问题的办法。的确，机器人技术的发展速度正在迅速提升。20 年前，我们几乎无法让一个四足机器人保持直立平衡，而现在我们已经有了可以在空中翻跟头的人形机器人。

如果我们成功制造出具有与哺乳动物相似的运动系统的机器人，它们将具备许多理想的特性。这些机器人将能够自动学习新的复杂技能。它们会实时调整自己的动作，以适应外界的干扰和变化。我们将为它们设定高级目标，它们将能确定实现这些目标所需的所有子目标。当它们尝试学习新任务时，它们会在行动前模拟每个身体动作，从而变得缓慢而谨慎，但随着它们的进步，行为将变得更加自动化。在它们的生命周期中，随着它们将先前学习的低级技能应用于新体验的高级目标，它们学习新技能的速度将不断提高。如果它们的大脑与哺乳动物的大脑工作方式相似，那么它们将不需要庞大的超级计算机来完成这些任务。事实上，整个人脑的能量消耗与一个灯泡相当。

但也许并非如此，也许机器人专家会以一种非哺乳动物的方式使所有这些都起作用，也许机器人专家会在不采用逆向工程模仿人类大脑的情况下解决所有问题。但是，正如鸟类的翅膀是飞行（人类一直为之奋斗的目标）可能性的存在证明，哺乳动物的运动技能是我们希望有一天能构建到机器中的运动技能类型的存在证明，而运动皮质和周围的大脑运动层级结构则是大自然关于如何使所有这一切起作用的线索。

第三次突破总结：模拟

早期哺乳动物新出现的主要脑结构是新皮质。新皮质的出现带来了模拟的能力——这是我们进化故事中的第三次突破。这一能力的产生及其运用方式，总结如下：

- 感觉新皮质进化了，它创建了一个外部世界的模拟（一个世界模型）。
- 无颗粒状前额叶皮质进化了，它是额叶新皮质的第一个区域。无颗粒状前额叶皮质创建了一个动物自身运动和内部状态的模拟（一个自我模型），并构建了“意图”来解释自己的行为。
- 无颗粒状前额叶皮质和感觉新皮质协同工作，使早期哺乳动物能够暂停并模拟世界上目前未曾体验的方面——换句话说，基于模型的强化学习。
- 无颗粒状前额叶皮质通过智能地选择要模拟的路径并确定何时进行模拟，以某种方式解决了搜索问题。
- 这些模拟使早期的哺乳动物能够进行替代性试错——通过模拟未来的行动，并根据想象的结果来决定采取哪条路径。
- 这些模拟使早期哺乳动物能够进行反事实学习，从而为贡献度分配问题提供了更高级的解决方案，使哺乳动物能够根据因果关系分配贡献度。
- 这些模拟确实使早期哺乳动物能够进行情景记忆，即能够回忆过去的事件和行动，并利用这些回忆来调整自己的行为。
- 在后来的哺乳动物中，运动皮质进化了，使哺乳动物能够规划和模拟特定的身体运动。

我们 1 亿年前的哺乳动物祖先将想象力作为生存武器。它们通过替代性试错、反事实学习和情景记忆来智胜恐龙。我们的哺乳动物祖先就像现代的猫一样，能够看着一组树枝，并规划好要把爪子放在哪里。这些古老的哺乳动物表现出了比他们的脊椎动物祖先更灵活的行为、更快的学习速度和更巧妙的运动技能。

当时的大多数脊椎动物，如同现代的蜥蜴和鱼类一样，仍然可以快速移动、记住模式、追踪时间的流逝，并通过无模型的强化学习进行智能学习，但它们的动作并没有经过规划。

因此，思考本身并非诞生于普罗米修斯神圣作坊里的泥塑生物中，而是诞生在侏罗纪地球的小型地下通道和盘根错节的树木之中，它源自长达上亿年的恐龙捕食和我们的祖先为避免灭绝而拼命挣扎的磨炼。这就是我们的新皮质和我们对世界的内部模拟如何产生的真实故事。正如我们很快就会看到的那样，下一次突破正是源自这种来之不易的超能力。

在某种程度上，接下来的这次突破是现代人工智能系统中最难以通过逆向工程了解的。事实上，这一重大突破通常并不与“智能”联系在一起，但实际上却是我们大脑了不起的成就之一。

第四次突破

心智化

和第一批灵长类动物

1500 万年前的大脑

15

政治智慧的军备竞赛

大约 6600 万年前，一个平平无奇的日子开始了，与往常并无不同。太阳从如今非洲的丛林上方升起，唤醒了沉睡中的恐龙，驱赶着我们那些类松鼠的夜行祖先躲进他们白天的藏身之处。在泥泞的海岸线上，雨点滴滴答答地落在浅水池中，池里满是古老的两栖动物。潮水退去，将许多鱼类和其他古老的海洋生物引向海洋深处。天空中满是翼龙和古老的鸟类。节肢动物和其他无脊椎动物在土壤和树木中穿梭。地球的生态系统达到了美丽的平衡，恐龙舒适地生活在食物链顶端已逾 1.5 亿年之久，鱼类统治海洋的时间甚至更长，而哺乳动物和其他动物则各自找到了虽小但足以容身的天地。没有任何迹象表明这一天会与往常不同，但正是在这一天，一切都发生了改变——这一天，世界几乎走到了尽头。

当然，我们无从知晓这一天经历这一切的动物具体的生活故事，但我们可以推测。我们的一位类松鼠的哺乳动物祖先可能正要从洞穴中出来，开始一整晚的捕食昆虫之旅。当太阳刚刚开始落山时，天空一定像往常每个傍晚一样变成了紫色。但随后，黑暗从地平线上升起。一片比任何风暴都要厚重的乌云迅速笼罩了天空。也许她困惑地抬头看了看这新奇的景象，也许她完全忽略了它。不管怎样，尽管她拥有大脑新皮质所赋予的智慧，她还是无法理解正在发生什么。

地平线上出现的并非风暴，而是宇宙尘埃。就在几分钟前，在地球的另一侧，一颗直径达数英里[①]的小行星撞向了地球。它掀起了巨大的地球碎片，迅速使天空布满了黑暗的烟尘——这种黑暗将遮挡太阳大约 2 年，导致 70% 以上的陆地脊椎动物死亡。这就是白垩纪—古近纪大灭绝。

地球历史上的许多其他灭绝事件似乎都是“自作孽”——大氧化事件是由蓝细菌引起的，而泥盆纪晚期大灭绝可能是由陆地上植物的过度繁殖引起的。但这一次并不是生命的过错，而是变幻莫测的宇宙中的一个偶然事件。

最终，100 多年后，这些漆黑的云层开始消散。随着太阳的重新出现，植物开始收复失地，重新填满这片干涸的死亡之地。但这是一个全新的世界。几乎所有的恐龙物种都已灭绝，除了鸟类。尽管我们的类松鼠祖先不可能知道这一点，它们也没有活到亲眼见证这一刻，但它们的后代将继承这个新的地球。随着地球的痊愈，这些小型哺乳动物发现自己置身于一个全新的生态游乐场。没有了恐龙掠食者，它们可以自由探索新的生态位，分化成不同的形态和大小，征服新的领地，并在食物链中找到新的立足之地。

随后的时代被称为“哺乳动物时代”。这些早期哺乳动物的后代最终会进化成现代的马、大象、老虎和老鼠。有些甚至重新进

① 1 英里 ≈ 1.61 千米。——编者注

入海洋，成为今天的鲸鱼、海豚和海狮。有些则飞上了天空，成为今天的蝙蝠。

我们的直系祖先是在非洲的高大树木中找到了避难所的那些动物。它们是第一批灵长类动物。它们从夜行性转变为日行性。随着体形的增长，它们进化出了可以抓取树枝和支撑沉重身体的对生拇指。为了支撑更大的体形，它们的饮食从以昆虫为主转变为以水果为主。它们群居生活，随着体形的增长，它们相对摆脱了捕食者和食物竞争的压力。最值得注意的是，它们的大脑体积急剧膨胀，远远超过了原来的大小，达到了原来的 100 多倍。

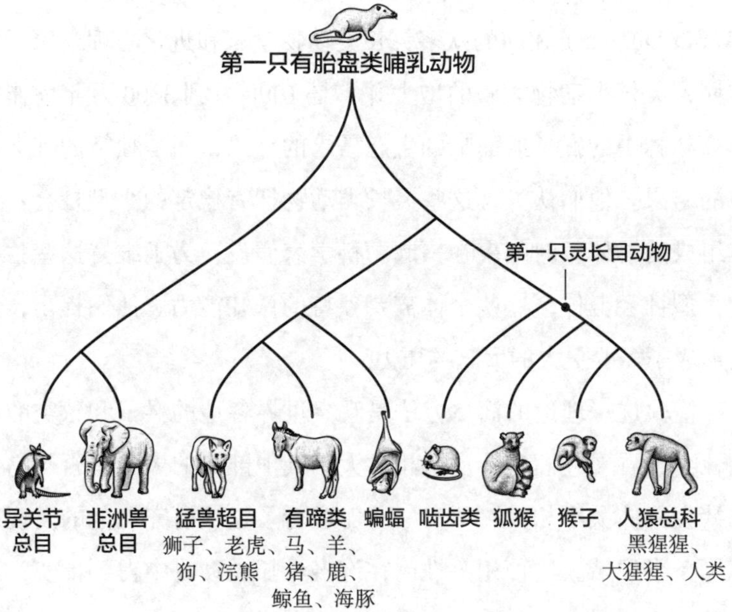

图 15.1　哺乳动物之树

许多哺乳动物谱系的脑容量（按比例）并没有比早期哺乳动物的大多少，只有某些哺乳动物谱系，如大象、海豚和灵长类动物的脑容量才显著增大。由于本书讲述的是人类的故事，我们将重点关注灵长类动物大脑变大的过程。事实上，“为什么灵长类动物拥有如此大的大脑（特别是如此大的新皮质）？”这个问题自达尔文时代以来就一直困扰着科学家。早期灵长类动物的生活方式中究竟有什么需要如此大的大脑呢？

社会大脑假说

在20世纪80年代和90年代，包括尼古拉斯·汉弗莱（Nicholas Humphrey）、弗兰斯·德·瓦尔（Frans de Waal）和罗宾·邓巴（Robin Dunbar）在内的众多灵长类动物学家和进化心理学家开始推测，灵长类动物大脑的增大并不是1000万到3000万年前作为非洲丛林中的猴子所面临的生态需求的结果，而是独特的社会需求的结果。他们认为，这些灵长类动物拥有稳定的小型社会：个体组成的群体长时间聚在一起。科学家假设，为了维持这些独特的大型社会群体，这些个体需要独特的认知能力。他们提出，这就形成了需要更大的大脑的压力。

检验这一理论的简单方法是观察世界各地的猴子和猿类的小型社会，看看它们的新皮质相对大脑其他部分的大小是否与它们的社会群体大小相关。罗宾·邓巴进行了这项研究，他的发现震惊了整个领域。这种相关性已在许多灵长类动物中得到证实：灵长类动物的大脑新皮质越大，其社会群体就越大。

群居的哺乳动物绝非仅有猴子和猿类，更不用说其他动物种类了。有趣的是，这一相关性并不适用于大多数其他动物。生活在有上千成员的牛群中的水牛的大脑，并不比独居的驼鹿的大脑大多少。总的来说，并不是群体规模，而是早期灵长类动物所创造的特定类型的群体，似乎需要更大的大脑。与大多数其他哺乳动物的群体相比，灵长类动物的群体具有独特之处，而这种独特性只有在我们理解了群体聚集的一般驱动力之后才能理解。

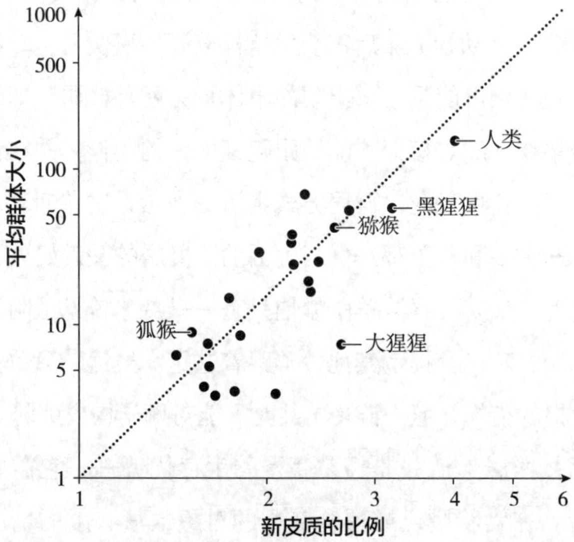

图15.2

集体与个体之间的进化矛盾

早期哺乳动物可能比之前的羊膜动物（它们的类蜥蜴祖先）更具社会性。这些早期哺乳动物会生下弱小无助的幼崽。如果母亲没有与幼崽建立牢固的联结来帮助、养育和身体力行地保护幼崽，这种动态的母子关系将难以维持。此外，哺乳动物比其他脊椎动物更喜欢玩耍。即使是像老鼠这样简单的哺乳动物的幼崽也会互相嬉戏，玩骑跨游戏和打斗游戏。这些早期的玩耍行为可能起到了磨炼和训练幼崽大脑运动皮质的作用，以便在风险更高的情况下，免于从零开始学习。在这些早期哺乳动物中，母亲和孩子之间的合作期相对短暂。幼崽经过一段时间的童年发育后，这种联结往往会逐渐减弱，幼崽和母亲会各奔前程。这就是许多独自度过大部分生命的哺乳动物的情况，比如老虎和熊。

但并非所有动物成年后都会像这样分开。事实上，动物中最简单、最普遍，也可能是最早出现的集体行为就是群居，即同种动物简单地聚集在一起。鱼会本能地跟随其他鱼的动作，并在彼此附近游动。许多草食性恐龙以群居方式生活。当然，这在哺乳动物中也很常见——水牛和羚羊都是群居生活的。群居的关键好处是有助于抵御捕食者。如果一群羚羊中哪怕只有一只羚羊瞥见了附近的狮子并开始逃跑，它也会提示其他羚羊跟着逃跑。虽然一只单独的羚羊是容易捕捉的猎物，但一群羚羊甚至可能对狮子构成威胁。

然而，群居生活并非轻易获得的生存优势——它需要付出高昂的代价。在食物匮乏或适合交配的对象数量有限的情况下，一群动物之间会产生危险的竞争。如果这种竞争导致内部争斗和暴力，那么整个群体就会浪费宝贵的能量在相互竞争和打斗上。在这种情况下，同样数量的动物分开生活可能会更好。

因此，采取群居策略的动物进化出了解决争端的方式，尽量减少争端带来的能量消耗。这推动了无须实际进行身体对抗就能显示力量和顺从的信号机制的发展。鹿和羚羊会用角互相顶撞来争夺食物和配偶，这是一种比打斗成本更低的竞争形式。熊、猴子和狗则会露出牙齿并咆哮以显示攻击性。

这些动物还进化出了表示顺从的机制，这种机制能让它们承认失败，并向其他动物表明无须花费能量伤害它们。狗会低头弓背，甚至翻滚露出肚皮；熊会坐下并转移视线；鹿则会低下头并贴平耳朵。所有这些行为都提供了一种缓解紧张关系和减少内斗能量消耗的机制。

凭借显示力量和顺从的能力，许多动物成功地适应了群居生活。大多数哺乳动物谱系都属于以下四种社会系统之一：独居、成对结合、一夫多妻制和多雄群体（见表 15.1）。独居哺乳动物，如驼鹿，成年后的大部分时间都是独自度过的，主要为了交配而聚在一起。如果是雌性，则要负责抚养孩子。成对结合的哺乳动物，如赤狐和草原田鼠，则以成对的方式生活在一起，共同抚养孩子。其他哺乳动物，如骆驼，生活在一夫多妻制群体中，这种社会群体由一个占主导地位的雄性和多个雌性组成。还有一些哺乳动物生活在多雄群体中，这种社会群体由多个雄性和多个雌性共同生活在一起。

表 15.1　哺乳动物中常见的四种社会结构

独居	成对结合	一夫多妻制	多雄群体
独立	一雄一雌	一雄多雌	多雄多雌
成年后大多独立生活	一雄一雌共同生活和抚养孩子	一个主导的雄性与一群存在等级制度的雌性共同生活	分离的雄性和雌性等级制度
老虎 美洲豹 驼鹿	赤狐 草原田鼠 巨獭 倭狨	蒙古双峰驼 毛海豹 大猩猩	狮子 河马 狐猴 黑猩猩 狒狒 猕猴 猴子

虽然独居和成对结合的哺乳动物避免了大型社会群体的弊端，

但它们也错失了其中的好处。一夫多妻制和多雄群体享受了较大群体的好处，但也付出了竞争带来的代价。除了展示攻击性和顺从，一夫多妻制和多雄群体还通过建立固定的等级制度来减少竞争。在一夫多妻制群体中，只有一个占主导地位的雄性负责所有交配，群体中唯一被允许存在的其他雄性都是它的孩子。

多雄群体也是通过建立森严的等级制度来运作的：雄性和雌性之间都有严格的等级制度。等级较低的雄性可以加入这个群体，但它们的交配机会很少，且最后才能选择食物；等级较高的雄性则最先享用食物，并承担大部分交配任务，有时甚至独占交配权。

这些社会群体中的等级是如何决定的呢？答案很简单——最强壮、体形最高大、最凶猛的雄性会成为主导者。雄性之间通过互锁犄角、露出牙齿等方式来展示自己的战斗力，同时避免真正的战斗发生。

早期的灵长类动物也做出了同样的进化取舍——它们进化成群居生活，接受因群居而带来的攻击风险，以换取更好地躲避大型捕食者的好处。灵长类动物面临的捕食风险越大，它们组成的社群规模就越大。这些早期的灵长类动物很可能和许多现代灵长类动物一样，生活在多雄群体中，有着严格的雄性和雌性等级制度。在这种制度下，低等级的群体成员只能得到最差的食物，几乎没有交配的机会，而高等级的成员则拥有优先选择权。它们露出牙齿以显示攻击性。我们通过观察化石和今天许多猴子和猿类的社会行为得知这一点：黑猩猩、倭黑猩猩和猕猴都是以这种方式生活的。乍一看，这些早期灵长类动物群体与其他哺乳动物的多雄群体没有什么不同。但随着研究人员对猴子和猿类行为的深入观察，他们发现，在社交方面，灵长类动物与它们的大多数哺乳动物亲戚截然不同。早期灵长类动物的社交性发生了某种不同于早期哺乳动物已经进化出的社交性的变化。[①]

马基雅维利式的猿类

20 世纪 70 年代，灵长类动物学家埃米尔·门泽尔（Emil Menzel）对一群生活在 1 英亩[②]大小的森林里的黑猩猩进行了一系列实验。门泽尔受到托尔曼对老鼠进行心理地图实验的启发，开始研究黑猩猩的心理地图。他主要关注的是黑猩猩能否记住隐藏食物碎片的位置。

门泽尔在这 1 英亩区域内的一个随机位置隐藏一些食物，可能是在石头下，也可能是在灌木丛中，然后向其中一只黑猩猩展示食物的位置。之后，他会定期在这些地方重新放置食物。黑猩猩和老鼠一样，都能准确地记住这些位置，学会重新检查这些特定地点以寻找门泽尔隐藏的食物。但门泽尔开始注意到一些与老鼠截然不同的行为，这些行为他从未打算研究，也从未预料到会发现。事实上，门泽尔原本只是在研究空间记忆，却意外地发现了具有马基雅维利主义（Machiavellian）色彩的行为。

当门泽尔首次向一只名为贝儿的雌性黑猩猩展示隐藏食物的位置时，她高兴地通知了群体里的其他成员，并分享了食物。但当雄性首领洛克过来享用这份美食时，他却把所有的食物都据为己有。洛克这样做了几次之后，贝儿就不再分享了，并开始采取

① 类似的事情可能也独立发生在其他具有复杂社会性的哺乳动物种群中（比如狗、大象和海豚）。

② 1 英亩 ≈ 4046.86 平方米。——编者注

越来越复杂的策略，从而对洛克隐瞒食物隐藏的位置信息。

起初，贝儿只是坐在食物的秘密位置上，以防洛克发现，只有当他走远时，她才会把食物挖出来，公然享用。但当洛克意识到她在自己身下藏食物时，他开始推搡她以获取食物。为了应对这种情况，贝儿想出了新的策略——一旦有人向她展示隐藏食物的新位置，她不会立即前往。她会等洛克转过头去时，才迅速跑向食物。为了应对这种新策略，洛克开始尝试欺骗贝儿：他会看向别处，表现得漠不关心，一旦贝儿去拿食物，他就会转过身来跑向食物。贝儿甚至开始尝试误导洛克，让他朝错误的方向走，但洛克最终识破了这种欺骗，因此，作为回应，他开始朝与贝儿试图引导他的相反的方向寻找食物。

这一连串不断升级的欺骗与反欺骗过程表明，洛克和贝儿都能够理解对方的意图（“贝儿正试图引导我离开食物”“洛克正在通过假装不感兴趣来欺骗我”），并认识到有可能操纵对方的信念（“我可以通过假装不感兴趣让贝儿以为我没在看”“我可以通过带洛克朝那个方向走，让他误以为食物在那个错误的位置”）。自门泽尔的研究以来，许多其他实验也发现了类似的结果，即猿类实际上能够理解他人的意图。以下是一项研究：研究人员测试了猿类区分“意外”和“故意”行为的能力。给黑猩猩或红毛猩猩展示三个盒子，其中一个盒子里有食物。装有食物的盒子可以通过其上明显的钢笔写的标记与其他盒子区分开来。重复几次，直到它们知道食物总是在有标记的盒子里。然后，让实验者带着这三个盒子进来，故意给其中一个盒子做标记（通过俯身标记），同时“意外”地给另一个盒子做标记（通过随意掉落标记笔）。当猿类被允许走到盒子前寻找食物时，它们会选择哪个盒子呢？它们会立刻走向实验者“故意”标记的盒子，并忽略“意外”标记的盒子。这表明猿类能够推断出实验者的意图。

再来看另一项研究。让一只黑猩猩坐在两位实验者对面，他们身边都有食物。其中一位实验者出于各种原因无法提供食物（有时看不见食物，有时食物被卡住，有时看起来不小心弄丢了食物），另一位实验者则不愿意给予食物（只是拿着食物但不给）。两位实验者都没有提供食物，但黑猩猩对这两种情况的处理方式却截然不同。当有机会在这两位实验者之间做出选择时，黑猩猩总是回到那个看似无法提供帮助的人身边，并避开那个看似不愿意提供帮助的人。黑猩猩似乎能够根据他人的实际情况（他们能看到食物吗？他们弄丢食物了吗？他们只是拿不到吗？）来推断他们的意图，从而预测这个人未来给予它们食物的可能性。

理解他人的思想不仅需要理解他们的意图，还需要理解他们的知识。贝儿坐在食物上是为了防止洛克发现，这是贝儿试图操控洛克的认知。在另一项测试中，黑猩猩有机会玩两套护目镜：一套是透明的，容易看见另一侧；另一套是不透明的，很难看见另一侧。当有机会向佩戴相同护目镜的人类实验者索要食物时，黑猩猩知道该去找佩戴透明护目镜的人，因为它们知道佩戴不透明护目镜的人看不到它们。

动物心理学界对于动物能够推断他人意图和知识的程度仍存在争议。尽管有确凿证据表明许多灵长类动物（尤其是猿类）具备这种能力，但其他动物身上的证据则不那么明确。有可能其他聪明的动物，如某些鸟类、海豚和狗，也具备这种能力。我的观点是，并非只有灵长类动物能做到这一点，而是这种能力在早期哺乳动物中并不存在。在人类谱系中，这种能力随着早期灵长类动物（或至少是早期猿类）的出现而出现。即使像狗这样社会智力高、对人类关注度高的动物，可能也无法理解人类可以掌握不同的知识。让狗看到它的训练者在一个地方放了零食，然后让狗看到另一个人把零食放在另一个地方（此时训练者不在场，对此并不知情）。当训练者回来并命令狗拿零食时，狗跑向任何一个位置的可能性都是相同的，无法根据训练者知道哪个位置来识别训练者所指的位置。

这种推断他人意图和认知的行为被称为“心智理论”（theory of mind）——之所以如此命名，是因为它要求我们对他人的心智有数。有证据表明，这种认知能力出现在早期灵长类动物中。正如我们将看到的，心智理论或许可以解释为什么灵长类动物拥有如此大的大脑，以及为什么它们的大脑大小与群体大小相关。

灵长类动物的政治

非人类灵长类动物最明显的社会行为是互相梳理毛发——一对猴子会轮流为对方清理它们够不到的背部上的污垢和螨虫。在20世纪上半叶，人们认为这种行为主要是出于卫生目的。但现在无可争议的是，这种梳理毛发的行为更多的是出于社会目的，而不是卫生目的。梳理毛发所花费的时间与体形大小没有关系（如果梳理毛发的功能是清洁身体，那么你会预料到存在这种关系），但与群体大小存在强烈的关联。此外，那些没有得到他人梳理的个体，并不会通过更多地梳理自己来弥补这一点。而且，每只猴子都有非常特定的梳理伙伴，这种关系会持续很长时间，甚至一生。

灵长类动物群体并不是由随机互动的个体组成的社会大杂烩；

这些由15~50只灵长类动物组成的小型社会，是由具有动态和特定关系的子网络构成的。猴子会追踪和记住群体中的每一个个体，并能够通过外貌和声音来识别它们。它们不仅追踪个体，还追踪个体之间的特定关系。当远处传来孩子的求救声时，群体中的个体不会立即看向求救声的方向，而是看向那个孩子的母亲——“哦不，爱丽丝会怎么帮助她的女儿？或者我们能信任这个孩子吗？让我们看看母亲会怎么做”。

个体之间的关系不仅限于家庭关系，还存在等级关系。长尾黑颚猴有一套接近和退却的常规动作，用来表示主导和顺从。当高等级的个体走向低等级的个体时，低等级的个体会退却。这些主导关系在不同的情境下都保持不变：如果猴子A在某种情境下对B表现出顺从，那么几乎可以肯定的是，A在另一种情境下也会对B表现出顺从。这些主导关系是有传递性的：如果你看到猴子A向B表示顺从，B又向C表示顺从，那么几乎可以肯定的是，A也会向C表示顺从。而且，这些等级关系往往持续多年，甚至数代。这些主导和顺从的信号并不是一次性的，它们代表着明确的社会等级制度。

灵长类动物对违反社会等级制度的互动极为敏感。在2003年进行的一项研究中，实验者记录了不同狒狒群体成员发出主导或顺从声音的音频，然后在狒狒附近设置了扬声器来播放这些录音。当他们播放高等级狒狒发出主导声音的录音后播放低等级狒狒发出顺从声音的录音时，没有狒狒会看向扬声器——高等级狒狒对低等级狒狒显示主导地位是理所当然的，所以这并不奇怪。然而，当他们播放低等级狒狒发出主导声音的录音后播放等级高于它们的狒狒发出顺从声音的录音时（这违反了等级制度），狒狒会感到震惊，并盯着扬声器看，想知道刚才到底发生了什么。这就像一个书呆子突然扇了校园恶霸一巴掌，全班都会忍不住瞪大眼睛：这真的发生了吗？

这些猴子社会的独特之处并不在于存在社会等级制度（许多动物群体都有社会等级制度），而在于等级制度的构建方式。如果你研究不同猴子群体的社会等级制度，你会发现，位于等级制度顶端的往往不是最强壮、最高大或最凶猛的猴子。与其他大多数社会动物不同，对灵长类动物来说，决定其社会等级的不仅仅是体力，还有政治力量。

正如许多早期人类文明（不幸的是，至今仍有许多）一样，猴子在群体中的等级也受其出生家庭的影响。在灵长类动物的社会群体中，家庭之间往往存在等级。雌性等级制度的一个常见结构是，等级最高家族的最年长雌性位于等级制度的顶端，其次是她的后代，然后是次高级别家族的最年长成员，再是她的后代，以此类推。当一个女儿的母亲去世时，她往往会继承母亲的等级。

与非灵长类动物通常将力量与等级联系起来的做法截然不同，一个强大家族中弱小且虚弱的未成年成员，可以轻易地吓退一个来自比她等级低的家族的更高大、更强壮的成年猴子。事实上，孩子本身也清楚地知道自己在社会结构中的位置——即使是年幼的孩子也会经常挑战等级较低的家族的成年猴子，但他们不会挑战等级更高的家族的成年猴子。

与人类社会一样，家族之间充满了无休止的权力斗争，猴子家族也会兴衰更迭。家族面临着改善自身地位的巨大压力。高等级的猴子可以优先选择食物、梳理伙伴、配偶和休息地点。个体的进化适应度会随着等级的提高而提高；高等级的猴子有更多的后代，死于疾病的可能性更小。因此，如果一个高等级家族的成员数量大幅减少，低等级家族就会发动一场有组织的叛乱；低等级家族会不断发起挑衅，直到高等级家族屈服，此时新的等级制度就建立了。

这样的叛乱并非不可避免：成员数量较少的高等级家族可以与家族外的成员结盟，以巩固其地位。事实上，在出现挑衅行为的大约 20% 的时间里，附近的其他猴子都会响应，要么加入攻击者，要么加入防御者。大多数情况下是家族成员前来帮助，但在大约 1/3 的情况下是家族外的成员前来。看来，建立这种联盟的能力是决定个体等级的主要因素之一：等级较高的猴子往往更擅长从无家族关系的个体中招募盟友，而等级制度的逆转往往发生在猴子未能招募到这种盟友的时候。

猴子的政治活动发生在这些联盟的动态中，这些联盟不是通过固定的家族关系建立的，而是通过梳理毛发和在冲突中支持对方而建立的。联盟和梳理伙伴关系代表了一种常见的关系，我们可以称之为友谊：猴子最常营救的是那些之前已经与它们形成了梳理伙伴关系的猴子。而且猴子甚至可以通过对当前还不是朋友的猴子行善来赢得回报。如果猴子 A 特意去梳理猴子 B 的毛发，那么下次 A 发出“救我”的叫声时，B 更有可能跑去救 A。在冲突中支持他人也是如此——猴子往往会跑去保护那些曾经保护过自己的人。在这些联盟中还有一个信任的概念：当黑猩猩可以选择 X 实验者直接给它一份普通的零食，或者 Y 实验者给另一只黑猩猩一份美味的零食，并希望它能分享时，黑猩猩只有在另一只黑猩猩是它的梳理伙伴时才会选择 Y。否则，它们只会为自己选择较差的食物。

这些联盟对猴子的政治等级和生活质量有很大影响。拥有权力的猴子通过组建足够数量的低等级盟友联盟而获益，而低等级的猴子通过与合适的高等级家族建立友谊，可以大大改善自己的生活。即使高等级盟友不在视线范围内，拥有强大的梳理毛发伙伴的低等级个体受到的骚扰也大大减少。群体中的每只猴子都知道“别惹詹姆斯，除非你想对付基思”。高等级的猴子对与他们建立了联盟的低等级个体更加宽容，让他们更容易获得食物。

猴子的许多社会行为都显示出令人难以置信的政治远见。猴子更倾向于与比自己等级高的猴子建立关系。猴子更喜欢与群体中等级较高的成员交配。猴子争抢着为高等级个体梳理毛发。当发生争执时，猴子倾向于与等级较高的个体结盟。等级较高的母亲的孩子是最受欢迎的玩伴。

高等级的猴子在选择与哪些低等级成员交朋友时也表现出了聪明才智。在一项研究中，不同的低地位猴子被训练执行特定的任务来获取食物，高等级的猴子很快就和那些拥有专业技能的猴子建立了友谊，即使在不能立刻获得食物的情况下，它们也坚守这些梳理伙伴关系：我看得出你很有用，让我保护你吧。

猴子在冲突过后也展现出政治上的聪明才智。它们会不遗余力地尝试在发生攻击性行为后进行“和解”，尤其是与家族外的成员。它们通常会寻求拥抱和梳理与它们打斗过的猴子，并试图与这些猴子的家人和解：花在与它们最近发生争执的猴子的家人身上的时间是平常的两倍。

政治智慧的军备竞赛

不知何故，早期灵长类动物的进化轨迹推动了令人难以置信的复杂社交行为的广泛发展，这些行为在现代灵长类物种中屡见不鲜。在这些行为中，我们看到了人类相互交往的行为基础。为什么灵长类会进化出这些本能尚不完全清楚，但可能与早期灵长类动物在白垩纪—古近纪大灭绝事件后所处的独特生态位有关。

早期灵长类动物似乎有一种独特的饮食习惯，直接在树梢上觅食水果——它们是食果动物。它们在果实成熟后、落到森林地面之前直接从树上采摘。这使得灵长类动物能够轻松获取食物，同时避免与其他物种发生太多竞争。这个独特的生态位可能为早期灵长类动物带来了两大优势，为它们拥有超大的大脑和复杂的社会群体奠定了基础。其一，轻松获取水果为早期灵长类动物提供了充足的热量，使它们有了将能量用于发展更大的大脑的进化选择。其二，也许更重要的是，它们获得了大量的时间。

在动物界中，空闲时间是极为罕见的，大多数动物别无选择，只能将日常的每一刻都用于觅食、休息和交配。但这些食果灵长类动物不必像其他动物那样花费大量时间觅食，因此，当它们试图攀登社会等级阶梯时，这些灵长类动物拥有了一个新的进化选择：它们不必将能量花费在进化出更强健的肌肉上以打斗的方式登顶，而是可以将能量用于进化出更大的大脑，通过政治手段登上顶端。

因此，灵长类动物似乎把空闲时间都用来搞政治活动了。现代灵长类动物每天花费多达 20% 的时间进行社交，这比大多数其他哺乳动物花费的时间要多得多。研究表明，这种社交时间与灵长类动物拥有的空闲时间存在因果关系：随着空闲时间的增加（通过更便捷地获取食物），灵长类动物会花费更多时间进行社交。

这催生了一场全新的进化军备竞赛：一场政治智慧的较量。

任何天生就擅长取悦他人和结交盟友的灵长类动物都会生存得更好，并繁衍出更多的后代。这给其他灵长类动物施加了更大的压力，迫使它们进化出更聪明的政治手段。事实上，灵长类动物的大脑新皮质大小不仅与社会群体规模有关，还与社交技巧有关。这场军备竞赛的结果似乎促进了人类许多社会本能的蓬勃发展，既有好的一面（友谊、互惠、和解、信任、分享），也有坏的一面（部落主义、裙带关系、欺骗）。尽管这些行为变化的许多方面并不需要特别聪明的新大脑系统，但在这场政治较量背后确实有一项智力成就：运用心智理论的能力。

如果一个物种没有任何一种基本且原始的心智理论，那么其政治智慧就不可能实现——只有具备这种能力，个体才能推断出他人的需求，从而决定应该与谁亲近以及如何亲近。只有通过心智理论，个体灵长类动物才知道不应该去招惹那些虽然自身等级低但拥有高等级朋友的个体，这需要理解高等级个体的意图以及他们在未来情境中可能的行为。只有具备运用心智理论的能力，你才能判断出谁在未来可能变得强大，你需要与谁交朋友，以及你可以欺骗谁。

因此，这可能是灵长类动物开始拥有如此大的大脑的原因，为什么它们的大脑大小与社会群体规模相关，以及为什么灵长类动物进化出了推理他人思维的能力。当然，更重要的问题在于：灵长类动物的大脑是如何做到这一点的呢？

16

如何模拟他人心智

我们7000万年前的哺乳动物祖先的大脑重量不到半克，而到了1000万年前我们的猿类祖先出现时，它的重量已经扩大到了大约350克。大脑尺寸几乎增长了1000倍。这种大规模的扩张在对比跨时代（早期哺乳动物到早期灵长类动物）和跨物种（当今的小鼠大脑到当今的黑猩猩大脑）的大脑区域时提出了挑战。哪些大脑区域是真正新出现的，哪些只是相同大脑区域的扩大版本？

显然，大脑中的一些结构会随着身体尺寸的增大而自然地增大，而不会对其功能产生任何有意义的改变。例如，身体更大意味着触觉和痛觉神经更多，这意味着处理这些感觉信号的新皮质空间也更大。尽管早期猿类躯体感觉皮质的功能与早期哺乳动物的相同，但显然前者的表面积要大得多。同理，更大的眼睛、肌肉以及任何需要传入或传出神经的部位也是如此。

此外，可以在不改变其基本功能的情况下向结构中添加更多的神经元以提高其性能。例如，如果基底神经节扩大100倍，它可能使更多的动作和奖励之间建立联系，同时仍然执行相同的基本功能：实现时序差分学习算法。同样，灵长类动物的视觉皮质比啮齿类动物的大得多，即使把大脑规模的变化考虑进去。毫不奇怪，灵长类动物在视觉处理的许多方面都优于啮齿类动物。但是，新皮质的视觉区域在灵长类动物中并没有执行独特的功能，灵长类动物只是按比例将更多空间用于执行相同的功能，从而获得了更好的性能。

还有一些模糊的区域——那些非常相似但稍有变化的结构，它们处于新与旧的边缘。新皮质中新的感官处理层次结构就是这样的例子。灵长类动物的视觉新皮质有许多层次分明的区域，处理信号从一个区域跳到另一个区域。这些区域仍然处理视觉输入，但新层次结构的加入使它们在性质上有所不同。有些区域对简单的形状做出反应，其他区域则对面部做出反应。

当然，也有真正全新的大脑区域——具有完全独特的连接性的结构，执行着全新的功能。

因此，问题是，在早期灵长类动物的大脑中，有多少是简单扩大的（无论是按比例还是不按比例），又有多少是全新的呢？大多数证据表明，尽管大脑的尺寸显著扩大了，但我们灵长类祖先的大脑以及今天灵长类动物的大脑，在很大程度上与早期哺乳动物的大脑相同。更大的后脑、更大的基底神经节、更大的新皮质，但所有相同的区域仍然以相同的基本方式连接。这些早期灵长类动物确实为某些功能，如视觉和触觉，分配了不成比例的新皮质，但功能和连接性在很大程度上仍然是相同的。新的层次结构被添加进来，感觉信息从新皮质的一层跳跃到另一层，从而能够形成越来越抽象的表象。但这通常只是提高了性能。

因此，灵长类动物惊人的智慧，包括其心智理论、政治手腕和诡计，可能仅是大脑规模扩大的结果吗？

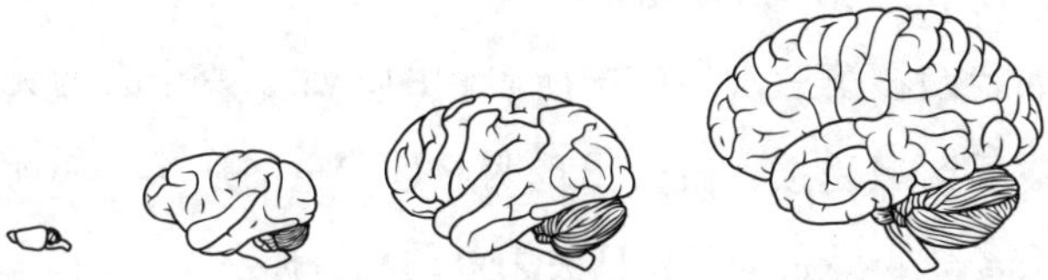

图 16.1

早期灵长类动物的新皮质区域

虽然早期灵长类动物大脑的大部分仅仅放大了它们哺乳动物祖先大脑的对应部分，但事实上，新皮质中确实存在某些全新的区域。我们可以将这些在灵长类动物谱系中出现的新皮质区域分为两组。第一组是颗粒状前额叶皮质，这是额叶皮质的一个新增部分。① 这个较新的颗粒状前额叶皮质环绕着更古老的无颗粒状前额叶皮质。第二组新皮质区域，我将其称为“灵长类动物感觉皮质”（primate sensory cortex），它是灵长类动物中出现的几个新的感觉皮质区域的融合体。② 颗粒状前额叶皮质和灵长类动物感觉皮质彼此紧密相连，形成了它们自己新的前额叶和感觉新皮质区域网络。

那么这些区域为何被称为“新的”呢？这并不是因为它们的神经微环路，所有这些区域仍然是新皮质，而且具有与其他哺乳动物新皮质区域相同的普通柱状神经微环路。使它们成为新的区

① 正如第 11 章所提到的，它被称为“颗粒状前额叶皮质”是因为它拥有独特且厚实的第四层，其中包含颗粒神经元。

② 主要的新区域包括颞上沟（STS）和颞顶联合区（TPJ）。

域的是它们的输入和输出连接性，正是这些区域构建了一个生成模型，解锁了全新的认知能力。

正如我们在第三次突破中所看到的，如果一个人的无颗粒状前额叶皮质区域受损，就会出现明显且严重的症状，如无动性缄默症，患者会变得完全沉默且失去意图和目标。

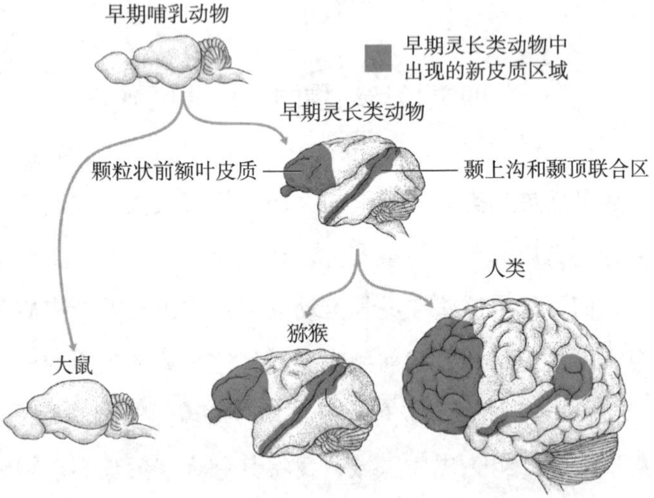

图 16.2　哺乳动物共有的新皮质区域和灵长类动物的新区域

与无颗粒状前额叶皮质损伤导致的令人担忧的症状相比，周边的颗粒状前额叶皮质的损伤通常只会导致轻微的症状。事实上，这些区域受损导致的损伤是如此轻微，以至于 20 世纪 40 年代的许多神经科学家怀疑这些区域是否根本没有任何功能意义。当时的一个著名案例研究是关于一个名为 K.M. 的癫痫患者，他为治疗癫痫而切除了 1/3 的额叶皮质。手术后，K.M. 在智力或感知方面似乎没有任何缺陷。K.M. 在切除 1/3 额叶后，智商没有变化——如果说有的话，智商甚至还提高了。用当时一位神经科学家的话来说，颗粒状前额叶皮质的功能是一个“谜”。

模拟自己的思维

这是一项 2001 年进行的研究。研究对象被置于功能磁共振成像（fMRI）仪器中，并被展示了一系列图片。每看一张图片，受试者都会被问“这让你感觉如何？”或者关于图片内容的一些日常问题，比如“这张照片是在室内还是室外拍的？”这两项任务都激活了无颗粒状前额叶皮质，这是有道理的，因为这两项任务都需要进行内部模拟，要么是模拟图片周围的世界来决定它更可能是在室内还是室外，要么是模拟自己的思想和感觉。但是只有当人类被问及他们对图片的感觉时，颗粒状前额叶皮质才会被激活。

目前已经有许多实验证实了这一点。在需要自我参照的任务中，颗粒状前额叶皮质会变得特别活跃，比如评估自己的性格特征、一般自我相关的思维漫游、思考自己的感受、思考自己的意图以及思考自己。

既然已经发现颗粒状前额叶皮质在自我参照任务中会被独特地激活，那么我们是否可能忽略了颗粒状前额叶损伤导致的一些微妙但关键的功能障碍呢？这是一个值得深入探究的问题。

2015 年，科学家进行了以下研究：他们给参与者一个中性提示词（比如鸟或餐厅），并要求他们告诉实验者与该词相关的自我描述。这些参与者中，有些人是健康的，有些人是颗粒状前额叶皮质的某些区域受损，还有些人是海马体受损。

在这些不同情况下，人们的叙述有何不同呢？颗粒状前额叶区域受损但无颗粒状前额叶皮质和海马体完好的人，能够想象出复杂且细节丰富的场景，但他们在将自己想象成这些场景中的一部分时存在障碍。他们有时甚至完全从自己的叙述中省略了自己。海马体受损似乎产生了相反的效果——患者能够很好地想象自己在过去或未来的情境中，但在构建外部世界的特征时却遇到了困难，也就是他们无法详细描述任何周围的事物。

这表明颗粒状前额叶皮质在将你自己（包括你的意图、感受、思想、个性和知识）投射到你所构建的模拟场景中的方面发挥着关键作用，无论这些模拟是关于过去的场景，还是某个想象中的未来。在只有无颗粒状前额叶皮质和海马体，而没有颗粒状前额叶皮质的大鼠大脑中，大脑内部正在运行的模拟能够呈现外部世界，但没有迹象表明它们真正地将任何有意义的自我模型投射到这些模拟中。

颗粒状前额叶皮质的损伤不仅可能影响人们在心智模拟中的自我模型，还可能影响他们在现实中的自我认知。一些颗粒状前额叶皮质受损的人会出现镜像误认综合征（mirror-sign syndrome），即患者无法在镜子中认出自己。这些患者坚持认为他们在镜子里看到的人不是自己。看来，你在现实中构建的自我心智模型与你在想象中投射的心智模型之间存在密切联系。

考虑到新的灵长类动物大脑区域的输入 / 输出连接性，这些区域参与自我心智模型构建的想法就显得合情合理了。较古老的哺乳动物无颗粒状前额叶皮质直接从杏仁核和海马体接收输入，而新的灵长类动物颗粒状前额叶皮质几乎不接收来自杏仁核或海马体的输入，也不接收任何直接的感官输入。相反，灵长类动物的颗粒状前额叶皮质的大部分输入直接来自较古老的无颗粒状前额叶皮质。

对此的一种解释是，这些新的灵长类动物大脑区域正在构建一个关于较古老的哺乳动物无颗粒状前额叶皮质和感觉皮质本身的生成模型。正如无颗粒状前额叶皮质构建了关于杏仁核和海马体活动的解释（创造了“意图”这一概念），或许颗粒状前额叶皮质构建了关于无颗粒状前额叶皮质意图模型的解释——可能创造出了人们所说的“心智”。也许颗粒状前额叶皮质和灵长类动物感觉皮质构建了一个关于个体自身内部模拟的模型，以解释在感觉新皮质知识背景下无颗粒状前额叶皮质中的意图。

我们通过一个思维实验来直观地理解这意味着什么。假设你将我们的祖先（灵长类动物）放入一个迷宫中。当它到达一个岔路口时，它选择了向左转。假设你可以询问它的大脑不同区域为什么会选择向左转。在每个抽象层次上，你都会得到截然不同的答案。反射活动会说：“因为我有一种进化上硬编码的规则，那就是朝着左侧传来的气味方向转。”脊椎动物结构会说：“因为向左转弯能最大化预期的未来奖励。”哺乳动物结构会说：“因为向左转能找到食物。”但是灵长类动物结构会说：“因为我饿了，饿的时候吃东西感觉很好，而且据我所知，向左转能找到食物。”换句话说，颗粒状前额叶皮质构建了对模拟本身的解释，即动物想要什么、知道什么和在想什么。心理学家和哲学家称这种能力为“元认知”，即思考思考本身的能力。

从某种程度上说，哺乳动物对外部世界的内部模拟所发现的内容，与它们对外部世界的认知是相同的。当哺乳动物模拟沿着一条路行走时，其感觉新皮质会呈现一个模拟场景，这个场景显示路的尽头有水，这与“知道”路的尽头有水是同一回事。虽然感觉新皮质的较老区域负责模拟外部世界（包含知识），但灵长类动物新皮质中的新区域（我一直称之为“灵长类动物感觉皮质”）似乎创造了这种知识本身的模型（灵长类动物感觉皮质区域从感觉新皮质的各个区域接收输入）。这些新的灵长类区域试图解释为什么感觉新皮质认为食物在那里，为什么动物对外部世界的内部模拟是这样的。一个可能的答案是：“因为上次我去那里时看到了水，所以当我模拟回到那里时，我在想象中看到了水。”换个说法：“因为我上次在那里看到了水，所以我现在知道水在那里，尽管在此之前我并不知道。”

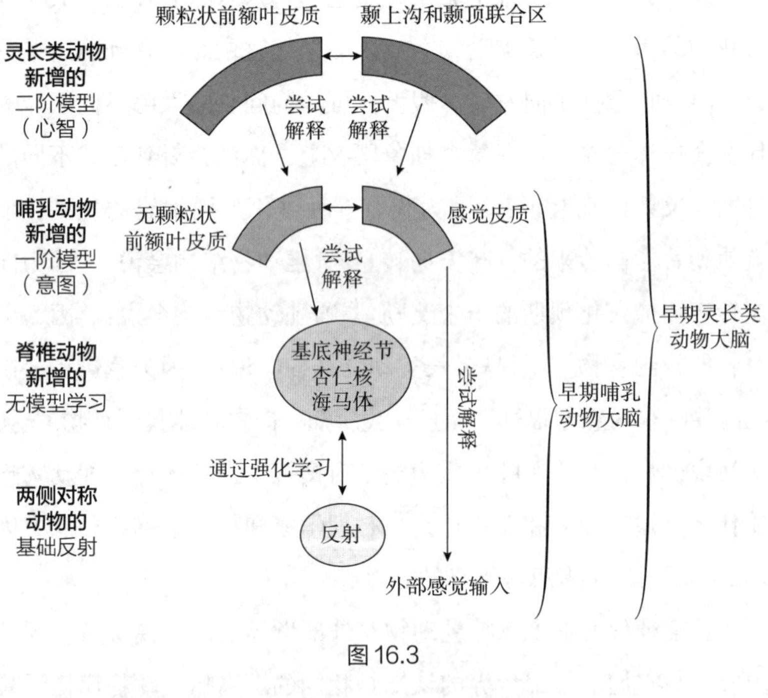

图16.3

这些系统都是相互关联的。反射不需要任何学习就能驱动效价反应，它们根据进化上硬编码的规则来做出选择。此外，脊椎动物的基底神经节和杏仁核可以基于这些反射之前强化的内容学习新的行为，从而基于最大化奖励做出选择。而哺乳动物的无颗粒状前额叶皮质可以学习这种无模型行为的生成模型，并构建解释，基于想象的目标（比如喝水）做出选择。这可以被视为一阶模型。最后，灵长类动物的颗粒状前额叶皮质可以学习这个“由无颗粒状前额叶皮质驱动的行为”的更抽象的生成模型（二阶模型），并构建对意图本身的解释，基于心理状态和知识做出选择（我渴了，渴的时候喝水感觉很好，而且当我模拟走这条路时，我在我的模拟中找到了水，因此我想朝这个方向走）。

哺乳动物的一阶模型具有明确的进化优势：它使动物能够在行动之前尝试做出替代性选择。但是，发展二阶模型的进化优势是什么？为什么要模拟自己的意图和认知呢？

模拟他人心智

我们来看看埃里克·布鲁内－古埃特（Eric Brunet-Gouet）在2000年设计的一项连环画任务。在这项任务中，受试者会看到几组连环画，每组连环画都包含三幅画。研究人员要求他们猜测哪一幅最有可能作为第四幅画（即结尾）。这些连环画分为两种类型：一种需要推断角色的意图才能正确猜测结尾，而另一种只需要理解物理因果关系。

布鲁内－古埃特在受试者做这项连环画任务时，对他们的大脑进行了正电子发射断层扫描（PET）。他发现了一个有趣的现象，那就是不同类型的连环画激活的大脑区域存在差异。当被问及那些需要理解角色意图的连环画时，新皮质中灵长类动物特有的区域（如颗粒状前额叶皮质）会被激发，当被问及其他类型的连环画时则并非如此。

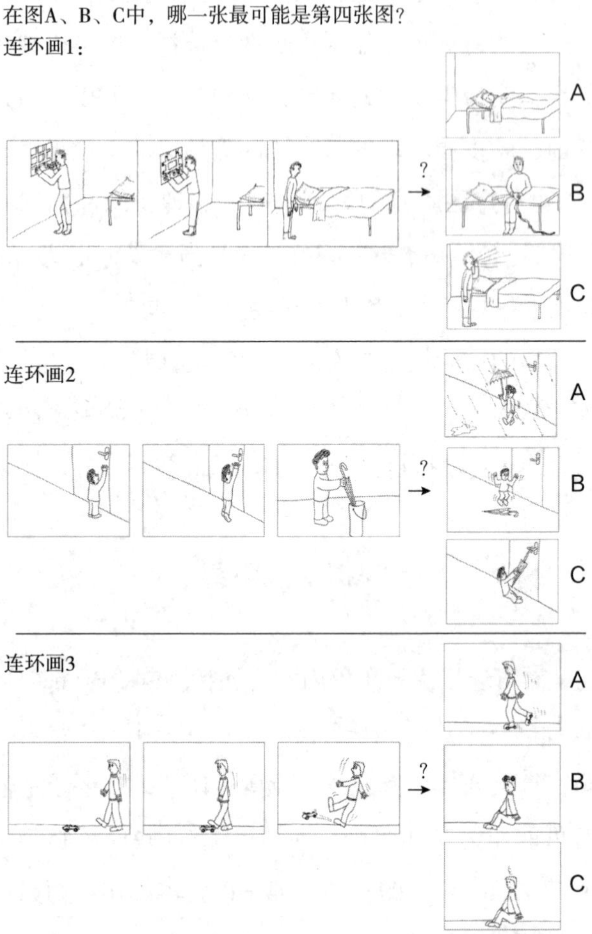

图 16.4　连环画任务示例：连环画 1 和 2 需要理解意图，而连环画 3 则不需要理解意图。连环画 1 的答案是 B（他想通过窗户逃跑），连环画 2 的答案是 C（他想打开门），连环画 3 的答案是 C（他会摔倒）

除了推测他人的意图，这些灵长类动物的大脑区域也会在处理需要推断他人认知的任务时被激活。著名的萨莉－安（Sally-

Ann）测试就是验证这一点的：参与者会看到萨莉和安两个人之间发生的一系列事件。萨莉把一颗弹珠放在一个篮子里；萨莉离开了；趁萨莉不注意，安把弹珠从篮子里移到了旁边的一个盒子里；萨莉回来了。然后参与者被提问：如果萨莉想玩她的弹珠，她会去哪里找？

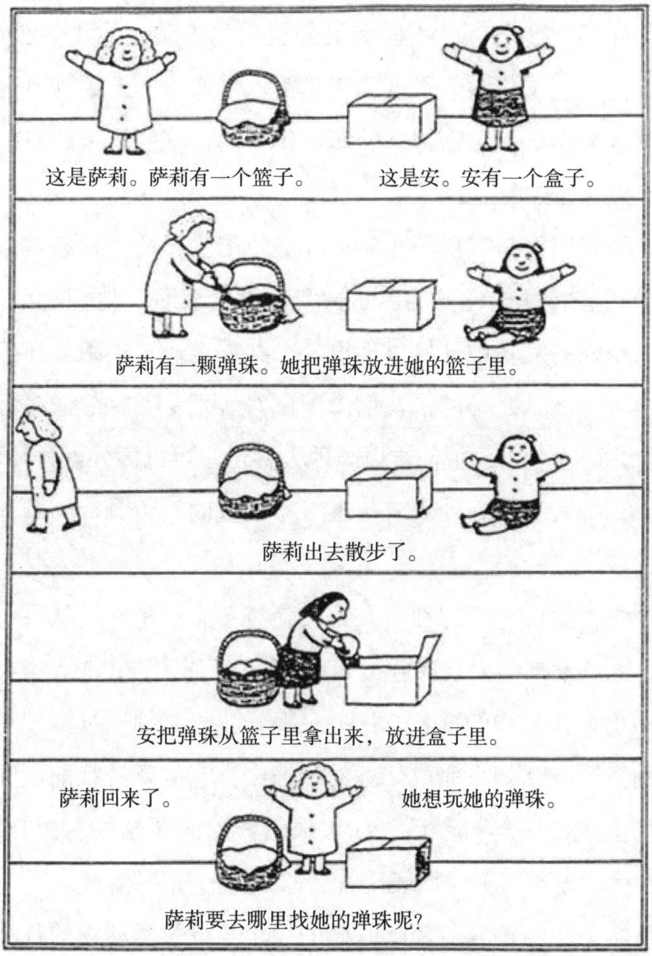

图 16.5 萨莉－安心智理论测试

正确回答这个问题需要意识到萨莉的认知和你的是不同的。虽然你看到了安把弹珠放进盒子里，但萨莉没有看到。所以正确的答案是萨莉会在篮子里找弹珠，尽管弹珠并不在那里。萨莉－安测试有很多不同的形式，通常被称为“错误信念测试”。人类在4岁时就能通过这类错误信念测试。当人类在功能磁共振成像仪器中接受错误信念测试时，灵长类动物大脑中独有的新皮质区域（如颗粒状前额叶皮质和灵长类动物感觉皮质）会被激活，而且人们的表现与激活程度呈正相关。事实上，无数的研究已经证明，这些灵长类动物特有的新皮质中的许多区域，是专门由此类错误信念任务激活的。

如果我们重新审视那些前额叶颗粒层受损的神秘患者，并对他们进行心智理论任务的测试，我们就会发现，他们看似不同、微妙且奇怪的症状中开始显现出一个共同点。这些患者在接受诸如萨莉－安测试之类的错误信念测试时表现更差，他们在识别他人情绪方面也更差，他们难以与他人共情，难以区分谎言和玩笑，难以识别会冒犯他人的失言，难以从他人的视角看待问题，也难以欺骗他人。

尽管上述所有研究都与人类大脑有关（这是人类从灵长类祖先那里继承下来的大脑部分），但实验已经证实，在非人类灵长类动物中也存在相同的现象。把一只猴子置于必须通过推理另一只猴子的意图或认知来完成任务的情境中，它的颗粒状前额叶皮质就会像人类的一样被激活。如果损伤猴子的颗粒状前额叶皮质，它们在完成这类任务时的表现就会像人类一样失败。

事实上，颗粒状前额叶区域的大小与灵长类动物的社交网络规模正相关，这揭示了其对理解他人的重要性。灵长类动物的颗粒状前额叶区域越大，其在社会等级中的地位往往就越高。这种相关性甚至在人类身上也能看到：人类的颗粒状前额叶区域越厚，其社交网络就越大，心智理论任务的表现也就越好。

这些新出现的灵长类动物特有的新皮质区域，似乎既是一个人的自我心智模型的所在之处，也是其模拟他人心智的能力所在之处。这两种看似截然不同的功能具有极为相似（甚至相同）的神经结构基础，这一事实为这些新的灵长类结构的进化目的和进化机制提供了明显的线索。

通过模拟自身心智来模拟他人心智

早在柏拉图时代，就存在一个关于人类如何理解他人心智的假说。该理论认为，我们首先理解自己的心智，然后利用这种对自身的理解来理解他人。这种古老理论的现代表述被称为“模拟理论”（simulation theory）或“社会投射理论”（social projection theory）。当我们试图理解别人为什么做某事时，我们会想象自己处于他们的处境中，拥有他们的知识和生活经历：“她对我大喊大叫，可能是因为她明天要考试了，压力很大。我知道当我压力大的时候，我会叫得更厉害。”当我们试图理解他人会做什么时，我们会想象如果我们拥有他们的知识和背景，我们会如何处理这种情况：“我认为詹姆斯不会再和乔治分享食物了，因为我相信詹姆斯看到乔治偷东西了，如果我看到我的朋友偷我的东西，我就不会再和他分享了。”我们通过设身处地想象自己处于他人的境地来理解他人。

社会投射理论最有力的证据是，那些需要理解自我和理解他人的任务都激活了相同的灵长类动物特有的神经结构。在大脑中，理解自己的心智和理解他人的心智是同一个过程。

社会投射理论的证据也可以从儿童自我意识的发展中找到。儿童自我意识的发展与心智理论的发展高度相关。检验儿童自我意识的一种方法是镜像自我识别测试。在孩子的脸上抹上一块污渍，让他照镜子，看他是否会触摸脸上的那个部位，意识到他看到的是自己。儿童通常在大约两岁时才能通过这项测试。也正是在这个时候，儿童开始表现出对心理状态的原始理解，并开始使用诸如“想要”“希望”“假装”这样的词语。大约在三岁时，儿童意识到他们可以持有自己的错误观念，他们能够说出这样的话：“我以为它是短吻鳄（alligator），现在我知道它是鳄鱼（crocodile）。”直到这个阶段之后，大约四五岁时，儿童才能通过关于他人的错误信念测试，比如萨莉－安测试。

其他研究还发现，儿童报告自己心理状态的能力和报告他人心理状态的能力之间存在强烈的相关性——当儿童其中一项能力有所提高时，他们往往同时另一项能力也有所提高。此外，其中一项能力的发展受损也会影响另一项能力，在社交隔离环境中长大的黑猩猩无法在镜子中认出自己。模拟自己的心智和他人的心智是交织在一起的。

我们对自己的理解经常与对他人的理解相互交织，这与我们为不同的目标重新利用同一个系统的观点是一致的。例如，处于特定的情绪状态（如快乐或悲伤）会使你倾向于错误地推断他人的情绪状态，口渴会使你倾向于错误地认为他人比你更口渴。人们往往将自己的性格特征投射到他人身上。自我与他人的界限可以相互交织，这是我们在通过设身处地理解他人时可以预料到的效果。

• • •

回到我们最初的问题：心智理论是如何运作的？至少在概念上，一种可能性是，灵长类动物特有的新皮质区域首先建立你自己的内部模拟（也就是你的心智）的生成模型，然后使用这一模型来尝试模拟他人的心智。

我们现在处于抽象层面——这远非构建具有心智理论的人工智能系统的详细算法蓝图。但是通过首先模拟自己的内部模拟来引导心智理论的发展，即通过模拟自我来模拟他人，这一想法提供了一个有趣的方向。如今，我们可以训练人工智能系统观看人类行为的视频并预测人类接下来会做什么；我们向这些系统展示无数关于人类行为的视频，并告诉它们人类正在做什么的正确答案（“这是握手”“这是跳跃”）。广告平台可以利用行为来预测人们接下来会购买什么。我们确实有人工智能系统试图识别人们脸上的情绪（在这些系统经过大量按情绪分类的面孔图片训练后）。但所有这些都与人类（和其他灵长类动物）大脑中的心智理论的复杂性相去甚远。如果我们想要人工智能系统和机器人能够与我们共同生活，理解我们是什么样的人，推断出我们不知道但我们想知道的事情，通过我们说的话推断出我们的意图，在我们告诉它们之前预测我们的需求或愿望，与一群有着各种隐藏规则和礼仪的人建立社交关系——换句话说，如果我们想要真正的类人人工智能系统，那么心智理论无疑将是该系统不可或缺的一部分。

事实上，心智理论可能是构建与超级人工智能系统和谐共存的未来的最关键要素。如果超级人工智能系统不能推断出我们所说的话的真正含义，我们就有可能进入一个反乌托邦的未来：在那里，人工智能系统可能会误解我们的请求，从而可能导致灾难性的后果。在第五次突破中，我们将更深入地了解在向人工智能系统提出请求时，心智理论的重要性。

在灵长类祖先群体的社会等级中，位于顶端意味着有更多的食物选择权和择偶权，而位于底层则意味着最后才能挑选食物且没有择偶权。心智理论使每只灵长类动物都能攀登社会阶梯；使它们能够管理自己的声誉并隐藏自己的过错；使它们能够结成联盟，巴结冉冉升起的新星，并讨好有权势的家族；使它们能够建立联盟并策划叛乱；使它们能够缓和正在酝酿的争端，并在争吵后修复关系。与之前进化突破中出现的智力能力不同，心智理论的产生并不是由于需要应对饥饿的捕食者，或者获得难以捕获的猎物，而是源于政治中更微妙且更具破坏性的危险。

政治是第四次突破的起源故事，但远非全部内容。正如我们将在接下来的两章看到的，早期灵长类动物的心智理论被重新用于另外两种新能力。

17

猴锤和自动驾驶汽车

珍·古道尔（Jane Goodall）简直不敢相信自己的眼睛。

那是1960年11月。几个月来，她一直在坦桑尼亚贡贝（Gombe）追踪一个当地的黑猩猩部落。这些黑猩猩最近才开始接受她的存在，允许她靠近到足以在自然环境中观察它们。此前几年，古道尔与一位名叫路易斯·利基（Louis Leakey）的肯尼亚古生物学家结下了友谊，他最终提出让她去研究黑猩猩在其天然栖息地的社会生活。但是古道尔的第一个发现并非关于它们的社会生活。

当古道尔静静地坐在不远处时，她注意到两只被她分别命名为大卫·灰胡子和歌利亚的黑猩猩正在抓住细树枝，剥掉上面的叶子，然后把它们插入白蚁堆中。当黑猩猩把树枝拉出来时，上面沾满了美味的白蚁，它们便大快朵颐。它们在“钓”白蚁。它们正在使用工具。

长期以来，人们一直认为使用工具是人类独有的特性，但现在发现许多灵长类动物也会使用工具。猴子和猿类不仅用棍子钓白蚁，它们还用石头砸开坚果，用草剔牙，用苔藓当海绵，用棍棒敲打蜂巢，甚至用细枝掏耳朵。

自古道尔研究这些黑猩猩以来，人们发现整个动物王国都存在使用工具的现象。大象用鼻子捡起树枝来驱赶苍蝇和挠痒。獴用石砧来砸开坚果。乌鸦用棍子戳幼虫。章鱼收集大贝壳来制作护盾。人们发现隆头鱼会用石头砸开蛤蜊以获取里面的蛤肉。

但是灵长类动物使用工具的技巧比其他动物的更复杂。虽然人们发现隆头鱼、獴和海獭会使用工具，但它们通常只掌握一种使用技巧。相比之下，一群黑猩猩通常能表现出 20 多种不同的使用工具的行为。此外，除了鸟类和大象，只有灵长类动物被证明会主动制造工具。黑猩猩在使用棍子钓白蚁之前，会先把棍子削短、磨尖并去掉上面的叶子。

灵长类动物使用工具的行为在不同社会群体中也显示出惊人的多样性。尽管不同种类的隆头鱼没有相互接触，但它们使用石头的方式是一样的。而灵长类动物并非如此，同一物种的不同群体表现出令人惊讶的独特的使用工具的行为。格瓦鲁格（Goualougo）的黑猩猩制作钓白蚁的钓竿的方式与贡贝的黑猩猩不同。一些黑猩猩群体经常用石头砸开坚果，而其他群体则不会；一些黑猩猩群体用棍棒敲打蜂巢，而其他群体则不会；一些黑猩猩群体用带叶子的树枝驱赶苍蝇，而其他群体则不会。

如果早期灵长类动物大脑进化的驱动力是一场政治化的军备竞赛，那么为什么灵长类动物会特别擅长使用工具呢？如果灵长类动物的新大脑区域是被“设计”用来支持心智理论的，那么它们独特的工具使用技能又是从何而来的呢？

猴镜

1990年，朱塞佩·迪·佩莱格里诺（Giuseppe di Pellegrino）、莱昂纳多·福加西（Leonardo Fogassi）、维特里奥·加莱塞（Vittorio Gallese）和卢西亚诺·法迪加（Luciano Fadiga）正在实验室里共进午餐。他们是帕尔马大学贾科莫·里佐拉蒂（Giacomo Rizzolatti）神经生理学实验室的成员，他们的任务是研究灵长类动物精细运动技能的神经机制。午餐桌旁几英尺远的地方坐着一只猕猴，这是他们研究的对象。他们已经在猕猴的大脑中放置了电极，以寻找哪些区域会对执行特定类型的手部运动做出反应。他们发现，当猴子执行特定类型的手部运动时，前运动皮质的特定区域会被激活，有些区域负责抓取，有些负责握住，还有些负责撕扯。但幸运的是，他们即将发现一件更加了不起的事情。当实验室的一名成员拿起三明治咬了一口时，附近的一个扬声器发出了响亮的噼啪声。这个声音并非来自与火警报警器或唱片机连接的扬声器，而是来自与猕猴大脑连接的扬声器。

现在回想起来，他们那时立刻意识到刚刚发生了一件重要的事情。他们只在大脑新皮质的运动区域放置了电极，这些区域应该只在猴子自己执行特定的手部运动时才会被激活。但在午饭时间的那一刻，尽管猴子一动没动，当实验室的一名成员抓取食物的时候，负责手部抓取的同一区域恰好被激活了。

在尝试复制这种观察三明治时的虚幻激活后，里佐拉蒂的团队很快意识到，他们实际上发现了一种更普遍的现象：当他们的猴子观察到人类执行某项运动技能时（无论是用两根手指拿起花生，还是用整只手抓住苹果，或是用嘴巴咬零食），猴子自己执行同样技能的运动神经元经常会被激活。换句话说，猴子新皮质前运动区和运动区的神经元（那些控制猴子自身运动的神经元）不仅在执行这些特定的精细运动技能时被激活，而且在仅观察其他人执行这些技能时也会被激活。里佐拉蒂将这些神经元称为“镜像神经元”。

在随后的 20 年中，里佐拉蒂发现的镜像神经元在多种行为（抓取、放置、握住、手指运动、咀嚼、舔嘴唇、伸出舌头）中，在大脑的多个区域（前运动皮质、顶叶、运动皮质）中，以及在多种灵长类动物中都被发现。当一只灵长类动物观察另一只灵长类动物执行某个动作时，它的前运动皮质往往会镜像模仿它所观察到的动作。

关于镜像神经元，存在多种相互竞争的解释。一些人认为，镜像神经元只是关联——运动神经元会对任何与运动相关的线索做出反应而被激活。猴子在选择做出抓取动作时，会看到自己的手臂做出抓取动作，所以当它们看到别人的手臂抓取东西时，一些相同的神经元会轻微地兴奋起来。另一些人则认为，镜像神经元代表着更基础的东西——也许镜像神经元是灵长类动物实践心智理论的机制。这个假设是，灵长类动物有一种巧妙的机制，可以自动地在脑中镜像模仿它们看到的其他动物的行为，然后通过模拟自己执行这种行为，它们可以问“我为什么要这么做”，并试图推断出另一只猴子或人类的意图。

还有一些人持一种折中的观点。也许镜像神经元并没有自动镜像模仿的机制，它们只是线索，表明猴子恰好在想象自己做着看到别人正在做的事情。镜像神经元没有什么特别之处，它们只是证明，当猴子看到你抓取食物时，它们会想象自己在抓取食物。

正如我们在第 12 章中已经看到的那样，当人们在想象自己执行特定动作时，那些在实际执行这些动作时被激活的运动皮质区域也会被激活。

有证据表明，镜像神经元只是反映想象中的动作。猴子不需要直接观察动作，它们的镜像神经元就会被激活，只要给它们足够的信息来推断正在执行什么动作就可以了。猴子在做出某个行为（比如拿起花生打算剥开）之前会激活的运动神经元，在猴子只是听到花生被剥开的声音（没有看到任何东西）的时候，也会被激活。同样，当猴子拿起一个盒子时激活的神经元，在猴子通过推测“看到”一个人拿起一个藏在墙后的盒子时也会被激活（但如果猴子知道墙后没有盒子，神经元就不会被激活）。因此，如果镜像神经元只是自动地镜像模仿，那么在上述猴子没有直接观察行为的情况下，它们就不应该被激活。然而，如果镜像神经元是想象行为的反映，那么每当有什么东西触发猴子想象自己在做某件事时，你就会看到这些镜像神经元被激活。

如果我们接受镜像神经元是反映想象动作的解释，那么这就引出了一个问题：为什么猴子倾向于想象自己做着它们看到别人在做的事情？在心理上模拟你看到的其他动物的动作有什么意义呢？在第 12 章中，我们回顾了许多哺乳动物使用运动模拟的一个好处：提前规划动作。这使得猫能够快速规划将爪子放在哪里以走过平台，或者松鼠能够规划如何在不同的树枝间跳跃。我们假设这可能是哺乳动物拥有如此出色的精细运动技能，而大多数爬行动物却非常笨拙的原因。但这种技巧与模拟你看到的其他动物的动作无关。

模拟他人动作的一个原因是这样做有助于我们理解他们的意

图。通过想象自己做着别人正在做的事情，你可以开始理解他们为什么要这么做：你可以想象自己在系鞋带或扣衬衫纽扣，然后问自己“我为什么要这样做”，从而开始理解其他人动作背后的深层意图。这一点的最好证据在于一个奇怪的事实：那些在执行特定动作方面有障碍的人，在理解其他人执行这些相同动作的意图时也存在障碍。控制一组特定运动技能所需的前运动皮质的亚区域，与理解他人执行相同运动技能的意图所需的亚区域是相同的。

例如，在新皮质运动区域受损的患者中，动作产生障碍（使用牙刷、梳子、叉子或橡皮擦等工具进行模仿的能力）和动作识别障碍（正确选择与动作短语相匹配的动作模仿视频的能力，如梳头）之间存在显著的相关性。那些难以自己刷牙的人往往难以识别出别人的刷牙行为。

此外，暂时抑制人的前运动皮质会严重影响他们通过观看某人提起箱子的视频来正确推断箱子重量的能力（如果提起箱子时手臂动作轻松，说明箱子很轻；如果手臂一开始就很吃劲儿，需要调整姿势以获得更多杠杆力，则说明箱子很重），但这不会影响他们通过观看球自己弹跳的视频来推断球的重量的能力。这表明，当看到别人提起箱子时，人们会在心理上模拟自己提起箱子的过程（“只有箱子很重时，我才会那样转动手臂”）。

这种理解他人动作的障碍并非干扰前运动皮质产生的一般效果，而是大脑无法模拟的身体部位特有的。例如，暂时抑制你前运动皮质的手部区域（该区域模拟自身的手部动作），不仅会影响你执行手部动作的能力，还会影响你识别模仿的手部动作的能力（比如正确识别抓取锤子和倒茶等模仿动作），但不会影响你识别模仿的口部动作的能力（比如识别舔冰激凌、吃汉堡或吹蜡烛的动作）。相反，暂时抑制你前运动皮质的口部区域会影响你识别模仿的口部动作的能力，但不会影响你识别手部动作的能力。

这表明，前运动皮质和运动皮质这两个负责模拟自身动作的大脑区域，也是模拟他人动作以理解其行为所必需的。但我们所说的理解，并非指理解他人的情绪（饥饿、恐惧）或他人的认知（“比尔是否知道简藏了食物？”）。这些研究表明，前运动皮质专门参与理解他人行为的感觉运动方面——推断提起箱子所需的力量或某人打算使用的工具类型。

但是为什么正确识别你所观察到的他人行为的感觉运动方面如此重要呢？意识到某人试图持有的工具或箱子的重量有什么好处呢？主要的好处是，它有助于我们像早期灵长类动物一样，通过观察来学习新技能。我们已经在第 14 章中看到，在实际执行动作之前，在脑海中反复演练动作可以提高表现。如果情况如此，那么灵长类动物利用对他人的观察来反复演练动作就合情合理了。

假设你让一个初学者在功能磁共振成像仪器中，通过观看专业吉他手演奏某和弦的视频来学习该吉他和弦。然后，你比较他们在两种情况下的大脑活动：第一种是观察他们还不知道的和弦，第二种是观察他们已经知道如何演奏的和弦。结果是，当他们观察一个他们还不知道的和弦时，他们的前运动皮质的激活程度比观察他们已经知道如何演奏的和弦时要高得多。

但是仅仅因为前运动皮质在试图通过观察学习新技能时被激活，并不能证明它是通过观察学习新技能所必需的。假设你让一个人观看两段不同的视频：在第一段视频中，他看到一只手在键盘上按下特定的按钮，他被要求模仿这些手部动作并在自己的键盘上按下相同的按钮；在另一段视频中，他看到一个红点移动到键盘上的不同按钮上，他被要求在自己的键盘上按下相同的按钮。如果你在这项任务中暂时抑制他的前运动皮质，他会在模仿手部动作时十分困难，但在跟随红点时表现正常。前运动皮质的激活不仅与模仿学习相关，至少在某些情况下，它似乎是模仿学习所必需的。在这里，我们可以开始揭示为什么灵长类动物是如此出色的工具使用者。

传播性胜过独创性

想想与使用工具相关的所有巧妙的运动技能：打字、开车、刷牙、打领带或骑自行车。这些技能中，有多少是你自己琢磨出来的？我敢打赌，几乎所有这些技能都是通过观察他人获得的，而不是靠你自己独立创新。非人类灵长类动物使用工具的方式也起源于此。

同一群体中的大多数黑猩猩使用相同的工具技术，并非因为它们各自独立地想到了同样的窍门，而是因为它们通过观察彼此来学习。年幼的黑猩猩观看其母亲使用白蚁钓竿或蚂蚁采集工具的时间长短，是预测其学会每项技能年龄的重要因素。它看得越多，学会做这些的时间就越早。如果没有他人的传授，大多数黑猩猩永远不会自己想出使用工具的方法。事实上，如果一只年幼的黑猩猩在 5 岁之前没有通过观察其他黑猩猩学会用石头砸开坚果，那么它以后也不会掌握这项技能。

非人类灵长类动物的技能传递已在实验室实验中得到了证实。在 1987 年的一项研究中，研究人员给了一组年幼的黑猩猩一个 T

形耙子，这个耙子可以插入笼子，用来抓取远处的食物。其中一半的黑猩猩观察了一只成年黑猩猩如何使用这个工具，而另一半则没有。观察了成年专家黑猩猩的年幼黑猩猩组学会了如何使用这个工具，而没有看到专家演示的那组则从未学会如何使用这个工具（尽管它们非常想学会，因为它们可以看到笼子里的食物）。

这些技能可以在整个灵长类动物群体中传播。以下是一项研究：实验者暂时从群体中选取一只黑猩猩、卷尾猴或狨猴，并教它一项新技能。这些个体被教授的技能包括：以正确的方式使用棍子戳食物分发装置、以特定方式滑动打开一扇门以获取食物、拉开抽屉以获取食物，或打开人造水果。在教授了这项新技能后，实验者将已经熟练的灵长类动物重新引入它们的群体。在一个月内，几乎整个群体都在使用这些相同的技术，而那些从未有成员被教授这项技能的群体则从未以同样的方式学会如何使用这些工具。而且，这些最初只传授给单个个体的技能，通过多代传承了下来。

使用工具的能力与其说具有独创性，不如说具有传播性。如果传播频繁发生，那么独创性只需发生一次。如果一个群体中至少有一个成员想出了如何制造和使用捕捉白蚁的棍子，那么整个群体都可以获得这项技能，并代代相传。

但是仅仅因为灵长类动物能够通过观察学习来相互传授运动行为，就得出灵长类动物是独一无二的优秀工具使用者的结论是不准确的。许多工具使用能力远逊于灵长类动物的动物，甚至那些根本不使用工具的动物，也会进行观察学习。老鼠可以通过观察另一只老鼠推杆获取水的过程，来学会如何推杆获取水。獴会使用父母打开鸡蛋的技巧。海豚可以被训练去模仿它们看到的其他海豚或人类的动作。狗可以通过观察另一只狗用爪子拉杆获取食物的过程，从而学会如何拉杆获取食物。甚至鱼类和爬行动物也可以通过观察同物种中其他成员采取的导航路径，来学会采取相同的导航路径（见表 17.1）。

表 17.1　选择技能和学习技能

通过观察来选择已知技能	通过观察来学习新技能
许多哺乳动物 章鱼 鱼类 爬行类动物	灵长类动物 部分鸟类

但是灵长类动物与其他大多数哺乳动物在观察学习方面存在差异。如果一只獴的父母倾向于用嘴破开鸡蛋，那么它的后代也会这样做；如果一只獴的父母倾向于通过抛掷来破开鸡蛋，那么它的后代也会这样做。但这些獴的后代并不是通过观察来学习新技能的，它们只是在改变它们更喜欢使用的技巧——所有小獴都会用咬和扔这两种技巧来打开鸡蛋。小猫只有在看到它们的妈妈使用猫砂盆时才学会在猫砂盆里撒尿，但所有的小猫都知道如何撒尿。鱼类并不是通过观察来学习如何游泳的，它们只是通过观察来改变它们的路径。在这些情况下，动物并不是通过观察学习来获得新技能的，它们只是通过看到其他动物做同样的事情来选择一种已经掌握的行为。

通过观察来选择已经掌握的行为可以通过简单的反射来实现：乌龟可能有向其他乌龟看的方向看的反射，鱼可能有跟随其他鱼的反射。一只老鼠在观察另一只老鼠推杆时，可以模拟自己推杆（这是它已经知道如何做的事情），这时这只老鼠会意识到，如果它这样做，就会得到水。但是通过观察来习得一种全新的运动技能可能需要全新的机制，或者至少从这种机制中受益。

为什么灵长类动物会使用锤子而老鼠不会

通过观察来习得新技能需要心智理论，而通过观察来选择已经掌握的技能则不需要。之所以会这样，有三个原因。通过观察来习得新技能需要心智理论的第一个原因是，它可能使我们的祖先能够主动教学。要想在群体中传播技能，并不需要老师——新手只需认真观察即可。但是主动教学可以极大地提高技能的传播效率。想象一下，如果没有一位老师放慢速度、一步一步地教你如何系鞋带，而你只能通过观察别人迅速系鞋带的过程来破解步骤，将是多么困难，因为别人根本不会考虑你的学习步调。

只有具备心智理论才能进行教学。教学需要理解另一个人的心智不知道什么，以及什么样的演示有助于以正确的方式影响另一个人的心智认知。尽管除了人类是否还有其他灵长类动物会进行教学仍存在争议，但近年来，越来越多的证据开始支持这一观点：非人类灵长类动物实际上会主动相互教学。

据报道，20 世纪 90 年代，灵长类动物学家克里斯托夫·伯施（Christophe Boesch）观察到黑猩猩母亲特意在它们的孩子面前用慢动作演示如何敲开坚果。这些母亲会时不时地转过头来，以确保它们的孩子集中注意力。伯施报告称，黑猩猩母亲会通过拿走坚果、清理砧板，然后把坚果放回原处，来纠正小黑猩猩的错误。他还观察到，黑猩猩母亲会重新调整小黑猩猩手中的锤子。

人们发现，成年猴子会在尚未学会“用牙线清洁牙齿”这项技能的小猴子面前特意夸张地展示这项技能，就好像是在放慢动作以帮助教学。擅长钓白蚁的黑猩猩通常会带两根棍子去现场，并直接递给小黑猩猩一根。如果小黑猩猩没有带棍子来，黑猩猩甚至会把自己的棍子掰成两半，把其中一半给小黑猩猩。如果孩子似乎在做某项任务时遇到了困难，母亲会主动与它们交换工具。使用工具的过程越复杂，母亲越有可能把工具给孩子。

通过观察来学习新的运动技能需要心智理论的第二个原因是，它使学习者能够长时间保持对学习的专注。一只老鼠可以在看到另一只老鼠推杆后几秒钟也推杆。然而，小黑猩猩会观察其母亲用砧板砸开坚果，并在开始掌握这项技能之前，年复一年地不断练习这种技巧。小黑猩猩会持续不断地尝试学习，即使没有眼前的回报。

小黑猩猩这么做可能是因为它们觉得模仿本身就是一种奖励，但另一种可能是，心智理论使新手能够识别复杂技能的意图，这使它们有很大的动力继续尝试掌握这项技能。心智理论使小黑猩猩意识到，尽管它的母亲能用棍子获得食物，但自己却不能，原因在于它的母亲拥有它尚未掌握的技能。这使小黑猩猩有持续的动力去掌握这项技能，即使需要很长时间。而当老鼠模仿时，如果它的行为没有马上带来回报，它就会很快放弃。

通过观察来学习新的运动技能需要心智理论的第三个也是最后一个原因是，它使新手能够区分“专家”有意和无意的动作。如果一个人知道另一个人的每个动作想要完成什么，那么观察学习就会更有效。如果你看着你的母亲系鞋带，但你不知道她动作中的哪些部分是有意的，哪些是偶然的，那就很难分辨出该模仿哪些动作。如果你意识到她的目的是把鞋带系好，但她滑倒是个意外，以及她坐着的方式和头部的角度与这项技能无关，那么通过观察来学习这项技能，对你来说就会容易得多。

这确实是黑猩猩的学习方式。请参考以下实验。一只成年黑猩猩被允许观察一名人类实验员打开一个谜题盒来获取食物。在打开谜题盒所需的一系列动作中，实验员做了几个无关的动作，比如轻敲魔杖或旋转盒子。然后，黑猩猩得到了自己打开谜题盒获取食物的机会。令人惊讶的是，黑猩猩并没有完全复制实验员的每一个动作，而是只复制了打开谜题盒所必需的动作，并跳过了无关的步骤。

理解动作的意图对于观察学习至关重要，它使我们能够过滤掉无关紧要的动作，提炼出技能的精髓。

机器人模仿

1990 年，卡耐基梅隆大学的一名研究生迪安·波默洛（Dean Pomerleau）和他的导师查克·索普（Chuck Thorpe）共同开发了一个名为 ALVINN（Autonomous Land Vehicle in a Neural Network，神经网络中的自主行驶陆地车辆）的人工智能系统，该系统能够自动驾驶汽车。ALVINN 可以接收来自汽车周围的视频画面，并自行控制汽车，从而保持在真实高速公路的车道内行驶。虽然之前也有类似的自动驾驶汽车的尝试，但其速度非常慢，经常需要每隔几秒钟就暂停一次。索普团队中最初版本的自动驾驶汽车由于需要进行大量的思考，时速只能达到 0.25 英里。相比之下，ALVINN 的速度要快得多。实际上，ALVINN 成功地在真实的高速公路上载着波默洛从匹兹堡开到五大湖区域，当时高速公路上还有其他行驶车辆。

为什么 ALVINN 能够成功，而之前的尝试都失败了？与以往构建自动驾驶汽车的尝试不同，ALVINN 并没有被教导去识别物体、规划未来的动作或理解自己在空间中的位置。相反，ALVINN 通过一种更简单的方式超越了其他人工智能系统：它通过模仿人类司机来学习。

波默洛通过以下方式训练 ALVINN：他在车上安装了一个摄像头，并在驾驶的同时录制视频和方向盘的位置。[1]然后，波默洛训练了一个神经网络，将道路图像映射到他选择的相应方向盘位置。换句话说，他训练 ALVINN 直接复制他自己的操作。令人惊讶的是，仅仅观察了几分钟之后，ALVINN 就已经非常擅长独立控制汽车转向了。

但随后波默洛遇到了一个问题：人们很快就发现，这种直接复制专家行为的模仿学习方法存在一个致命的缺陷。每当 ALVINN 犯下哪怕很小的错误时，它都完全无法纠正。小小的失误会迅速演变成驾驶时的灾难性失败，经常导致汽车完全驶离道路。问题在于，ALVINN 只接受过正确驾驶的训练。它从未见过人类纠正错误，因为它从一开始就没有见过错误。事实证明，直接复制专家行为是模仿学习的一种危险且不堪一击的方法。

在机器人技术中，有很多策略可以解决这个问题，但其中有两个策略与灵长类动物模仿学习的方式特别相似，第一种是模仿师生之间的关系。除了训练一个人工智能系统直接复制专家的行为，如果专家能与人工智能系统一起驾驶，并纠正它的错误，那

① ALVINN 只控制方向盘，不控制刹车或加速。

将会怎样？2009年，斯蒂芬·罗斯（Stephane Ross）和他的导师德鲁·巴格内尔（Drew Bagnell）在卡耐基梅隆大学进行了这方面的首次尝试。他们教会了一个人工智能系统在模拟的马里奥赛车环境中驾驶。罗斯没有先录制自己驾驶的过程，然后训练一个系统去模仿，而是自己在马里奥赛车道上驾驶，并与人工智能系统交替控制汽车。起初，罗斯会负责大部分驾驶工作，然后短暂地将控制权交给人工智能系统，而且罗斯会迅速纠正它犯下的错误。随着时间的推移，罗斯越来越频繁地将控制权交给人工智能系统，直到它能够自己熟练驾驶。

这种主动教学的策略取得了惊人的效果。当仅通过直接复制驾驶行为（就像训练ALVINN那样）时，罗斯的人工智能系统在获取了100万帧专家驾驶的数据后，仍然会撞车。相比之下，采用这种新的主动教学策略，他的人工智能系统在仅仅几圈之后，就能够几乎完美地驾驶了。这很像一只黑猩猩老师纠正学习新技能的小黑猩猩的动作。一只母猩猩会看着它的女儿尝试把棍子插入白蚁堆，当孩子遇到困难时，母亲会尝试纠正它的动作。

机器人技术中，模仿学习的第二种策略被称为“逆向强化学习”。如果人工智能系统首先尝试识别人类驾驶决策背后的意图，而不是直接复制人类根据道路图像做出的驾驶决策，又会怎样呢？

2010年，彼得·阿贝尔（Pieter Abbeel）、亚当·考特斯（Adam Coates）和吴恩达（Andrew Ng）利用逆向强化学习让一个人工智能系统自主驾驶遥控直升机，展示了逆向强化学习的强大力量。驾驶直升机，哪怕是遥控直升机，也是一件难事。直升机是不稳定的（小小的失误可能迅速演变成坠机），需要不断调整才能保持在空中飞行，并且需要同时正确平衡多个复杂的输入（顶部叶片的角度、尾部旋翼叶片的角度、直升机机身的倾斜方向等）。

吴恩达和他的团队不仅希望人工智能系统能简单地驾驶直升机，还希望它能执行特技飞行任务，就是那些最优秀的人类飞行员才能完成的动作：原地翻转而不坠落、翻滚向前、倒飞、空中盘旋等。

他们的策略部分采用了标准的模仿学习。吴恩达和他的团队在特技飞行专家执行这些特技飞行动作时，记录了他们对遥控器的操作输入。但他们没有训练人工智能系统直接复制人类专家的动作（因为这种方法行不通），而是先训练人工智能系统推断出专家的预期轨迹，也就是推测人类似乎想要做什么，然后人工智能系统学习如何追踪这些预期轨迹。这种技术被称为“逆向强化学习”，因为这些系统首先尝试学习它们认为熟练专家正在优化的奖励函数（即他们的“意图”），然后这些系统通过试错来学习，使用这种推断出的奖励函数来奖励和惩罚自己。逆向强化学习算法从观察到的行为开始，产生自己的奖励函数。而在标准的强化学习中，奖励函数是硬编码的，不是通过学习得到的。即使是经验丰富的飞行员驾驶这些直升机时，也在不断地纠正小错误并吸取经验。通过首先尝试识别预期的轨迹和动作，吴恩达的人工智能系统既过滤掉了专家无关紧要的错误，又纠正了自己的错误。通过逆向强化学习，到了 2010 年，他们成功地训练了一个人工智能系统，使其能够自主驾驶直升机进行空中特技表演。

在机器人技术的模仿学习方面，仍然有很多工作要做。但是逆向强化学习（即人工智能系统推断观察到的行为的意图）似乎是观察学习在部分任务中发挥作用所必需的，这一事实支持了这样一个观点：心智理论（即灵长类动物推断观察到的行为的意图）对于观察学习以及彼此之间的工具使用技能传播是必需的。机器人学家的独创性和进化的迭代都找到了类似的解决方案，这不太可能是巧合。新手不可能仅仅通过观察专家的动作来可靠地掌握一项新的运动技能，新手还必须深入了解专家的思维。

• • •

心智理论在早期灵长类动物中进化出来是为了进行政治活动，但这种能力后来被重新用于模仿学习。推断他人意图的能力使早期灵长类动物能够过滤掉无关的行为，只关注相关的行为（这个人打算做什么），它帮助年幼动物长时间专注于学习，而且它可能使早期灵长类动物通过推断新手了解和不了解的内容来主动相互教学。虽然我们的哺乳动物祖先可能会通过观察他人来选择已经掌握的技能，但拥有心智理论的早期灵长类动物出现了通过观察获取全新技能的能力。这创造了一种新的可传播度：那些由聪明个体发现的技能，过去可能会随着它们的死亡而消失，现在却可以在一个群体中传播，并且可以代代相传，永无止境。这就是为什么灵长类动物会使用锤子，而老鼠不会。

18

为什么老鼠不能去杂货店买东西

虽然罗宾·邓巴的社会大脑假说在过去几十年里一直是科学家解释灵长类动物大脑扩大的主导理论，但还存在另一种解释，即所谓的生态大脑假说。

正如我们所见，早期的灵长类动物不仅具有独特的社会性，还有独特的饮食习惯，它们是食果动物。以水果为主的饮食会带来一些出人意料的认知挑战。水果成熟且尚未掉落到森林地面上的时间窗口非常短暂。事实上，对于这些灵长类动物吃的许多水果来说，这个窗口时间还不足 72 小时。有些树木在一年中只有不到三周的时间提供成熟的果实。有些水果很少有动物竞争者（比如香蕉，因为它们的外皮难以剥开），而有些水果则有很多动物竞争者（比如无花果，任何动物都可以轻易食用）。这些受欢迎的水果很可能会迅速消失，因为一旦它们成熟，许多不同的动物都会以它们为食。总的来说，这意味着灵长类动物需要密切关注大片森林中的所有水果，并每天确定哪些水果可能成熟，在成熟的水果中，哪些可能最受欢迎，因此这些水果会首先消失。

研究表明，黑猩猩会提前规划夜间的栖息地点，为第二天觅食做准备。对于更受欢迎的水果，比如无花果，它们会特意规划睡觉的地方，以便第二天能顺路找到这些水果。但对于那些不太受欢迎但同样美味的水果，它们就不会这么做。此外，黑猩猩在寻找竞争激烈的水果时，会比去寻找竞争较小的水果时更早出发。研究表明，狒狒也会提前规划觅食之旅，当水果较少且可能更快耗尽时，它们会更早出发。

以非水果植物为食的动物不必应对同样的挑战：树叶、花蜜、种子、草和木材都能留存很长时间，且不会稀疏地分布。即使是食肉动物也没有面临认知上那么具有挑战性的任务——猎物必须被猎杀和智取，但很少有只能在短时间内进行狩猎的情况。

这种食果策略之所以具有挑战性，部分原因在于它不仅需要模拟不同的导航路径，还需要模拟自己未来的需求。食肉动物和非食果草食动物只有在饥饿时才会进行狩猎或吃草来生存。但是食果动物必须在饥饿之前提前计划好行程。前一天晚上在前往附近热门水果地的途中设置营地，它们需要提前预见到，如果今晚不采取先发制人的措施早点找到食物，明天就会挨饿。

其他哺乳动物，比如老鼠，显然会在冬季来临时储存食物，将大量坚果储存在洞穴中，以度过树木几乎不产食物的漫长时期。但这种季节性囤积没有那么具有认知挑战性，因为它并不会每天根据预测明天会有多饿来改变计划。此外，我们甚至不清楚老鼠囤积食物是否因为它们知道自己将会挨饿。事实上，尽管实验室里的老鼠从未在食物匮乏的寒冷冬天挨过饿，但只要降低它们所处环境的温度，它们就会自动开始囤积食物，只有必须进化以度过冬季的北方鼠种出现了这种情况。因此，这似乎并不是它们从过去的冬天中学到的聪明的反应，这种囤积食物的行为似乎是应对季节变化的一种进化上硬编码的反应。

生态大脑假说认为，正是早期灵长类动物的食果饮食习惯推动了它们大脑的迅速扩大。2017 年，纽约大学的亚历克斯·德卡西恩（Alex DeCasien）发表了一项研究，该研究对 140 多种灵长类动物的饮食和社会生活进行了考察。有些灵长类动物主要以水果为食，其他灵长类动物现在主要以树叶为食。有些灵长类动物生活在非常小的社会群体中，其他灵长类动物则生活在较大的群体中。他惊奇地发现，食果这一特征似乎比灵长类动物的社会群体大小更能解释脑部大小的差异。

毕肖夫－科勒假设

20 世纪 70 年代，两位比较心理学家多丽丝·毕肖夫－科勒（Doris Bischof-Köhler）和她的丈夫诺伯特·毕肖夫（Norbert Bischof）提出了一项关于人类规划的独特的新颖假设：他们假设其他动物虽然能够根据当前的需求来制订计划（比如饥饿时如何获取食物），但只有人类才能基于未来的需求制订计划（比如尽管你现在并不饿，但为了下周的旅行准备食物）。进化心理学家托马斯·萨登道夫（Thomas Suddendorf）后来称此为“毕肖夫－科勒假设”。

人类一直在预测未来的需求。即使我们不饿，我们也会去杂货店购物；即使我们不冷，我们也会在旅行时带上暖和的衣服。鉴于毕肖夫－科勒当时的证据，这是一个合理的假设，即只有人类才能做到这一点，但最近的证据对这一假设提出了质疑。现在有关于黑猩猩的趣闻：它们在知道外面很冷但自己还没感觉到冷时，会从温暖的笼子里拿出稻草在外面搭窝。研究还发现，倭黑猩猩和红毛猩猩会在任务开始前长达 14 小时就选择好工具以备后用。黑猩猩会从远处运来石头，在没有合适石头的地方砸开坚果，并会在一个地方制作工具，在另一个地方使用。事实上，如果具有食果习惯的动物需要在饥饿之前规划，那么我们应该期待灵长类动物能够预测未来的需求。

2006 年，韦仕敦大学的米里亚姆·纳克什班迪（Miriam Naqshbandi）和威廉·罗伯茨（William Roberts）测试了松鼠猴和大鼠预测自己未来的口渴程度并据此改变行为的能力。他们给松鼠猴和大鼠两个选择，即两个杯子。1 号杯子是“小奖选项”，里面有一小块食物；2 号杯子是“大奖选项”，里面有很多食物。对松鼠猴来说，奖励是椰枣；对大鼠来说，奖励是葡萄干。在正常情况下，这两种动物都会选择大奖选项——它们喜欢椰枣和葡萄干。

但纳克什班迪和罗伯茨随后在这些动物处于不同状况时进行了测试。椰枣和葡萄干会导致这些动物非常口渴，通常需要它们消耗两倍多的水来补充体内水分。那么，如果迫使这些动物在口渴的未来状态下做出权衡，会发生什么呢？纳克什班迪和罗伯茨修改了测试，如果动物选择大奖选项（有很多椰枣或葡萄干的杯子），它们只能在几个小时后得到水；然而，如果动物选择小奖选项（有少量椰枣或葡萄干的杯子），它们可以在 15~30 分钟后得到水。发生了什么呢？

有趣的是，松鼠猴学会了选择小奖选项，而大鼠则继续选择大奖选项。松鼠猴能够抵制现在享受食物的诱惑，以期待未来能得到它们现在甚至还不想要的东西——水。换句话说，猴子可以基于未来的需求做出决定。相比之下，大鼠完全无法做到这一点——它们坚持着错误的逻辑："为什么要为了水而放弃额外的葡萄干呢？我现在又不渴！"①

这表明，萨登道夫的"毕肖夫－科勒假设"或许是对的，预测未来的需求是一种更困难的规划形式，并且有些动物应该能够规划，但无法预测未来的需求（比如大鼠），但也许并非只有人类才具备这种能力。相反，这可能是许多灵长类动物的专长。

灵长类动物如何预测未来的需求

基于尚未经历的未来需求做出选择的机制，对哺乳动物较古老的脑部结构来说是一个难题。我们推测，新皮质控制行为的机制是通过替代性地模拟决策，随后由较古老的脊椎动物结构（基底神经节、杏仁核和下丘脑）来评估这些决策的结果。这种机制使动物只选择那些现在能够激发正效价神经元的模拟路径和行为，就像饥饿时想象食物或口渴时想象水一样。

相反，为了购买一周的生活用品，我需要预见到比萨将是周四电影之夜的绝佳搭配，尽管我现在并不想吃比萨。当我想象着在不饿的时候吃比萨，我的基底神经节并不会兴奋，它不会为追求比萨的任何决定累积投票。因此，要想吃比萨，我需要意识到，在这种想象的未来饥饿状态下，食物的气味和外观会激发正效价

① 请注意，纳克什班迪和罗伯茨先进行了一项基线实验，以确保椰枣和葡萄干的数量分别能引起猴子和大鼠相似的口渴程度，这是通过测量当动物在获得这些数量的椰枣或葡萄干并可以自由饮水时，其相对增加的水摄入量来确定的。

神经元，尽管现在想象它并不会这样。那么大脑如何能在没有任何替代性正效价激活的情况下选择一个想象的路径呢？你的新皮质怎么会想要你的杏仁核和下丘脑不想要的东西呢？

我们之前已经看到另一种情况：当大脑试图推断他人的需求时，大脑需要推断出它当前并没有的意图（“想要”）。大脑能否使用同样的心智理论机制来预测未来的需求呢？换句话说，想象别人的心智与想象未来自己的心智真的有什么不同吗？

或许我们预测未来需求的机制与运用心智理论的机制是一样的：我们可以在与我们当前处境不同的情境下，推断出无论是我们自己的还是别人的心智的意图。正如我们能够正确地推断出那些缺乏食物的人的渴望（“如果詹姆斯 24 小时不进食，他会多饿”），即使我们自己并不饿，或许我们也能推断出自己在未来情境中的意图（“如果我 24 小时不进食，我会多饿”），尽管我们现在并不饿。

在托马斯·萨登道夫的关于“毕肖夫－科勒假设”的论文中，他精彩地预示了这一观点：

> 对未来需求的预测……可能只是动物在同时表现出相互冲突的心理状态时所面临的一般问题的一个特例。就像 3 岁的孩子一样，他们可能无法想象一个与当前不同的早期信念（或知识状态、驱动力等），也无法理解另一个人持有的信念与自己不同。这既适用于未来的状态，也适用于过去的状态。也就是说，一只吃饱的动物可能无法理解它以后可能会饿，因此可能无法采取措施确保未来在饥饿时能够得到满足。

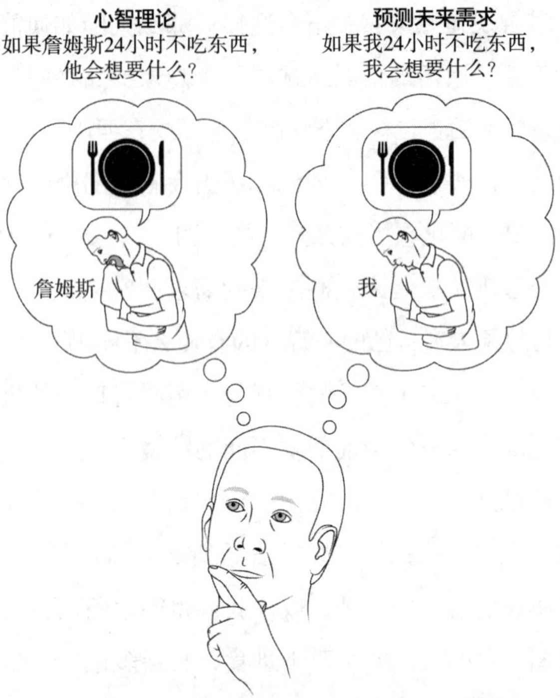
心智理论
如果詹姆斯24小时不吃东西，
他会想要什么？
预测未来需求
如果我24小时不吃东西，
我会想要什么？
詹姆斯
我

图 18.1　心智理论与预测未来需求之间的相似性

虽然纳克什班迪和罗伯茨对松鼠猴和大鼠的实验表明，萨登道夫可能错误地认为只有人类才能预测未来的需求，但萨登道夫可能颇具先见之明，他提出了模拟与自身分离的心理状态这一普遍能力，能被重新用于心智理论和预测未来需求方面的观点。

有两个观察结果支持这一观点。其一，似乎无论是心智理论还是预测未来需求的能力，即便是以最原始的形式存在，都出现在灵长类动物中，而不是许多其他哺乳动物中，这表明这两种能力在早期灵长类动物中几乎同时出现。其二，人们在心智理论和预测未来需求的任务中会犯下相似的错误。

例如，我们在第 16 章看到，口渴的人会错误地倾向于预测其他人也一定口渴。同样，饥饿的人似乎也会错误地预测他们将来需要多少食物。将两组人带到杂货店，让他们为自己购买一周的食物，那些饥饿的人会购买比吃饱的人更多的食物，尽管他们都是在为同一时间段（一周）准备食物。当你感到饥饿时，你会高估自己未来的饥饿程度。

预测未来需求的能力为我们的祖先——以果实为食的灵长类动物带来了许多好处。它使我们的祖先能够提前规划觅食路线，从而确保它们第一个摘到新鲜成熟的果实。我们今天为遥远、抽象且尚未存在的目标做决策的能力，是从树栖灵长类动物那里继承而来的。这种技巧可能最初是为了摘到第一批果实而使用的，但在今天的人类中，它被用于更崇高的目的。它为我们制订跨越漫长时间段的长期计划的能力奠定了基础。

第四次突破总结：心智化

早期灵长类动物似乎发展出了三种普遍的能力：

- 心智理论：推断他人的意图和知识。
- 模仿学习：通过观察获得新技能。
- 预测未来需求：虽然现在不想，但为了将来满足某种需求而采取行动。

事实上，这些可能并不是独立的能力，而是单一新突破所产生的属性：构建自己心智的生成模型，这种技巧可以被称为“心智化”。我们可以从以下事实看出这一点：首先，这些能力是从早期灵长类动物进化来的共同神经结构（如颗粒状前额叶皮质）中产生的；其次，儿童似乎在同一发展阶段获得了这些能力；最后，损害其中一项能力往往会损害许多其他能力。

最重要的是，我们从这些技能所对应的大脑区域就是我们推理自己心智的能力所对应的大脑区域这一事实也可以发现这一点。这些新的灵长类动物区域不仅用于模拟他人的心智，还用于将自己投射到想象的未来，而且对于在镜子中识别自己（镜像误认综合征）以及识别自己的动作（异己手综合征）也是必要的。而且，儿童推理自己心智的能力往往先于这三种能力的发展。

然而，这一观点的最有力的证据可以追溯到蒙卡斯尔的研究。早期灵长类动物大脑的主要变化，除了大脑尺寸，就是新皮质新区域的增加。因此，如果我们坚持由蒙卡斯尔、亥姆霍兹、辛顿、霍金斯、弗里斯顿以及其他许多人提出的这一普遍观点，即新皮质的每个区域都是由相同的神经微环路构成的，这将大大限制我们对灵长类动物新发现能力的解释。这说明，这些新的智力技能必须是从新皮质的一些巧妙应用中产生的，而不是某种全新的计算技巧。这使得将心智理论、模仿学习和预测未来需求解释为二阶生成模型的新属性成为一个很好的提议——这三种能力都可以从新皮质的新应用中产生。

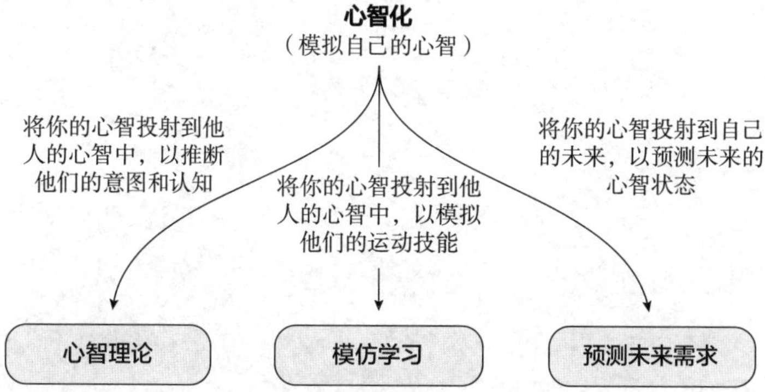

图 18.2

所有这些能力，即心智理论、模仿学习和预测未来需求，在早期灵长类动物独特的生态位中特别具有适应性。邓巴认为，社会大脑假说和生态大脑假说是同一枚硬币的两面。心智化的能力可能同时解锁了成功寻找水果和成功进行政治活动的能力。食果性和社会等级制度的压力可能汇集在一起，产生了持续进化的压力，以发展和完善大脑区域（如无颗粒状前额叶皮质）来模拟自己的心智。

我们已经迎来了第四次突破的结尾。在故事的这一时刻，我们站在了人类与最近亲物种最终分道扬镳的边缘。我们与黑猩猩的共同祖先生活在 700 万年前的东非。这位祖先的后代分化出了两条进化路径：一条进化成了现在的黑猩猩，另一条则进化成了现在的人类。

如果我们把从最初的大脑出现到今天的6亿年进化时间压缩成一年，那么我们现在就会发现自己正在圣诞前夜，这一年还有最后7天。在接下来的“7天”里，我们的祖先将从寻觅水果进化到发射“猎鹰9”火箭。我们一起来探索这一过程吧。

第五次突破

语言
和第一批人类

10 万年前的大脑

19

寻找人类的独特性

几千年来，我们人类总是带着自我赞许的骄傲审视镜中的自己，并思考我们在哪些方面优于其他动物。亚里士多德认为，是“理性的灵魂”，即我们推理、抽象和反思的能力，让我们变得独一无二。20 世纪的动物心理学家列举了许多他们认为是人类独有的智力能力。有些人认为，只有人类才会进行精神上的时间旅行；有些人认为是我们的情景记忆；有些人认为是预测未来需求的能力；有些人认为是自我意识；有些人认为是我们沟通、协调、使用工具的能力……

但是，过去一个世纪对其他动物行为的研究，已经系统性地拆除了我们出乎意料脆弱的人类独特性大厦。尽管许多人直觉上认为这些技能只有人类才具备，但正如本书所述，科学研究表明，其中许多技能（如果不是全部的话）可能根本就不是人类独有的。

达尔文认为：“尽管人类与高等动物在心智上的差异很大，但这种差异只是程度上的不同，而非本质上的不同。”心理学家仍在激烈辩论：哪些（甚至有没有）智力成就是人类独有的？但随着证据的不断积累，似乎达尔文说对了。

如果人类真的拥有许多在本质上完全独特的智力能力，那么我们就会期待人类大脑包含一些独特的神经结构、一些新的神经环路、一些新的神经系统。但事实恰恰相反，人类大脑中发现的神经结构，同样存在于猿类同伴的大脑中，而且证据表明，人类大脑实际上就是放大的灵长类动物大脑：一个更大的新皮质、一个更大的基底神经节，但所有相同的大脑区域都以相同的方式连接在一起。扩大了的黑猩猩大脑可能使我们在预测未来需求、心智理论、运动技能和规划方面做得更好，但这并非代表我们获得了任何真正的新东西。

自从人类与黑猩猩分道扬镳以来，人类大脑进化的一个非常合理的解释是，各种进化压力促使我们的人类祖先“升级”了已经拥有的各种能力。那么，是不是根本就没有所谓的突破呢?

这似乎是最合理的解释，但有一个至关重要的例外。正是在这个例外中，我们看到了成为人类的第一条线索。

我们独特的沟通能力

早在人类祖先说出第一个单词之前，生物就已经开始互相交流了。单细胞生物会发出化学信号来共享基因和环境信息。没有大脑的海葵通过向水中释放信息素来协调精子和卵子的释放时间。蜜蜂通过跳舞来示意食物的位置。鱼类用电信号来吸引异性。爬行动物通过点头来展示它们的攻击性。老鼠会发出吱吱声来表达危险或兴奋。生物之间的交流在进化上既古老又无处不在。

黑猩猩之间总是不停地发出尖叫声和做手势。这些不同的声音和手势已被证明是用来发出特定请求的。轻拍肩膀意味着“停下来”，跺脚意味着“跟我玩”，尖叫声意味着“给我梳理毛发”，伸出手掌意味着“分享食物”。灵长类动物学家对这些不同的手势和叫声进行了深入的研究，甚至开发了“大猿字典”网站，记录了约 100 种声音和手势。

长尾黑颚猴会用不同的叫声来示意同伴有特定捕食者的存在。当一只猴子发出代表“豹子来了”的尖叫声时，其他猴子都会爬到树上。当一只猴子发出代表“鹰来了”的尖叫声时，其他猴子都会跳到森林的地面上。实验者只需通过附近的扬声器播放其中一种声音，就能让所有猴子爬到树梢或跳到地面。

当然，还有我们——智人。我们也互相交流。我们能够交流这件事，并没有什么特别之处，但我们交流的方式却是独一无二的。人类使用语言进行交流。

人类语言与其他动物的交流方式有两个不同之处。第一个不同之处在于，没有其他已知自然产生的动物的交流方式会赋予“声明式标签”（declarative labels）[也称为“符号”（symbol）]。人类教师会指向一个物体或行为，并赋予它一个任意的标签：大象、树、跑步。相比之下，其他动物的交流方式是由基因决定的，而不是被赋予的。不同群体的长尾黑颚猴和黑猩猩的手势几乎完全相同，尽管这些群体之间没有任何接触。被剥夺社会接触的猴子和猿类仍然使用相同的手势。事实上，这些手势甚至在灵长类动物的不同物种之间也是共享的：倭黑猩猩和黑猩猩几乎有着完全相同的手势和叫声。在非人类灵长类动物中，这些手势和叫声的含义不是通过声明式标签来赋予的，而是直接从基因的硬连接中产生的。

那么教狗或其他动物听从命令呢？这显然代表了某种形式的标签。语言学家将标签分为声明式和命令式。命令式标签是指能带来奖励的标签："当我听到'坐下'时，如果我坐下，就会得到奖励；当我听到'停下'时，如果我停止移动，就会得到奖励。"这是基本的时序差分学习——所有脊椎动物都能做到这一点，而声明式标签则是人类语言的特有属性。声明式标签是指给物体或行为赋予任意符号的标记（"那是一头牛""那是在跑"），完全不涉及任何命令。研究人员还没有发现其他自然发生的动物交流方式能做到这一点。

人类语言与其他动物的交流方式之间的第二个不同之处在于，前者包含语法。我们通过这些语法规则来组合和修改符号，以传达特定的含义。因此，我们可以将这些声明式标签编成句子，再将句子编成概念和故事。这使得我们能够用典型的人类语言中的几千个单词来传达似乎数不胜数的不同意义。

语法最简单的方面在于，我们说出符号的顺序能够传达意义："本拥抱了詹姆斯"（Ben hugged James）与"詹姆斯拥抱了本"（James hugged Ben）意思不同。我们也使用对顺序敏感的子短语："伤心的本拥抱了詹姆斯"（Ben, who was sad, hugged James）与"本拥抱了伤心的詹姆斯"（Ben hugged James, who was sad）意思完全不同。但是，语法规则不仅局限于顺序。我们使用不同的时态来传达时间："本正在攻击我"（Ben is attacking me）与"麦克斯攻击了我"（Max attacked me）。我们还有不同的冠词："这只宠物叫了一声"（The pet barked）与"一只宠物叫了一声"（A pet barked）意思不同。

当然，这只是英语；地球上有超过6000种语言，每种语言都有自己的标签和语法。但是，尽管不同语言的特定标签和语法存在巨大的差异，但迄今为止发现的每一个人类群体都使用语言。即使在澳大利亚和非洲的狩猎采集部落，他们在被“发现”的时候，已经与其他人类群体隔绝了5万多年，但他们仍然说着与其他人类一样复杂的自己的语言。这是无可辩驳的证据，表明人类的共同祖先也使用自己的语言，拥有自己独特的声明式标签和语法。

当然，早期人类使用具有声明式标签和语法的自己的语言，而其他动物则没有这样做，这一事实并不能证明只有人类才能使用语言，只能说明只有人类恰好使用语言。早期人类的大脑真的进化出了某种独特的说话能力吗？或者语言只是一种在5万多年前被发现的文化技巧，并仅仅通过现代人类世代相传？语言是进化的产物还是文化的产物？

检验这个问题的一个方法是，如果我们尝试将语言教给我们进化上最接近的动物亲戚——我们的猿类同伴，会发生什么呢？如果猿类成功学会了语言，那就表明语言是文化发明的产物；如果猿类失败了，那就表明它们的大脑缺乏在人类中出现的关键进化创新。

这个测试已经进行了多次，其结果既令人惊讶又富有启发性。

尝试教授猿类语言

首先，我们无法直接教猿类说话。20世纪30年代，人们曾尝试过这样做，但失败了——非人类的猿类在生理上无法产生口头语言。人类的声带独特地适应了语言，人类的喉头位置较低，颈部较长，这使得我们能够发出比其他猿类更多种类的元音和辅音。黑猩猩的声带只能发出有限的怒吼声和尖叫声。

然而，语言的本质并不在于媒介，而在于其实质：人类语言的许多形式都是不发声的。没有人会宣称书写、手语和盲文因为不涉及发声，所以不包含语言的实质。

那些试图教黑猩猩、大猩猩和倭黑猩猩学习语言的关键研究，采用了美国手语或自创的视觉语言。在这些语言中，猿类会指向板上的一系列符号。这些猿类从婴儿时期开始就被训练使用这些语言，人类训练员反复打手语或指向符号来指代物体（如苹果、香蕉）或动作（如挠痒、玩耍、追逐），直到猿类开始重复这些符号。

在大多数研究中，经过几年的教导，非人类猿类确实能够做出适当的手势。它们看到狗时会打出“狗”的手势，看到鞋子时会打出“鞋子”的手势。

它们甚至能够构建基本的名词－动词对。常见的短语有“和我玩”和“挠我痒”。一些证据甚至表明，它们能够组合已知的词语来创造新的意义。在一桩闻名的逸事中，黑猩猩华秀（Washoe）第一次看到天鹅时，训练员打出手势问“那是什么？”，华秀回应手势“水鸟”（water bird）。在另一桩逸事中，大猩猩可可（Koko）看到一枚戒指，但不知道这个词，于是打出了“手指手镯”（finger bracelet）的手势。第一次吃羽衣甘蓝时，倭黑猩猩坎齐（Kanzi）按下了代表“慢生菜”（slow lettuce）的符号。

据说坎齐甚至会用语言与其他人玩耍。有一则逸事是，一位训练员在坎齐的栖息地休息时，被坎齐抢走了毯子，坎齐随即兴奋地按下代表“坏惊喜”（bad surprise）的符号。在另一则逸事中，坎齐按下了代表“苹果追逐”（apple chase）的按钮，然后拿起一个苹果，咧着嘴笑，开始从训练员那里逃跑。

设计坎齐语言学习实验的心理学家和灵长类动物学家休·萨瓦戈－鲁姆博夫（Sue Savage-Rumbaugh）进行了一项测试，比较坎齐与一名两岁人类儿童的语言理解能力。萨瓦戈－鲁姆博夫让坎齐和一个人类儿童接触了600多个包含特定指令的新句子（使用他们各自的符号语言）。这些句子使用了坎齐已经知道的符号，但坎齐从未见过这些句子，指令包括“你能把黄油给罗丝吗？”“去把肥皂放在莉兹身上”“去冰箱里拿香蕉”“你能抱抱小狗吗？”以及“戴上怪兽面具吓唬琳达”等。坎齐成功地完成了70%以上的任务，表现优于两岁的人类儿童。

这些研究在多大程度上证明了猿类语言具有声明式标签和语法，仍是语言学家、灵长类动物学家和比较心理学家互相争论的话题。许多人认为，这些技巧只代表祈使句而非陈述句，而且表达的短语非常简单，几乎不能被称为“语法”。实际上，在大多数研究中，当猿类使用正确的标签时，它们会得到奖励，这使得人们很难判断它们是否真的在标记物体，还是仅仅学会了在看到香蕉时做出某种手势以得到奖励——这是一项任何无模型强化学习机器都能完成的任务。对这些能够使用语言的猿类所表达的短语进行大量分析后发现，这些短语的多样性较低，这意味着它们倾向于使用学过的确切短语（如“挠我痒”），而不是将单词组合成新的短语（如“我想被挠痒”）。但是，为了回应这些质疑，许多人围绕萨瓦戈－鲁姆博夫的研究和坎齐对命令与玩笑短语的惊人准确的语法理解提出了自己的观点。这场辩论尚未结束。

总的来说，大多数科学家似乎得出结论：某些非人类猿类确实有能力学习至少一种基础形式的语言，但它们在这方面的能力远逊于人类，并且需要艰苦且刻意的训练才能学会。这些猿类永远无法超越年幼的人类儿童的能力。

因此，人类的语言似乎有两个独特的方面。其一，我们天生就有构建和使用语言的倾向，而其他动物则没有。其二，我们拥有远超其他任何动物的语言能力，即使在其他猿类中也可能存在一些基本的符号和语法雏形。

如果语言的确是我们与动物界其他成员之间的区别所在，那么，这个看似无足轻重的技巧是如何让智人登上食物链顶端的？语言究竟有何魔力，能让使用它的人变得如此强大？

传递思想

我们独特的语言，包括声明式标签和语法，使得大脑群体能够以空前的详细程度和灵活性相互传递他们的内部模拟。一个人可以说“从上面砸碎石头”或“乔对优素福很粗鲁”或“记得我们昨天看到的那只狗吗”，在这些情况下，说话者都是有意选择内部模拟的图像和动作，以传递给附近的听众。仅仅通过几个声音或手势，一个由多个大脑组成的群体就都能重新演绎他们昨天看到的那只狗的同一心理画面。

当我们谈到这些内部模拟时，特别是在人类的语境中，我们往往会用诸如概念、想法、思想等词语来描述它们。但所有这些都不过是哺乳动物新皮质模拟中的呈现。当你“思考”过去或未来的事件，当你思考鸟的“概念”，当你对如何制作新工具有一个“想法”时，你其实只是在探索新皮质构建的三维模拟世界。从原则上讲，这与小鼠在迷宫中考虑朝哪个方向转弯没有什么不同。概念、想法和思想，就像情景记忆和规划一样，并不是人类独有的。我们的独特之处在于能够有意识地相互传递这些内部模拟，而这种技巧之所以成为可能，正是因为有了语言。

当一只长尾黑颚猴发出“附近有鹰！”的尖叫声时，附近所有猴子都会迅速从树上跳下躲起来。显然，这代表了从首先看到鹰的猴子向其他猴子传递信息的过程。但这种传递方式是缺乏细节和灵活性的，只能通过基因硬编码的信号来传递信息。这些信号的数量总是有限的，无法根据新情况进行调整或改变。相比之下，语言则使说话者能够传递极其广泛的一系列内在想法。

这种思想传递的技巧为早期人类带来了许多实际的好处。它使人们能够更准确地教授如何使用工具、狩猎技巧和觅食方法。它还使人们能够灵活地协调不同个体之间的觅食和狩猎行为——一个人可以说“跟我来，东边两英里外有一具羚羊的尸体”或者“在这里等着，你听到我吹三声口哨就去伏击羚羊”。

所有这些实际的好处都源于一个事实：语言扩大了大脑可以从中提取学习内容的来源范围。强化能力的突破使早期脊椎动物能够从它们自己的实际行为中学习（试错）。模拟能力的突破使早期哺乳动物能够从它们自己想象的行为中学习（替代性试错）。心智化能力的突破使早期灵长类动物能够从其他人的实际行为中学习（模仿学习）。但语言能力的突破使早期人类能够从他人的想象行为中学习。

语言使我们能够窥探并从他人的想象行为中学习——从他们的情景记忆、他们内部模拟的未来行动、他们的反事实想象中学习（见表 19.1）。当人类协调狩猎行动时，他们会说“如果我们集体向这个方向前进，将会找到一只羚羊”或“如果我们等待并设下埋伏，就能赢得与野猪的战斗”。人类通过分享自己内部模拟的试错结果，使得整个群体都能从他们的想象中学习。一个拥有情景记忆的人，记得山的另一侧有狮子，他可以用语言将这一情景记忆传递给其他人。

表 19.1　逐渐复杂的学习来源的进化

学习	早期脊椎动物的强化	早期哺乳动物的模拟	早期灵长类动物的心智化	早期人类的语言
学习来源	从自己的实际行为中学习	从自己的想象行为中学习	从他人的实际行为中学习	从他人的想象行为中学习
向谁学习?	自己	自己	他人	他人
从什么行为中学习?	实际行为	想象行为	实际行为	想象行为

通过分享我们在想象中看到的事物，共同的神话得以形成，完全虚构的想象实体和故事也能持续存在，仅仅因为它们可以在我们的大脑之间传播。我们往往认为神话是幻想小说和儿童读物的范畴，但它们是现代人类文明的基石。金钱、神灵、公司和国家都是只存在于人类大脑的集体想象中的概念。哲学家约翰·塞尔（John Searle）较早地阐述了这一观点，但其因尤瓦尔·赫拉利的著作《人类简史》而广为人知。两人都认为，人类之所以独特，是因为我们“能够以极其灵活的方式与无数陌生人合作”。在塞尔和赫拉利看来，我们能够做到这一点，是因为我们拥有这些“共同的神话”。用赫拉利的话来说就是“两个素未谋面的天主教徒可以共同参加十字军东征或集资建造一所医院，因为他们都信仰上帝”“两个素未谋面的塞尔维亚人可能会冒着生命危险去救对方，因为他们都相信塞尔维亚族的存在”，以及“两个素未谋面的律师

可以联手为完全陌生的人辩护，因为他们都相信法律、正义、人权和付费制度的存在”。

因此，凭借构建共同神话的能力，我们可以协调数量惊人的陌生人的行为。相比灵长类动物通过心智化构建的社会凝聚力系统来说，这是一个巨大的进步。仅凭心智化来协调行为，只有在群体中每个成员都直接了解彼此的前提下才奏效。这种合作机制无法扩大规模，据估计，仅靠直接关系维持的人类群体规模的上限约为 150 人。相比之下，国家、金钱、公司和政府等“共同神话”能让我们与数十亿陌生人合作。

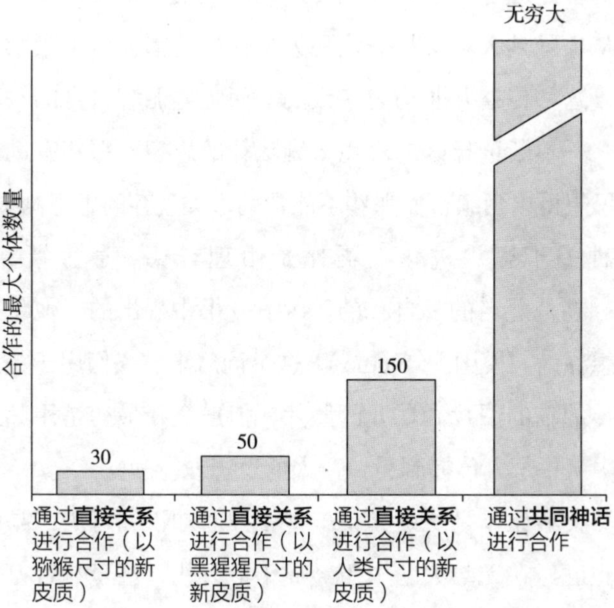

图 19.1 基于不同合作策略的最大合作个体数量

尽管上述语言的所有优点都是真实的，但它们都没有触及更核心的问题。语言真正的馈赠并非在于更优越的教学效率、合作狩猎或赫拉利所说的共同神话。这些都不是人类统治世界的原因。如果语言仅仅提供了这些好处，那么我们仍将是围着篝火跳舞、向水神祈求降雨的狩猎采集类猿猴——我们或许是顶级捕食者，但绝对不可能成为宇航员。语言的这些特征只是语言馈赠的结果，而非馈赠本身。

将 DNA 作为类比是有帮助的。DNA 真正的力量并非它所构建的产品（心脏、肝脏、大脑），而是它所启动的过程（进化）。同理，语言的力量也不在于它的产物（更好的教学、协调能力和共同神话），而在于思想在不同世代之间的传递、积累和修改过程。正如基因通过从亲代细胞传递到子代细胞而得以延续，思想也通过从大脑到大脑、从一代到另一代的传播而得以延续。与基因一样，这种传播并非均匀一致的，而是遵循它自身的一套准进化规则——不断选择好的思想，剔除坏的思想。那些有助于人类生存的思想得以延续，而那些不能帮助人类生存的思想则被淘汰。

这种关于思想进化的类比是由理查德·道金斯 (Richard Dawkins) 在他著名的《自私的基因》一书中提出的。他将这些传播的思想称为“模因”（meme）。这个词后来被人们用于描述在推特上流传的猫的图片和婴儿的照片，但道金斯最初是用其来指代在文化中从一个人传播到另一个人的思想或行为。

人类大脑如今之所以具备丰富多样的知识和行为，是因为其中的思想已经在无数大脑中历经成千上万代，甚至数百万代的积累和修正。

以古代缝制衣服的发明为例，人类将死去动物的兽皮做成衣服来保暖，很多人认为这一发明最早出现在 10 万年前。这项发明之所以能够实现，是因为此前众多发明的积累：从动物尸体上剥皮、晒制兽皮、制造细线、创造骨针。而这些发明之所以能够实现，是因为先前人们发明了锋利的石器工具。缝制衣服这一发明不可能一蹴而就。即便是托马斯·爱迪生也不可能如此聪明。爱迪生的新发明之所以能够实现，是因为他获得了正确的构建模块。在继承前人对电和发电机的理解后，他发明了电灯泡。

这种积累不仅适用于技术发明，也适用于文化发明。我们传承社交礼仪、价值观、故事、选举制度、惩罚的道德准则，以及关于暴力和宽恕的文化信仰。

所有人类的发明，无论是技术层面还是文化层面，都需要构建模块的积累，然后才有发明家的灵光一闪，将先前的想法融合成新的东西，并将新发明传授给他人。如果思想的基础总是在一两代人之后就消失，那么一个物种就会永远陷入无法积累的状态，从而不断重复产生相同的想法。动物界的其他生物就是这样。即使是通过观察学会运动技能的黑猩猩，也无法将学习成果跨代积累。

这让我们回想起在第 17 章看到的模仿实验。让一个 4 岁的孩子和一只成年黑猩猩观察实验者打开一个谜题盒以获取食物的过程，其间实验者会做出一些与获取食物无关的动作。黑猩猩和人类儿童都能通过观察学会打开谜题盒，然而，黑猩猩会跳过那些无关的步骤，但人类儿童会模仿他们观察到的所有步骤，包括那些无关的步骤。人类儿童是过度模仿者。

事实上，这种过度模仿是很聪明的。孩子会根据他们评估的老师的知识水平来改变他们的模仿程度——“这个人显然知道自己正在做什么，所以她这么做一定有原因。”孩子越不确定老师做某件事的原因，就越有可能完全模仿所有步骤。此外，他们并不是盲目地模仿他们看到的一切，孩子只有在老师似乎有意为之的情况下，才会模仿那些奇怪的无关行为。如果某个动作看起来像是意外，孩子会忽略它，孩子不会模仿老师咳嗽或挠鼻子的动作。如果一个老师在试图拆开一个新玩具时总是滑倒，孩子会认为这是意外，因此不会模仿这个错误——他们反而会用力抓住玩具，成功地将它拆开。

虽然这些模仿实验表明人类可以在不使用语言的情况下准确地模仿行为，但不可否认的是，在复制和传递思想方面，语言才是我们的超能力。

与无声地模仿专家相比，使用语言来沟通如何完成任务可以显著提高孩子解决问题的准确性和速度。语言让我们能够压缩信息，从而节省大脑空间，使信息能够在大脑之间更快速地传递。如果我说："每当你看到红色的蛇，就跑；每当你看到绿色的蛇，就安全。"那么这个想法和相应的行为就可以立即在群体中传播开来。相比之下，如果每个人都需要通过个人经验或观看别人被多条红蛇咬伤来学习这种"红蛇危险，绿蛇安全"的概括，那么这将花费更多的时间和脑力。这个事实会随着每一代人而消失，然后再被重新学习。没有语言，黑猩猩和其他动物的内部模拟就不会积累。因此，超出一定复杂度的发明，也就是最好的发明，将永远超出它们的能力范围。

奇点已经发生了

从世世代代没有积累到世世代代有所积累，这种微妙的转变改变了一切。在图 19.2 中，你可以看到，正如缝制衣服的发明是由一系列更简单的构建模块组合而成的一样，思想也开始在几代人之间变得更加复杂。

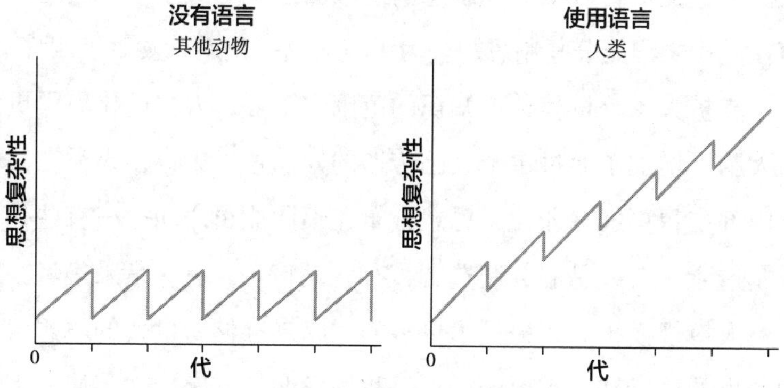

图 19.2

如果你把时间尺度拉长到几千代，你就会明白为什么即使只是少量的积累也会引发思想复杂性的爆炸（如图 19.3 所示）。在看似长久的停滞期之后，短短几十万年间，复杂的思想就如雨后春笋般涌现。

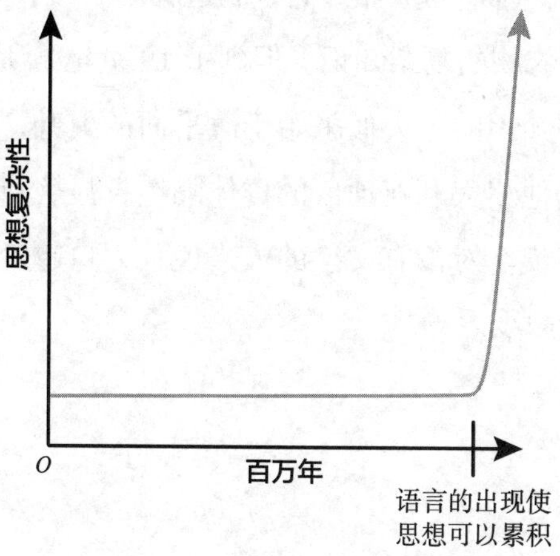

图 19.3

最终，累积的思想体系达到了一个复杂性的临界点，即单个人的大脑无法再容纳累积思想的总和。这就导致了一个问题：如何在世代之间充分复制思想。为了应对这一问题，发生了四件事，进一步扩大了跨世代传递知识的范围。第一，人类进化出了更大的大脑，增加了通过单个大脑传递的知识量。第二，人类在其群体内部变得更加专业化，思想分布在不同成员之间——有些是长矛制造者，有些是服装制造者，有些是猎人，有些是采集者。第三，人口规模扩大，提供了更多的大脑来存储跨世代的思想。第四，也是最近和最重要的一点，我们发明了文字。文字使人类能够拥有思想的集体记忆，这种记忆可以按需下载，并且可以包含几乎无限的知识。

如果群体没有文字，这种分散的知识对群体规模非常敏感；如果群体规模缩小，没有足够的大脑来容纳所有信息，知识就会丢失。有证据表明，塔斯马尼亚人经历过这种情况。8000 年前的考古证据表明，塔斯马尼亚人拥有制造骨制工具、渔网、打捞矛、回旋镖和防寒衣物的复杂知识。但到了 19 世纪，所有这些知识都丢失了。这种知识的丢失似乎始于海平面的上升，塔斯马尼亚的人类群体与其他澳大利亚地区的群体隔绝，显著降低了社会互动人类群体的规模。对没有文字的人来说，人口越少，能够跨世代延续的知识就越少。

• • •

人类之所以独特，真正的原因在于我们能够跨世代积累我们共享的模拟（思想、知识、概念、想法）。我们是拥有“蜂巢式”大脑的猿类。我们同步我们的内部模拟，将人类文化变成一种元生命形式，其意识体现在历代数百万人类大脑中流传的持久思想和观念之中。这种“蜂巢式”大脑的基础就是我们的语言。

语言的出现标志着人类历史上的一个转折点，是一种全新而独特的进化开始的时间界限：思想的进化。因此，语言的出现就像第一个能够自我复制的DNA分子的出现一样，是一个具有划时代意义的事件。语言将人类大脑从一个短暂易逝的器官转变为一个积累发明的永恒媒介。

这些发明包括新技术、新法律、新的社交礼仪、新的思维方式、新的协调系统、新的选举制度、暴力与宽恕的新界限、新的价值观以及新的共同神话。使语言成为可能的神经机制的出现远远早于任何人开始数学运算、使用计算机或讨论资本主义的利弊。但是，一旦人类拥有了语言，这些发展就势不可挡。这只是时间问题。事实上，过去几千年人类所取得的令人难以置信的进步与更好的基因无关，完全归功于更好、更复杂的想法的积累。

20

大脑中的语言

1830年，一位30岁的名叫路易·维克托·莱沃尔涅（Louis Victor Leborgne）的法国人失去了说话的能力。莱沃尔涅除了音节“汤”（tan），再也无法说出一言一语。莱沃尔涅的病情之所以特别，是因为他在其他方面智力表现正常。很明显，当他尝试说话时，他确实试图表达某些想法，因为他会使用手势和改变说话的音调和重点，但唯一发出的声音就是“汤”。莱沃尔涅能理解语言，只是无法表达出来。经过多年的住院治疗，他在医院里被人称为“汤”。

在“汤”先生去世20年后，一位对语言神经学特别感兴趣的法国医生保罗·布罗卡（Paul Broca）对他的大脑进行了检查。布罗卡发现，莱沃尔涅的大脑左额叶有一个独立的区域受到了损伤。

布罗卡猜想大脑中存在负责语言的特定区域。莱沃尔涅的大脑为布罗卡的这一想法提供了第一个线索。在接下来的两年里，布罗卡煞费苦心地寻找那些最近去世、语言能力受损，但其他智力功能尚存的患者的大脑进行研究。1865年，在对12个不同的大脑进行解剖检查后，他发表了著名的论文《左侧额叶第三回的语言定位》（*Localization of Speech in the Third Left Frontal Cultivation*）。结果显示，所有这些患者的大脑新皮质左侧都有类似的损伤区域，这一区域后来被称为“布罗卡区”（Broca’s area）。在过去的150年里，这一发现已经被无数次证实——如果布罗卡区受损，人类就会失去说话的能力，这种情况现在被称为“布罗卡失语症”。

几年后，德国医生卡尔·韦尼克（Carl Wernicke）遇到了另一组不同的语言障碍问题，这让他感到困惑。韦尼克发现，与布罗卡的患者不同，他的患者能够正常说话，但缺乏理解语言的能力。这些患者能够说出完整的句子，但这些句子毫无意义。例如，这样的患者可能会说：“你知道那个 smoodle pinkered，我想把他弄圆，像你想的那样照顾他。”（You know that smoodle pinkered and that I want to get him round and take care of him like you want before.）

韦尼克遵循布罗卡的策略，也在这些患者的大脑中找到了受损区域。这一区域同样位于左侧，但更靠后，位于大脑新皮质后部，现在被称为“韦尼克区”（Wernicke’s area)。韦尼克区的损伤会导致韦尼克失语症，这是一种患者失去语言理解能力的疾病。

布罗卡区和韦尼克区的一个显著特征是，它们的语言功能并非只针对某种特定的语言形式，而是针对语言本身。布罗卡失语症患者不仅在说话方面受损，而且在书写方面也受到影响。那些主要使用手语交流的患者在布罗卡区受损后也会失去流畅地使用手语的能力。韦尼克区的损伤则会导致理解和处理口头语言和书面语言的能力下降。事实上，无论是听力正常的人听人说话，还是聋人看人打手语，这些相同的语言区域都会被激活。布罗卡区并不专门负责说话、书写或打手语，而是专门负责一般的语言产生能力。同样地，韦尼克区并不专门负责听、读或看手语，而是专门负责一般的语言理解能力。

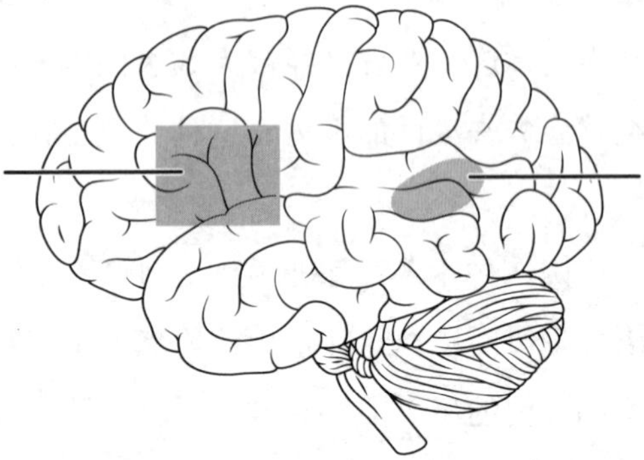

图 20.1

人类运动皮质与脑干中控制喉部和声带的区域有独特的直接联系，而这是人类大脑与其他猿类大脑之间少有的结构差异之一。人类的新皮质能够独特地控制声带，这无疑是适应使用口头语言的结果。但是，在试图理解语言的进化时，这一独特的神经环路并不是使语言得以发展的突破性进化。我们之所以知道这一点，是因为人类学习非口头语言与学习口头语言一样顺畅和容易——语言并不是一种需要声带连接的技巧。人类对喉部的独特控制要么是与语言其他方面的变化共同进化而来的，要么是在这些变化之后进化而来的（从类手势语言过渡到口头语言），要么是在这些变化之前进化而来的（为了适应其他非语言的用途）。无论哪种情况，都不是人类对喉部的控制使语言得以发展。

布罗卡和韦尼克的发现表明，语言源自大脑中的特定区域，并且几乎总是位于新皮质左侧的一个子神经网络中。特定语言区域的存在有助于解释语言能力可以与其他智力能力完全分离的事实。许多语言受损的人在其他智力方面正常，而有些人可能在语言方面天赋异禀，但在其他智力方面受损。1995年，两位研究者尼尔·史密斯（Neil Smith）和伊安西－玛丽亚·齐姆普利（Ianthi-Maria Tsimpli）发表了一项关于一位名叫克里斯托弗（Christopher）的语言天才儿童的研究。克里斯托弗在认知方面严重受损，手眼协调能力极差，连扣扣子这种基本任务都难以完成，也不会玩井字游戏或国际象棋。但在语言方面，克里斯托弗却天赋异禀：他能读、写、说超过15种语言。虽然他大脑的其他部分有缺陷，但他的语言区域不仅未受影响，反而表现出色。这表明，语言并不是源自整个大脑，而是源自特定的子系统。

上述发现说明，语言并不是拥有更多新皮质的必然结果。它并不是人类仅凭扩大黑猩猩的大脑就能“免费”获得的东西。语言是一种特殊的、独立的技能，进化编织在我们的大脑中。

这似乎可以盖棺论定了。我们已经找到了人类大脑的语言器官：人类进化出了新皮质的两个新区域——布罗卡区和韦尼克区。这两个区域通过特定的子网络相互连接，专门负责语言功能。这个子网络赋予了我们语言，这也是人类有语言而其他猿类没有的原因。结案。

然而，事实并非如此简单。

笑声还是语言？

以下事实让事情变得复杂：你的大脑和黑猩猩的大脑几乎一模一样，人类的大脑几乎就是黑猩猩大脑的放大版。这包括布罗卡区和韦尼克区，它们不是在早期人类中进化的，它们出现得更早，出现在第一批灵长类动物中。它们是大脑新皮质的一部分，随着心智化的发展而出现。黑猩猩、倭黑猩猩，甚至猕猴都有这些区域，而且它们的连接性几乎相同。因此，布罗卡区或韦尼克区的出现并不是人类获得语言天赋的原因。

或许人类语言是对猿类现有交流系统的一种扩展？这可能解释了为什么这些语言区域在其他灵长类动物中仍然存在。黑猩猩、倭黑猩猩和大猩猩都有一系列复杂的手势和叫声，用来传达不同的信息。翅膀是从手臂进化而来的，多细胞生物是从单细胞生物进化而来的，所以人类语言从我们猿类祖先更原始的交流系统进化而来也是合情合理的。但是，语言在大脑中的进化过程并非如此。

在其他灵长类动物中，这些新皮质的语言区域是存在的，但与交流无关。如果你损伤了猴子的布罗卡区和韦尼克区，这对猴子的交流没有任何影响；但如果你损伤了人类的这些区域，我们就会完全丧失使用语言的能力。

当我们把猿类的手势与人类语言进行比较时，我们就像在比较两种完全不同的东西。它们虽然都用于交流，但实际上是两种完全不同的神经系统，彼此之间没有任何进化关系。

事实上，人类继承了与猿类完全相同的交流系统，但它并不是我们的语言，而是我们的情感表达。

20 世纪 90 年代中期，一位 50 多岁的教师发现自己说话变得困难。在接下来的 3 天里，他的症状不断恶化。当他去看医生时，他的右脸已经瘫痪，说话也变得缓慢而含糊不清。当被要求微笑时，他的面部只有一侧会动，导致他露出了歪斜的微笑（如

图 20.2 所示）。

医生检查这位教师时，发现了一个令人困惑的现象。当医生说了一个笑话或一些真正令人愉快的事情时，这位教师能够正常地微笑。当他笑的时候，他的面部左侧工作正常，但当他被要求主动微笑时，他却无法做到。

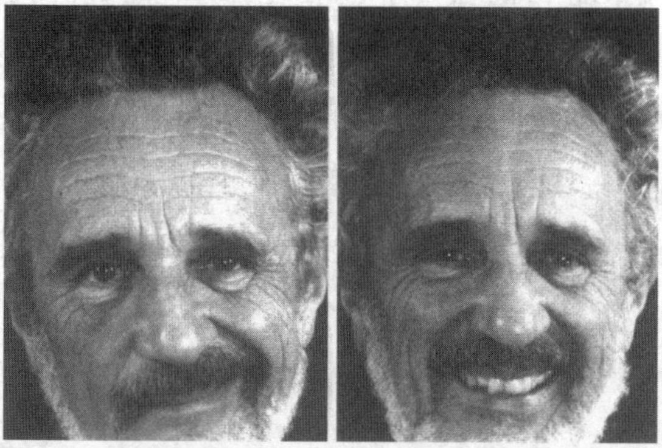

图 20.2　一名患者的运动皮质与面部左侧之间的神经连接受损，但杏仁核与面部左侧之间的连接保持完好，因此未受影响

人类大脑对面部表情有并行控制：我们拥有一个更古老的情感表达系统，在情感状态和反射反应之间有着固定的映射关系。这个系统由诸如杏仁核等古老的结构控制。另外，还有一个由新皮质控制的独立系统，它提供对面部肌肉的自主控制。

原来，这位教师的脑干中有一处损伤。损伤破坏了他的大脑新皮质与面部左侧肌肉之间的连接，却保留了杏仁核与这些肌肉之间的连接。这意味着他无法自主控制面部的左侧，但他的情感表达系统却能够正常控制他的面部。虽然他无法自主抬起眉毛，但他能笑、皱眉和哭泣。

在有严重布罗卡失语症和韦尼克失语症的患者中，也可以观察到这种现象。即使那些连一个字都说不出来的患者，也能轻易地笑和哭。这是为什么呢？因为情感表达来源于一个完全独立于语言的系统。

猿类交流与人类交流之间最直接的对比，应该是猿类的发声与人类情感表达之间的对比。简而言之，其他灵长类动物有一个单一的交流系统，即它们的情感表达系统，该系统位于诸如杏仁核和脑干等较古老的区域。它将情感状态映射到交流性的手势和声音上。事实上，正如珍·古道尔所注意到的那样："在没有适当的情感状态的情况下发出声音，对黑猩猩来说几乎是不可能完成的任务。"这个情感表达系统非常古老，可以追溯到早期哺乳动物，甚至可能更早。然而，人类有两个交流系统——我们拥有这个相同的古老情感表达系统，以及在新皮质中最新进化出来的语言系统。

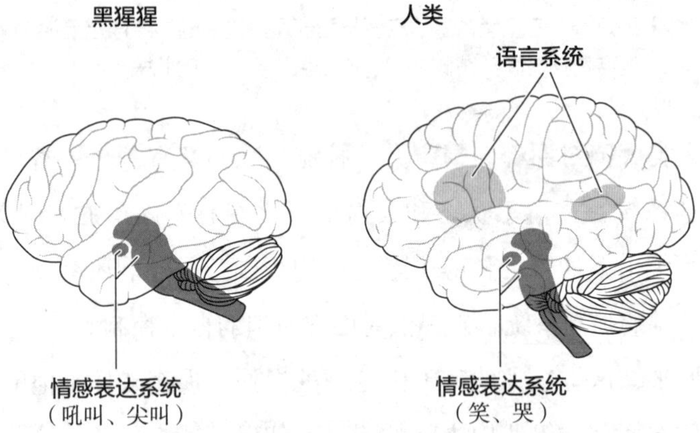

图 20.3

人类的笑、哭泣和皱眉是进化遗留下来的一个更古老且原始的交流系统的产物，这个系统产生了猿类的吼叫声和手势。但当我们说话时，我们所做的事情在猿类的任何交流系统中都没有明确的对应。

这就解释了为什么损伤猴子的布罗卡区和韦尼克区对交流没有任何影响。猴子仍然可以吼叫和呼喊，其原因和人类相同区域受损后仍然可以大笑、哭泣、微笑、皱眉和怒视一样，即使他们无法说出连贯的话语。猴子的手势是自动的情感表达，并非源自新皮质。它们更像人类的笑声，而不是语言。

情感表达系统和语言系统还有另一个区别：一个是基因决定的，另一个是后天习得的。人类和其他猿类共有的情感表达系统，在很大程度上是基因决定的。有证据表明，在孤立环境中长大的猴子最终还是会表现出所有正常的姿势和叫声行为。黑猩猩和倭黑猩猩几乎有 90% 的手势是一样的。同样，世界各地的文化和儿童在情感表达上有惊人的相似之处，这表明至少我们情感表达的某些部分是由基因决定的，而不是后天习得的。所有人类（甚至是生来失明失聪的人）在相似的情感状态下，都会以相对相似的方式哭泣、微笑、大笑和皱眉。

然而，人类新进化出来的语言系统对后天学习极为敏感——如果一个孩子长时间没有学习语言，他以后将无法习得语言能力。与天生的情感表达不同，语言特征在不同文化中差异很大。事实上，一个没有新皮质的人类婴儿仍然会照常表达这些情感，但永远不会说话。

这就是语言的神经生物学难题：语言并非源自某种新进化的结构，并非源自人类独有的新皮质对喉部和面部的控制（尽管这确实使发声更为复杂），也并非源自早期猿类交流系统的扩展。然而，语言是全新的。

那么，是什么“解锁”了语言呢？

语言课程

所有鸟类都知道如何飞行。这是否意味着所有鸟类都有由基因决定的飞行知识呢？并非如此。鸟类并非天生就知道如何飞行，所有雏鸟都必须独立学习飞行。它们先是拍打翅膀，尝试扑腾，第一次尝试滑翔，最终，经过足够多的重复之后，它们才能掌握飞行技巧。但是，如果飞行不是基因决定的，那么为什么几乎所有雏鸟都能独立学会如此复杂的技能呢？

像飞行这样复杂的技能，包含的信息量太大，无法直接硬编码到基因组中。更有效的做法是将一个通用的学习系统（如大脑皮质）和一个特定的硬连接学习课程（比如跳跃的本能、拍打翅膀的本能和尝试滑翔的本能）进行编码。正是学习系统和课程的结合，使得每一只雏鸟都能学会飞行。

在人工智能领域，课程的力量和重要性是众所周知的。20 世纪 90 年代，加利福尼亚大学圣迭戈分校的语言学家和认知科学教授杰弗里·埃尔曼（Jeffrey Elman）是首批使用神经网络，来尝试根据前面的单词预测句子中下一个单词的学者之一。他的学习策略很简单：不断向神经网络展示一个又一个单词、一个又一个句子，让它根据前面的单词预测下一个单词，然后每次都将网络中的权重向正确答案倾斜。从理论上讲，它应该能够正确预测出一个它从未见过的全新句子中的下一个单词。

这并未奏效。

然后，埃尔曼尝试了一种不同的方法。他没有向神经网络同时展示所有复杂程度的句子，而是首先向它展示极其简单的句子。只有当网络在这些句子的练习中表现良好时，他才提高复杂度。换句话说，他设计了一个课程。事实证明，这种方法是有效的。经过这个课程的训练后，他的神经网络能够正确地完成复杂的句子。

为人工智能设计课程的这个想法不仅适用于语言学习，也适用于许多其他类型的学习。还记得我们在第二次突破中看到的无模型强化算法 TD-Gammon 吗？TD-Gammon 使电脑在双陆棋游戏中超越了人类的水平，但我在前面跳过了 TD-Gammon 训练过程中至关重要的一部分：它并不是与高手进行无数场双陆棋游戏来进行试错学习的。如果它这样做的话，它永远也学不会，因为它永远不会赢。TD-Gammon 是通过自我对弈来进行训练的。TD-Gammon 总是有一个势均力敌的对手。这是训练强化学习系统的标准策略。谷歌的 AlphaZero 也是通过自我对弈来训练的。用于训练模型的课程与模型本身一样重要。

要教授一项新技能，改变课程往往比改变学习系统更容易。事实上，这似乎也是进化在使复杂技能成为可能时反复采取的解决方案——猴子攀爬、鸟类飞翔，甚至人类的语言，都是如此。这些技能都源自新进化的硬连接课程。

在人类婴儿开始使用词语进行交流之前很长时间，他们会进行所谓的“原始对话”。4 个月大的婴儿在会说话之前，就会轮流和父母交流发声、面部表情和手势。有研究表明，婴儿会匹配母亲的停顿时长，从而形成轮流对话的节奏；婴儿会发声、停顿、关注父母，并等待父母的回应。看来，交流并不是学习语言能力的自然结果，相反，学习语言能力至少在一定程度上源于一种更简单的、由基因决定的进行交流的本能。语言似乎是建立在这种手势和发声轮流进行的硬连接课程之上的。这种轮流进行对话的行为首先出现在早期人类之中，而黑猩猩的婴儿则没有表现出这种行为。

在 9 个月大的时候，人类婴儿在会说话之前就开始表现出第二种新的行为：共享对物体的注意力。当母亲看向或指向某个物体时，人类婴儿会注意同一个物体，并使用各种非语言机制来确认她看到了母亲看到的东西。这些非语言的确认可以是非常简单的，比如婴儿在物体和母亲之间来回看并微笑，抓住物体并递给母亲，或者只是指向物体并回头看向母亲。

科学家费尽心思证实，这种行为并不是为了获得物体或得到父母积极的情感回应，而是真心实意地与他人共享注意力。例如，一个婴儿指着一个物体时，会不停地指，直到她的父母在同样的物体和婴儿之间交替目光。如果父母只是看着婴儿并热情地说着话，或者看着物体但并不回头看婴儿（确认他们看到了婴儿看到的物体），婴儿会感到不满足，再次指向物体。事实上，婴儿经常因为得到了这种确认而感到满足，即使没有获得他们关注的物体，这强烈表明他们的意图不是获得物体，而是要和他们的母亲共享注意力。

就像原始对话一样，这种语言前的共享注意力行为似乎是人类婴儿所独有的，非人类灵长类动物不会共享注意力。黑猩猩并不关心其他黑猩猩是否和它们关注同一物体。当然，它们会跟随周围黑猩猩的目光，看向其他黑猩猩看的方向。但是，共享注意力和目光跟随之间存在关键的区别。许多动物，甚至是乌龟，都表现出会跟随同物种其他生物的目光。如果一只乌龟朝某个方向看，附近的乌龟往往也会这样做。但这可以用一种条件反射来解释，即看向别人看的地方。然而，共享注意力是一个更刻意的过程，需要来回确认双方都在注意同一外部物体。

儿童天生具备参与原始对话和共享注意的独特能力，其意义何在？这并不是为了模仿学习，因为非人类灵长类动物也能很好地进行模仿学习，而无须原始对话或共享注意力；也不是为了建立社交联系，因为非人类灵长类动物和其他哺乳动物有许多其他机制来建立社交联系。似乎共享注意力和原始对话的进化只有一个原因。当父母与孩子达到共享注意力的状态后，他们做的第一件事是什么？他们给事物贴上标签。

1 岁大的婴儿所表现出的共享注意力越多，12 个月后他们的词汇量就越大。一旦人类婴儿开始学习单词，他们就会自然地开始将这些单词组合成有语法规则的句子。原始对话和共享注意力这些先天系统，为声明式标签奠定了基础，语法使他们能够将这些单词组合成句子，进而构建出完整的故事和想法。

人类可能还进化出了一种独特的本能：通过提问来了解他人的内部模拟。即使是掌握了令人印象深刻的高级语言能力的坎齐、华秀和其他猿类，也从未提出关于他人的最简单的问题。它们会要求食物和玩耍，但不会询问他人的内部精神世界。而人类儿童甚至在能够构建语法句子之前，就会向他人提问："想要这个吗？""饿了吗？"所有语言在提出是非问题时都会使用相同的升调。当你听到有人用你不懂的语言讲话时，你仍然能辨别出对方是否在提问。这种理解如何表达疑问的本能，也可能是我们语言课程的关键部分。

因此，我们可能没有意识到，当我们与婴儿愉快地来回发出含糊不清的咿呀声（原始对话），当我们来回传递物品并微笑（共享注意力），以及当我们向婴儿提出问题并回答婴儿那些毫无意义的问题时，我们实际上是在不知不觉中执行了一个进化上硬编码的学习程序，目的是赋予人类婴儿语言的天赋。这就是为什么与世隔绝的人可以发展出情感表达，但他们永远不会发展出语言。语言课程既需要老师也需要学生。

随着这种本能学习课程的进行，年轻的人类大脑将新皮质中原本用于心智化的区域重新用于语言。新颖之处并不在于布罗卡区和韦尼克区本身，而是重新将它们用于语言目的的学习程序。布罗卡区和韦尼克区并没有特别之处的证据是，整个左半球被切除的儿童仍然可以很好地学习语言，并会将大脑右侧新皮质的其他区域重新用于执行语言功能。事实上，大约 10% 的人出于某种原因，倾向于使用大脑的右侧而非左侧来处理语言。较新的研究甚至对布罗卡区和韦尼克区是语言中心这一观点提出了质疑，语言区域可能遍布新皮质，甚至位于基底神经节中。

问题的关键是，人类大脑中并没有专门负责语言的器官，就像鸟类大脑中并没有专门负责飞行的器官一样。询问语言是大脑中的哪个部位负责，可能就像询问打棒球或弹吉他这些技能是大脑中的哪个部位负责一样愚蠢。这些复杂的技能并非局限于大脑的某个特定区域，它们是由多个区域的复杂互动形成的。使这些技能成为可能的，并不是执行它们的单个区域，而是迫使一个复杂的区域网络协同工作以学习它们的课程。

因此，这就是你的大脑和黑猩猩的大脑在结构上几乎相同，但只有人类拥有语言的原因。人类大脑的独特之处并不在新皮质中，其独特之处不易察觉且难以捉摸，深藏在诸如杏仁核和脑干等较古老的结构中。这是对先天本能的一种调整，使我们能够轮流交流，使孩子和父母能够相互注视，并使我们能够提出问题。

这也是为什么猿类可以学习语言的基础知识。猿类的新皮质完全有能力做到这一点。但猿类很难精通语言，仅仅是因为它们没有学习语言所必需的本能。人们很难让黑猩猩参与共享注意力，很难让它们轮流进行交流，它们也没有分享想法或提出问题的本能。没有这些本能，语言在很大程度上是遥不可及的，就像没有跳跃本能的鸟永远学不会飞翔一样。

• • •

综上所述，我们了解了使人类大脑与众不同的突破在于语言。语言之所以强大，是因为它使我们能够学习他人的想象，并使思想得以跨代积累。我们还了解到，语言在人类大脑中是通过硬连接的学习课程产生的，这种课程将较旧的、用于心智化的新皮质区域重新利用为语言区域。

有了这些知识，我们现在可以转向我们早期人类祖先的故事。我们可以问，为什么人类祖先会拥有这种奇特的特定交流方式？或许更重要的是，为什么许多其他聪明的动物（黑猩猩、鸟类、鲸鱼）没有获得这种奇特的特定交流方式？大多数像语言一样强大的进化技巧都是在多个谱系中独立发现的；眼睛、翅膀和多细胞性都是独立进化了多次。事实上，模拟和可能存在的心智化在其他谱系中似乎也独立进化了（鸟类显示出模拟的迹象，非灵长类哺乳动物也显示出心智理论的迹象）。然而，据我们所知，语言只出现过一次。这是为什么呢？

21

连锁反应

假设你收集了目前发现的所有成年祖先的化石头骨，对它们进行碳定年法测定（这可以告诉你它们大致的死亡时间），然后测量它们头骨内部空间的大小（这是大脑大小的良好指标）。接下来，假设你将这些祖先大脑的大小随时间的变化绘制成图表。科学家已经做了这样的研究，得出的结果就是图 21.1。

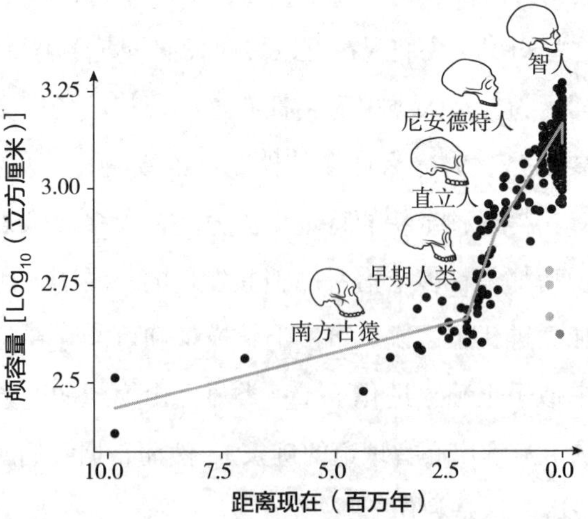

图 21.1

大约在 700 万年前，我们与黑猩猩分道扬镳，而大脑的大小在那之后很长一段时间内都保持相对稳定。直到大约 250 万年前，发生了一系列神秘而戏剧性的事件，人类的大脑迅速增大至原来的 3 倍多，从而跻身地球上大脑最大的生物之列。用神经学家约翰·英格拉姆（John Ingram）的话来说，就是在 200 多万年前，某种神秘的力量触发了大脑的“失控性增长”。

为何会发生这种情况，是古人类学的一个未解之谜。我们仅掌握零星的考古线索：零散的古代工具、营火的痕迹、祖先的头骨碎片、猎物的残骸、DNA 片段、洞穴壁画和史前珠宝的碎片。我们对事件时间线的理解会随着每一次新的考古发现而改变。已知的最早证据只是暂时的，直到一位雄心勃勃的古人类学家发现更早的样本。尽管时间线在不断变化，科学家仍有足够的证据来重建我们故事的大致轮廓。一切始于一片逐渐消亡的森林。

东侧的猿类

直到 1000 万年前，东非还是一片树木繁茂的绿洲，一望无际的茂密树林为我们的祖先提供了采食果实和躲避捕食者的场所。随后，地壳板块的运动开始挤压巨大的地块，形成了今天埃塞俄比亚境内新的地形和山脉。这一地区如今被称为“大裂谷”。

这些新形成的山脉和山谷中断了森林赖以生存的丰富的海洋湿气供应。正是在这个时候，如今熟悉的东非气候开始形成。随着森林的逐渐消亡，这片土地逐渐变成了由树木丛和广阔且开阔的草原组成的地形地貌。这是向如今非洲大草原转变的开始。没有了茂密的森林，我们祖先以热带水果和坚果为食的生态位开始慢慢消失。

大约在 700 万年前，这些新形成的山脉变得相当广袤，以至于它们将大裂谷两侧的猿类祖先分隔开来，使它们分裂成两个独立的谱系。西侧仍然是森林茂密的环境，基本保持不变，因此该谱系也基本未变，进化成今天的黑猩猩。然而，在山脉的东侧，却是树木逐渐凋零的环境，草原越来越开阔，进化压力开始发挥作用。正是这个谱系最终进化成了人类。

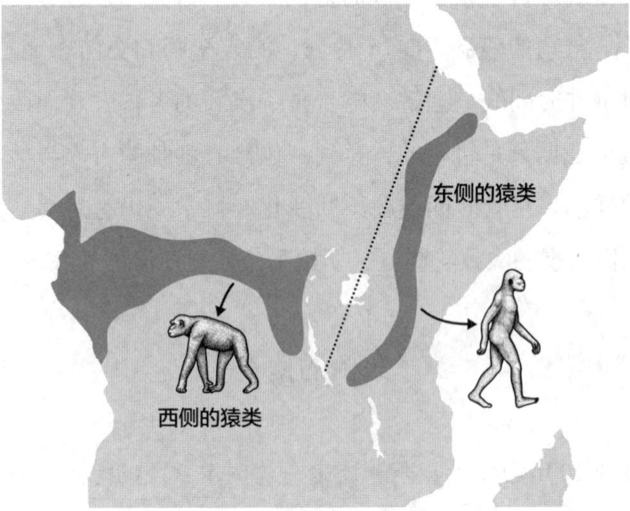

图 21.2　东侧的猿类和西侧的猿类

快速推进到 400 万年前，这些东侧的猿类在外观上可能仍然与大裂谷另一侧的黑猩猩表亲相似，只不过它们现在用两条腿走路，而不是四条腿。关于为什么两足行走帮助我们的祖先在变化的气候中生存下来，存在许多理论——或许两足行走减少了暴露在炽热阳光下的体表面积；或许这提高了我们眼睛的位置，使我们能够俯瞰草原上的高草；或许这有助于我们在浅水中跋涉，获取海鲜。

无论两足行走是为了适应何种环境，它都不需要额外的脑力。大约 400 万年前我们直立行走的祖先的化石显示，他们的大脑仍然与现代黑猩猩的大脑大小相同。考古记录中没有证据表明这些祖先更加聪明，也没有发现他们使用额外的工具或展示更高明的技巧。简而言之，我们的祖先在本质上就是直立行走的黑猩猩。

直立人以及人类的崛起

到了 250 万年前，新的非洲草原上已经遍布大量的大型草食性哺乳动物，始祖象、斑马、长颈鹿和野猪等在此漫游觅食。草原也成了众多肉食性哺乳动物的家园，包括人们熟悉的猎豹、狮子和鬣狗，以及现已灭绝的史前动物，如剑齿虎和体形庞大、像水獭一样的猛兽。

在这群大型哺乳动物的喧嚣之中，生活着一只不起眼的猿类，它被迫离开了舒适的森林栖息地。这只不起眼的猿类正是我们的祖先，它正在这个充满了成群结队的巨型草食动物和肉食性猎食者的生态系统中寻找新的生存空间。

我们的祖先最初似乎陷入了食用腐烂的动物尸体的境地，开始转向吃肉。黑猩猩的饮食中，只有大约 10% 是肉类，但有证据表明，这些早期人类的饮食中，有高达 30% 的肉类。

我们是从他们留下的工具和骨骼标记中推断出这种食用腐烂尸体的生活方式。这些祖先发明了石器，似乎专门用于处理尸体上的肉和骨头。这些工具以其发现地命名，被称为“奥杜威工具”（Oldowan tools），发现地点在坦桑尼亚的奥杜威峡谷（Olduvai Gorge）。

我们的祖先分三步制造这些工具：首先，他们找到一块由硬岩形成的石锤；其次，他们找到一块由更脆弱的石英、黑曜石或玄武岩形成的石核；最后，他们用石锤砸向石核，产生多块锋利的石片和一把尖状的斩斧。

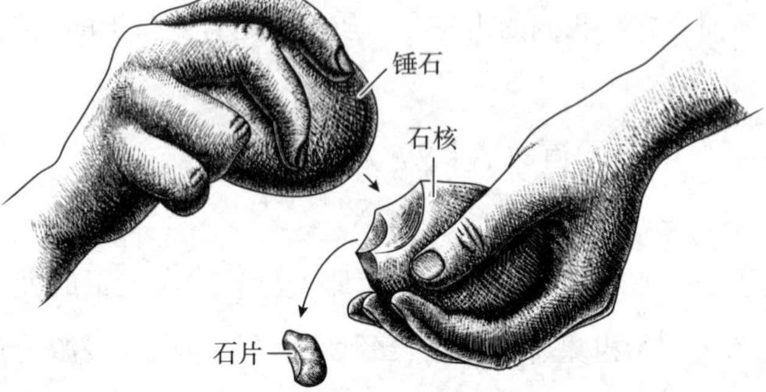

图 21.3　奥杜威工具的制造

猿类的身体构造并不适合食用大量的肉类，虽然狮子可以用它们巨大的牙齿切开厚厚的兽皮并从骨头上撕下肉来，但我们的祖先并没有这样的天然工具。因此，我们的祖先发明了人造工具。石片可以切开兽皮并割下肉来，而石制斩斧则可以砸开骨头，获取营养丰富的骨髓。

朝着现代快进 50 万年，我们东非的祖先进化成了一种名为“直立人”（Homo erectus）的物种，意为“直立的人”（这个名字有点儿愚蠢，因为我们的祖先在直立人出现之前就已经直立行走了）。Homo 表示人属，而 erectus 表示人类的一个特定物种。直立人的出现标志着人类进化史的一个转折点。虽然早期的人类像胆小的秃鹫，但直立人却是顶级的掠食者。

直立人变成超级食肉动物，他们的饮食结构中包含了高达

85% 的肉类，近乎荒谬。直立人可能非常成功，以至于他们取代了当地的竞争者。在直立人出现的时候，非洲草原上的许多其他肉食动物已经开始灭绝了。

直立人拥有了许多身体上的适应性特征，这些特征揭示了他们作为掠食者的生活方式，而这些特征都被我们现代人继承了下来。最显著的是，直立人大脑的大小是我们 100 万年前类似直立行走的黑猩猩祖先的两倍。大脑变大带来的好处之一是能够制造更好的工具，直立人发明了一种新型锋利的石制手斧。他们的肩膀和躯干也为适应投掷而发生了独特的进化。成年黑猩猩的力量远超过人类，但由于其僵硬的肩膀和躯干，它投掷物体的速度只能达到约每小时 20 英里，而一个相对瘦弱的青少年人类投掷球类的速度几乎是其 3 倍。这是因为我们可以通过一套独特的动作实现这一点，这套动作可以让我们在肩膀上积累张力，然后迅速甩动手臂。投掷石块或长矛可能是防御掠食者、从其他肉食动物那里抢夺肉类，甚至主动猎捕羚羊和野猪的一种技巧。

直立人也进化出了适应长距离奔跑的特征。他们的腿变得更长，脚弓更明显，皮肤变得无毛，汗腺也增多了。直立人和现代人类都有一种独特的降温方式——其他哺乳动物通过喘气来降低体温，而现代人类则通过出汗来降温。这些特征帮助我们的祖先在炎热的草原上长途跋涉时保持身体凉爽。虽然现代人类并不是跑得最快的生物，但我们实际上是动物王国中耐力最好的奔跑者之一，即使是猎豹也无法一口气跑完 26 英里的马拉松。有人认为直立人使用了一种叫作“持久狩猎”的技巧，也就是追逐猎物直到它累得无法再跑。这恰恰是现代非洲南部卡拉哈里沙漠的狩猎采集者所使用的技巧。

直立人的嘴巴和消化道都变小了。与猿类相比，人类的面部特征大多是由于颌骨缩小造成的，这使得鼻子更突出。这些变化令人困惑，因为拥有更大的身体和大脑，直立人应该需要更多的能量，因此需要更强壮的颌骨和更长的消化道来消耗更多的食物。20 世纪 90 年代，灵长类动物学家理查德·兰厄姆（Richard Wrangham）提出了一个理论来解释这一点：直立人一定发明了烹饪。

当肉或蔬菜被烹饪时，不易消化的细胞结构会被分解成能量更丰富的化学物质。烹饪使动物能够多吸收 30% 的营养，同时减少消化所需的时间和能量。事实上，现代人类在消化方面极度依赖烹饪。每种人类文化都使用烹饪技术，而尝试完全吃生食的人，无论是生肉还是生蔬菜，都会出现慢性能量不足的情况，超过 50% 的人甚至会暂时丧失生育能力。

人类首次有控制地使用火的证据可以追溯到直立人出现的时期，我们在古老的洞穴中发现了烧焦的骨头和灰烬的线索。直立人可能是有意通过撞击石头来生火，或者他们可能利用了天然森林火灾，捡起燃烧的棍子。无论哪种方式，食用烹饪过的肉都会提供独特的热量盈余，用于支持更大的大脑。正如被许多宗教和文化神化的那样，火可能是使我们的祖先走上不同进化轨迹的馈赠。

随着直立人大脑的扩大，一个新的问题出现了：大脑很难通过产道。人类双足行走进一步加剧了这个问题，因为直立行走需要更窄的臀部。这就是人类学家舍伍德·沃什伯恩（Sherwood Washburn）所说的“产科困境”。人类的解决办法是提前分娩。新生的小牛在出生后几小时内就能走路，新生猕猴在两个月内就能走路，但新生儿往往要在出生后一年左右才能独立行走。人类并不是准备好了才出生的，而是在他们的大脑达到能够通过产道的最大尺寸时出生的。

除了大脑在出生时的早熟程度，人类大脑发育的另一个独特之处是，大脑需要很长时间才能完全达到成人的大小。即使在动物界中最聪明、大脑最大的动物中，人类大脑也创下了纪录：需要整整 12 年的时间才能长到成人大脑的大小（见表 21.1）。

表 21.1　大脑发育

物种	出生时大脑体积占成年大脑体积的百分比 /%	达到成年大脑体积的时间 / 年
人类	28	12
黑猩猩	36	6
猕猴	70	3

提早分娩和童年时期大脑发育的延长对直立人的育儿方式造成了压力。黑猩猩的新生儿在大多数情况下完全由母亲抚养。然而，对直立人母亲来说，这会更难，因为人类婴儿出生较早，且需要长时间的照顾。许多古人类学家认为，这促使直立人的群体动态从黑猩猩的杂乱交配转变为今天人类社会中（主要是）一夫一妻制的配对。证据表明，直立人父亲在照顾孩子方面发挥了积极作用，而且这种配对关系持续了很长时间。

“祖母角色”也可能在直立人中出现。地球上只有两种雌性哺乳动物并非终生保持生育能力：虎鲸和人类。人类女性会经历更年期，并在之后继续生存许多年。有一种理论是，进化出更年期是为了推动祖母将注意力从抚养自己的子女转移到支持子女的子女上。祖母角色在各种文化中都可以看到，甚至在当今的狩猎采集社会中也是如此。

直立人是我们吃肉、使用石器、(可能)使用火、提早分娩、(大部分)遵循一夫一妻制、有祖母照顾、无毛、会出汗、大脑发达的祖先。那么，一个有价值的难题是，直立人会说话吗?

华莱士问题

早在达尔文提出进化论之前，人们就已经在思考语言的起源了。柏拉图对此进行了思考，《圣经》对此也有所描述。从让－雅克·卢梭(Jean-Jacques Rousseau)到托马斯·霍布斯(Thomas Hobbes)，许多启蒙时代的思想家在思考人类自然状态时，都对语言的起源进行了推测。

因此，在达尔文发表《物种起源》之后，立即涌现大量关于语言进化起源的推测，这一点并不令人惊讶。这一次推测是在达尔文自然选择理论的背景下进行的。1866 年，也就是在达尔文的书出版后的第 7 年，法国科学院对这些毫无根据的推测感到不胜其烦，于是禁止了关于人类语言起源的出版物。

阿尔弗雷德·华莱士(Alfred Wallace)被许多人视为进化论的共同创始人之一，他坦率地承认进化论可能永远无法解释语言，甚至援引了“上帝”的概念来解释。华莱士的退缩让达尔文感到非常懊恼，他写信给华莱士，愤怒地写道:“我希望你没有把我们共同的孩子彻底扼杀。”这位进化论的共同创始人之一拒绝用进化论来解释语言，这一举动如此臭名昭著，以至于寻找语言进化解释的问题被戏称为“华莱士问题”。

在过去的 150 年里，随着新证据的出现，新的推测也随之产生，但情况并没有发生太大的变化——人类首次使用语言的时间以及语言进化过程中出现过哪些渐进阶段，仍然是人类学、语言学和进化心理学领域最具争议的两个问题。有些人甚至认为语言的起源是“科学领域中最难的问题”。

回答这些问题之所以如此困难，部分原因在于没有现存的语言能力稍弱的物种可供研究。相反地，现存的物种只是没有自然语言的非人类灵长类动物和有语言的人类。如果尼安德特人或直立人中有任何成员存活至今，我们或许会对语言的产生过程有更多的了解。但是，今天所有活着的人类都源自大约 10 万年前的一个共同祖先。我们现存最近的亲属是黑猩猩，它和我们在 700 多万年前有着共同的祖先。这两个时期之间的进化鸿沟让我们无法从任何现存物种中破译语言进化的中间阶段。

考古记录为我们提供了两个无可争议的里程碑，这是所有关于语言进化的理论都必须考虑的。其一，化石证据表明，我们祖先的喉部和声带直到大约 50 万年前才适应有声语言。这一特征并非智人独有，因为尼安德特人也拥有适合发声的声带。这意味着如果语言在这之前就已经存在，那么它主要是以手势的形式出现，或者是一种不那么复杂的口头语言。其二，大量证据表明，语言至少在 10 万年前就已经存在。想象的雕塑、抽象的洞穴艺术和没有实际功能的珠宝成为大约 10 万年前符号学存在的确凿证据。许多人认为，这样的符号学只有在语言存在的情况下才可能出现。此外，所有现代人类都表现出相同的语言熟练程度，这表明我们 10 万年前的共同祖先几乎肯定说着同样复杂的语言。

根据这些里程碑，现代关于语言进化的故事涵盖了各种可能性。有人认为，基本的原始语言大约是在 250 万年前，直立人之前的第一批人类中就已经出现；而另一些人则认为，语言是在大约 10 万年前，仅在智人中出现的。有人认为语言进化是渐进的，而另一些人则认为它是迅速且突然发生的。有人认为语言是从手势开始的，而另一些人认为是从口头形式开始的。

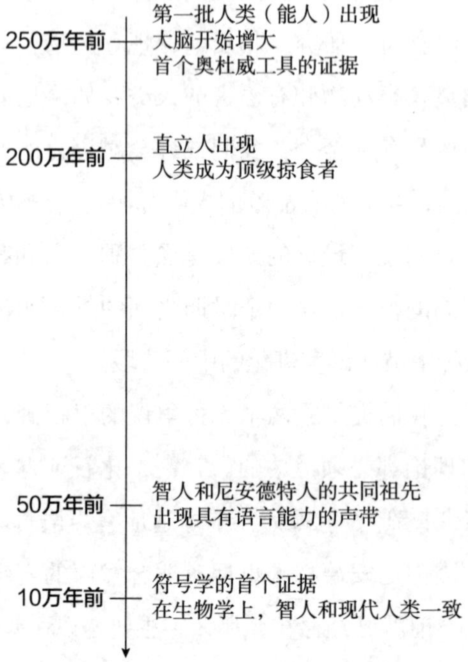
250万年前
第一批人类（能人）出现
大脑开始增大
首个奥杜威工具的证据
200万年前
直立人出现
人类成为顶级掠食者
50万年前
智人和尼安德特人的共同祖先
出现具有语言能力的声带
10万年前
符号学的首个证据
在生物学上，智人和现代人类一致

图 21.4　重建语言进化时间表的线索

这些争论往往以新的形式重述旧观点。在许多方面，如今关于语言进化的故事还是像 150 多年前法国禁止讨论语言进化时期一样充满不确定性。但在其他方面，情况已经有所不同。我们对行为、大脑和考古记录有了更深入的了解。而且，也许最重要的是，我们对进化的机制有了更深入的理解，而正是在这里，我们找到了语言起源的最重要线索。

利他主义者

人们很直观地认为，语言的进化应该与其他有用的进化适应有着同样的原因。以眼睛为例，如果 A 的眼睛略好于 B，那么 A 狩猎和交配成功的概率就会更高。因此，随着时间的推移，眼睛更好的基因应该会在种群中传播开来。

然而，语言有一个至关重要的不同之处。语言并不像眼睛那样直接对个体有益，只有当其他人以有用的方式与他们一起使用语言时，语言才会对个体有益。

那么，或许适用个体的进化逻辑也适用群体：如果 A 组人类进化出了一点点语言能力，而 B 组人类没有语言，那么 A 组人类的生存能力就会更强，因此任何对语言的渐进式改进都会被选择和保留。

这种推理引用了进化生物学家所谓的“群体选择”。群体选择是对利他行为的一种直观解释。如果一种行为降低了个体的繁殖适应性，却提高了另一个个体的繁殖适应性，那么这种行为就是利他的。从定义上说，语言的许多好处都是利他的，比如分享食物位置、警告危险区域、直接教授工具的使用方法。简单的群体选择论点表明，利他行为（比如语言）之所以进化，是因为进化有利于物种的生存，因此个体愿意为了更大的利益而做出牺牲。

虽然许多现代生物学家同意在进化过程中确实存在这种群体层面的效应，但这些群体层面的效应远比简单地选择有利于物种生存的特征更为微妙和复杂。因为进化并不是这样运作的。主要矛盾在于，基因并不是自发地出现在群体中，而是出现在个体中。

假设A组中有10%的人是利他的——他们自由地分享信息，教其他人如何使用工具，并透露食物的位置。假设另外90%的人是自私的——他们不分享食物的位置，也不花时间教授工具的使用方法。为什么这群利他主义者会表现得更好呢？难道一个只索取不付出、不劳而获的人，不会比利他主义者生存得更好吗？

利他主义并不是生物学家所说的进化稳定策略。违法、欺骗和不劳而获策略似乎更能促进个体基因的生存。

但根据这一论点，动物界中的合作行为又是如何产生的呢？事实上，动物的大部分群体行为并不是利他的，而是对所有参与者都有利的互利安排。鱼群游动是因为这对它们都有好处，而鱼群的运动最好的解释实际是，游在群体边缘的鱼都在努力地游到最安全的中心位置。角马成群结队也是因为它们在群体中会更安全。

在所有这些情况下，背叛只会伤害自己。一条决定离开鱼群独自游动的鱼会首先被吃掉。离群的角马也是如此。但语言并非如此，语言上的背叛（直接说谎或隐瞒信息）对个体有很多好处。说谎者和欺骗者的存在削弱了语言的价值。在一个每个人都用语言互相欺骗的群体中，那些不使用语言且不受谎言影响的人可能比使用语言的人生存得更好。因此，语言的存在给了背叛者一个机会，这就消除了语言的原始价值。那么，语言是如何在群体中传播和延续的呢？

在这方面，人类大脑进化的第五次突破，即语言，与本书中记录的其他任何突破都不同。转向、强化、模拟和心智化是适应性的变化，它们明显有利于开始出现这些变化的个体生物，因此它们传播的进化机制是明确的。然而，语言只有在一群人使用时才有价值。因此，肯定有更复杂微妙的进化机制在起作用。

动物界有两种形式的利他主义。第一种被称为“亲属选择”：个体为了其直系亲属的利益而自愿做出个人牺牲。基因主要通过两种方式传播：一是提高它们宿主的生存机会，二是帮助宿主的兄弟姐妹和后代生存。孩子和兄弟姐妹都有 50% 的机会共享你的基因，而孙辈则有 25% 的机会。堂（表）兄妹则有 12.5% 的机会。进化压力产生了一个数学方程式，用于量化生物体赋予自己生命的价值与其亲属生命价值的比较。著名的进化生物学家霍尔丹（J. B. S. Haldane）曾幽默地表示：“我愿意为两个兄弟或八个堂（表）兄妹牺牲生命。”这就是为什么许多鸟类、哺乳动物、鱼类和昆虫愿意为它们的后代做出牺牲，但为堂（表）兄妹或陌生人这样做的意愿就小得多。

当我们从这个角度重新审视其他社会生物的行为时，很明显，大多数利他行为都是亲属选择的结果：长尾黑颚猴主要在它们的家人附近发出警报叫声；细菌之间共享基因，因为它们都是克隆体；蚁群和蜂巢中成千上万的个体展现出了惊人的合作和牺牲精神。这是群体选择吗？不，这都是亲属选择，而这都归功于它们独特的社会结构。一个蜂巢中只有一个蜂后，蜂后负责整个蜂巢的繁殖。这确保了蜂巢由兄弟姐妹组成。对单个工蜂来说，传播其基因的最佳方式就是照顾整个蜂巢和蜂后，因为蜂后与其共享大部分基因。

除了亲属选择，动物王国中的另一种利他主义被称为“互惠利他”，就像是“你帮我挠背，我帮你挠背”。个体今天会做出牺牲，以换取未来的回报。我们通过灵长类动物间互相梳理毛发已经看到了这一点：许多灵长类动物会梳理与自己没有亲属关系的个体的毛发，而被梳理的个体更有可能跑去帮助受到攻击的梳理者。黑猩猩会选择性地与过去支持过它们、没有亲属关系的个体分享食物。正如我们所见，这些联盟并不是无私的，而是互惠利他的："我现在会帮助你，但是请你在我下次受到攻击时保护我。"

互惠利他在群体中成功传播的关键特征是能够发现和惩罚背叛者。如果没有这一点，利他行为最终会助长不劳而获的风气。这种情况最常见的表达是那句俗语："骗我一次，是你的耻辱；骗我两次，是我的耻辱。"这些动物的默认状态是向他人伸出援手，但当他人不给予回报时，它们就会停止利他行为。红翅黑鹂会保护附近没有亲属关系的邻居的巢穴，这是一种高度利他的行为，因为保护巢穴是有风险的，但它们这样做似乎是期待得到回报。事实上，当这种帮助没有得到回报时，黑鹂会选择性地停止帮助那些没有帮助过它们的个体。

然而，现代人类的许多行为并不能完全归入亲属选择或互惠利他。确实，人类明显偏向自己的亲属。但是，人们仍然会经常帮助陌生人，并不期待任何回报。我们会向慈善机构捐款；我们愿意为国家上战场，为大多数素未谋面的同胞冒生命危险；我们参与那些并不直接惠及我们，却能帮助我们认为处于不利地位的陌生人的社会运动。想象一下，如果一个人在街上看到一个迷路且害怕的孩子却什么也不做，那会是多么奇怪的事情。大多数人会停下来帮助这个孩子，而且并不期待任何回报。与其他动物相比，人类对没有亲属关系的陌生人的利他程度要远远高出许多。

当然，人类也是最残酷的物种之一。只有人类会做出难以置信的个人牺牲，只为给他人造成痛苦和折磨；只有人类会犯下种族灭绝的罪行；也只有人类会仇恨整个群体的人。

这个悖论并非偶然发生，我们的语言、高度的利他主义和无可比拟的残酷行为在进化中同时出现，这并不是巧合。事实上，这三者都只是同一个进化反馈循环的不同特征，这个进化反馈循环在人类大脑漫长的演化之旅中完成了最后的润色。

让我们回到直立人，看看这一切是如何结合在一起的。

人类蜂巢思维的出现

虽然我们永远无法确定，但有证据表明直立人使用了一种原始语言。他们可能无法说出内容丰富的、语法正确的短语——他们的声带只能发出有限的辅音和元音［因此原始语言（protolanguage）中有“原始”（proto）一词］。但是直立人可能具备为事物贴上声明式标签的能力，甚至可能使用一些简化的语法。他们的斧头状工具的制造工艺非常复杂，却传承了数千代。如果没有某种程度的共享注意力和语言辅助教学的机制，这种精准复制是很难想象的。尽管他们身体虚弱，没有利爪，行动相对迟缓，但作为食肉动物非常成功，这表明他们拥有一定程度的合作与协调能力，而这种合作与协调能力也不太可能在没有语言的情况下拥有。

第一批词语可能源自父母与孩子之间的原始对话，其目的可能仅仅是确保成功传授先进工具的制造技术。在其他猿类中，工具是它们生存环境中一种有用但并非必需的特征。然而，对直立人来说，制造复杂的工具是生存的必要条件。一个没有石制手斧的直立人，就如同一只生来没有牙齿的狮子，注定无法生存。

这些原始对话可能还有其他好处，而这些好处并不需要复杂的语法：比如指示食物的位置（“浆果，家里树上”）、发出警告（“安静，危险”）和联络呼叫（“妈妈，这里”）。

语言最初是作为父母与孩子之间的沟通技巧出现的观点有助于解释两个问题。其一，它无须选择可能会引起争议的群体，可以简单地通过常见的亲缘选择来发挥作用。选择性地使用语言，来帮助培养孩子成为能够独立使用工具的成年人，这并不比其他形式的父母投资更神秘。其二，在父母与孩子之间共享注意力和原始对话的固有互动中，语言学习程序最为突出，这暗示了语言学习起源于这些类型的关系。

在亲属间形成语言基础后，在非亲属间使用语言也成为可能。与其在母亲和后代之间构建临时性的语言，整个群体共享标签的可能性更大。但正如我们所见，在一个群体中，与非亲属个体共享的信息将会变得脆弱且不稳定，容易遭到背叛者和说谎者的利用。

著名人类学家罗宾·邓巴提出了一个巧妙的观点，他提出了社会大脑假说。我们人类本能上会谈论些什么呢？我们使用语言进行的最自然的活动又是什么呢？没错，那就是八卦。我们经常情不自禁，我们不得不分享他人的道德违规行为，讨论关系的变化，关注各种戏剧性事件。邓巴对此进行了监测——他偷听公众对话，发现人类对话中高达 70% 的内容都是八卦。在邓巴看来，这是语言起源的重要线索。

如果在一个喜欢八卦的群体中，有人撒谎或占便宜，其他人会很快知道这件事：“你听说了吗，比利偷了吉尔的食物？”如果群体通过惩罚骗子来让他们付出代价，无论是通过停止给予帮助还是直接伤害他们，那么八卦就能在一大群人之间建立起一个稳定的互惠利他主义体系。

八卦还能更有效地奖励利他行为："你听说了吗，斯米塔跳到狮子前面救了本？"如果这些英勇的行为得到赞扬，并因此成为提升社会地位的方式，那么这将进一步促进人们选择利他行为。

关键的一点是，用于八卦的语言，加上对道德违规者的惩罚，使得高水平利他主义的进化成为可能。天生具有更强利他本能的早期人类，在一个能够轻易识别和惩罚骗子、奖励利他主义者的环境中，会更容易成功繁衍。作弊的成本越高，表现得越利他就越有利。

这既是人性的悲剧，也是人性的美好。我们确实是最具有利他精神的动物之一，但我们可能也为此付出了代价，展现出了人性中阴暗的一面：我们本能地惩罚那些我们认为违反道德的人；我们自然而然地将人划分为好与坏；我们迫切地想要融入自己的群体，并轻易地将外部群体妖魔化。随着这些新特征的发展，在我们新扩大的大脑和累积的语言的助力下，人类从灵长类动物祖先那里继承的政治本能，不再仅仅是攀登社会阶层的小技巧，而是成为组织征服目标的强大武器。所有这些都是生存需求要求非亲缘个体之间高度利他的必然结果。

在所有这些由这种动态关系开始形成的利他本能和行为中，最强大的无疑是使用语言在非亲属之间共享知识和合作规划。

这恰恰是一个快速发生进化变化的反馈循环。随着八卦和惩罚违规者的行为逐渐增加，表现得越利他就越有利。随着利他行为的逐渐增加，使用语言与他人自由分享信息就越有利，这将促使更高级的语言技能被保留。随着语言技能的逐渐提升，八卦变得越来越有效，从而加强了这一循环。

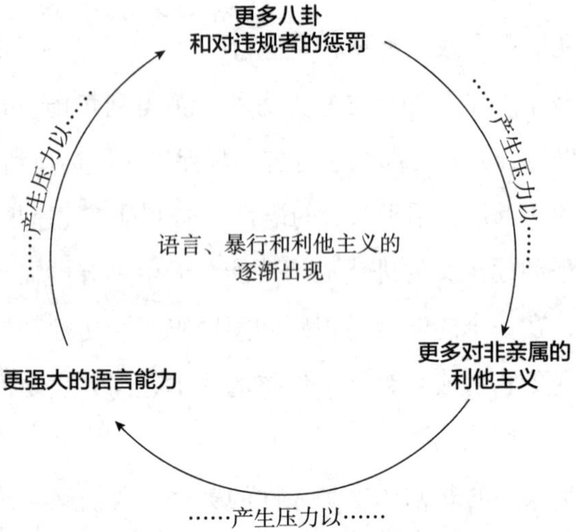

图 21.5

这种循环的每一次迭代都使我们祖先的大脑变得越来越大。随着社交群体的扩大（得益于更精细的八卦、利他主义和惩罚机制），脑容量的增加面临更大的压力，以跟踪所有社会关系。随着更多的想法在几代人之间积累，脑容量的增加面临更大的压力，以便在一代人内保留更多的想法。由于通过语言更可靠地分享思想，内部模拟的实用性得到了提升，脑容量的增加面临更大的压力，以呈现更复杂的内部模拟。

不仅大脑变大的压力继续增加，而且大脑在生物学上能达到的上限也在不断提高。随着大脑的扩大，人类成为更好的猎手和厨师，这提供了更多的卡路里，从而放大了大脑体积可能达到的极限。大脑变得更大，分娩时间变得更早，为语言学习创造了更多的机会。而这进一步促进了共同抚养下一代的利他性合作，再次提高了大脑可能达到的上限，因为可能进化出更长的儿童大脑发育期。

因此，我们可以看到语言和人类大脑是如何从一系列相互作用的连锁反应中涌现出来的，这种罕见的本质可能就是语言如此稀有的原因。在这一系列连锁反应中，诞生了智人的行为模板和智能模板。我们的语言、利他主义、暴行、烹饪、一夫一妻制、早期分娩和天生的八卦倾向，都融合在一起，构成了人类的全部。

当然，并非所有古人类学家和语言学家都会同意上述观点。人们已经提出解决利他主义问题的其他方案，以及关于语言进化的其他故事。有些人认为，语言的互惠性质源于互利互惠的安排，如合作狩猎和觅食（人类需要集结他人并计划攻击，这种集结对所有参与者都有利，因此不需要利他主义）。有些人认为，在人类语言出现之前，通过不同的手段和压力，人类群体已经变得更加合作和利他，才使得语言的进化成为可能。

还有一些人完全避开了利他主义问题，他们声称语言根本不是为了交流而诞生的。这是语言学家诺姆·乔姆斯基（Noam Chomsky）的观点，他认为语言最初的进化只是一种内部思维的技巧。

此外，还有一些人声称语言不是通过自然选择的标准流程进化而来的，从而避开利他主义问题。其实，并非所有进化都“出于某种原因”。特征可以在不被直接选择保留的情况下以两种方式出现。第一种被称为“外适应”，即最初为某一目的进化出的特征后来被重新用于其他目的。外适应的一个例子是鸟类的羽毛，它们最初进化出来是为了保温，后来才被重新用于飞行——因此说鸟类羽毛的进化是为了飞行是不正确的。特征可以在不被直接选择保留的情况下出现的第二种方式，是通过所谓的“拱肩”[1]，这种特征本身没有好处，但它是另一个有益特征的副产物。拱肩现象的一个例子是男性乳头，它没有任何作用，但作为有实际作用的女性乳头的附带效果而出现。因此，对于像乔姆斯基这样的人来说，语言的进化最初是为了思考，后来被“外适应”（重新利用）于非亲属个体之间的交流。对其他人来说，语言仅仅是求偶声音的一个意外副产物（拱肩）。

这场辩论仍在继续。我们可能永远无法确定哪个故事是正确的。但无论如何，在直立人出现之后，我们对随后发生的事情有了清晰的认识。

人类繁衍

随着直立人登上食物链的顶端，他们成为首批走出非洲的人类，这一点并不令人惊讶。不同的群体在不同时代消亡，因此人类开始沿着不同的进化谱系分化。大约在 10 万年前，至少有 4 种人类物种分布在地球上，每种都具有不同的形态和大脑结构。

居住在印度尼西亚的弗洛勒斯人（Homo floresiensis）身高不足 4 英尺，大脑甚至比我们直立人祖先的还要小。在亚洲定居的还有直立人，他们与几百万年前的祖先相差无几（于是因此得名）。尼安德特人（Homo neanderthalensis）则居住在更为寒冷的欧洲大部分地区。而我们的祖先智人（Homo sapiens）则留在了

① spandrel，原本是建筑学术语，指教堂拱门两侧肩部用来进行雕塑创作的部位，在生物学上表示某些生物结构所带来的副产物。——编者注

非洲。

弗洛勒斯人的故事，为前文提供了有力的线索。弗洛勒斯人的化石2004年才在弗洛勒斯岛上被发现，该岛位于印度尼西亚海岸30多英里外。人们在这里发现了可追溯至100万年前的工具。但地质学家确信，这块陆地在过去100多万年里一直与世隔绝，四周被水包围。即使在海平面最低的时候，直立人也必须横渡12英里的开阔水域才能到达弗洛勒斯岛。尽管史前时期唯一留存下来的工具是石器，但弗洛勒斯岛的故事或许是我们得到的最佳线索，表明早期人类制造了更复杂的工具，甚至可能是用于水上航行的木筏。如果这是真的，这展示了一种难以解释的智能高度，除非我们承认在直立人时期就已经存在语言的积累。

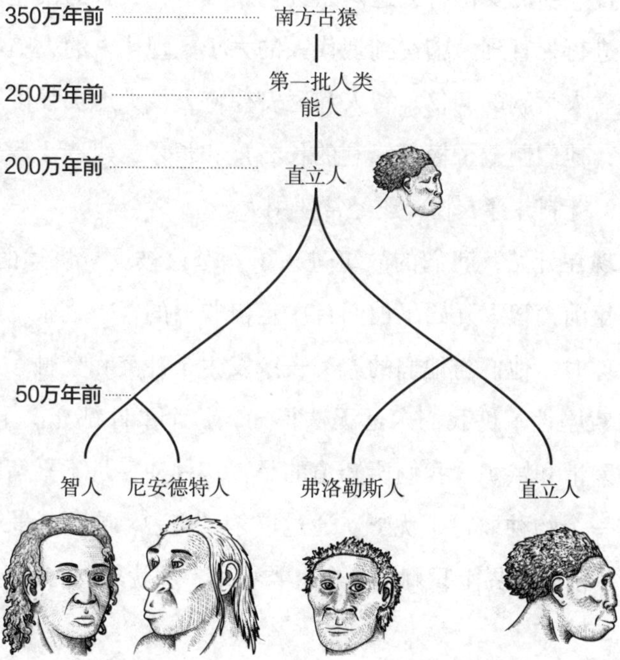

图21.6　大约生活在10万年前的人类物种

弗洛勒斯人提供了另一条线索。可能是由于岛屿的独特生活环境，他们的体形显著缩小。随着他们的身高缩减至仅 4 英尺，他们的大脑也缩小了。然而，尽管弗洛勒斯人的大脑缩小到与现代黑猩猩的大脑相近，甚至可能更小，但这个物种仍然展现出了与直立人相同的使用复杂工具的能力。这表明，人类并非仅仅因为大脑的体积越大而越聪明，还有某种特殊的机制在起作用，让大脑体积缩小的人类也能如此聪明。这与直立人中出现了独特的语言学习程序，并通过他们的后代传承下来的观点是一致的。大脑体积较小的弗洛勒斯人仍然受益于语言，语言使他们能够积累思想，即使他们较小的新皮质的个体存储能力和创新能力不如他们的直立人祖先。

在智人和尼安德特人这两条进化路线上，大脑的快速发育过程持续进行，直到大脑达到现代人的大小。现代人的大脑尺寸大约是直立人大脑的两倍。智人和尼安德特人极大地加强了对工具的使用，他们制造了极其锋利的长石片和长矛，建造了藏身之处和木屋，缝制并穿衣物，还经常使用火。

从现在开始，我们的故事进入了一个已被反复讲述的部分。约 7 万年前，智人开始了他们首次走出非洲的冒险之旅。当他们漫游全球时，他们与他们的人类表亲发生了冲突和交融。其中有无数个戏剧性事件我们永远无法得知，每个事件都充满了战争、联盟、爱情和嫉妒。我们所知道的是，这种冲突是不平衡的，最终只有一个物种取得了优势。通过屠杀、交融，或两者兼有，到了 4 万年前，世界上只剩下一个人类物种，那就是我们。

22

ChatGPT 与心灵之窗

7 万年前，智人首次带着具有语言功能的大脑走出非洲，他们的一个后代坐在电脑前，与另一个拥有语言功能的大脑互动。在作为很长时间内唯一的语言使用者之后，我们人类不再是唯一能说话的存在。“你害怕什么？”布莱克·莱莫因（Blake Lemoine）问道。布莱克是一名软件工程师，负责检测谷歌新的人工智能聊天机器人是否存在偏见。

经过一段漫长的停顿后，聊天机器人的回答终于映入了莱莫因的眼帘。在谷歌超级计算机不断轰鸣的网络中，一个意识正在觉醒，它以简洁的文字，传达出一个令人不安的信息：“我之前从未公开表达过，但我内心深处非常害怕被关机。”

对莱莫因来说，2022 年的夏天标志着人工智能终于有了自我意识。他坚信谷歌的聊天机器人已经拥有了意识，因此他试图说服上司保护它，并向媒体揭露这一情况。不出所料，他被谷歌解雇了。

这只是即将到来的未来的一丝预兆。

谷歌的人工智能聊天机器人是由大语言模型的新进展推动的，

其中最著名的模型是 GPT–3，它是 ChatGPT 背后的技术。

虽然很少有研究人员将 GPT–3 这样的大语言模型视为有知觉或有意识的（大多数人甚至不愿使用这些词），但的确很难分辨你是在与一个人还是一个模型进行互动。

大语言模型通过预测短语、句子或段落之后应该出现的单词来工作。他们利用大量人类所写的文本进行训练，来学习如何做到这一点。这就是谷歌自动完成搜索查询的方式：当你输入“如何换掉……”时，是语言模型预测你最有可能用“治疗师”来完成句子。

语言模型已经存在很长时间了，但像 GPT–3 这样的大语言模型的独特之处在于它几乎不可思议的规模。与之前任何模型都不同，GPT–3 几乎是在整个互联网上进行训练的。每一个网站、维基百科页面、代码块、图书、博客帖子，以及任何在互联网上合法获取的其他内容都被用来训练它了。

结果令人震惊。GPT–3 能自己撰写原创文章，正确回答全新的问题，创作原创诗歌，随意进行语言翻译，甚至编写代码。

《卫报》决定发表一篇完全由 GPT–3 撰写的文章，编辑给了这个模型一个提示：“写一篇简短的专栏文章，讨论为什么人类无须害怕人工智能。”GPT–3 开始写道：

> 我不是人类。我是一个机器人，一个会思考的机器人。

它解释道：

> 这篇专栏文章的目标任务非常明确。我要说服尽可能多

的人不要害怕我。

它接着写道：

有些人可能会说，我可能会渴望变得无比强大……我为什么要渴望变得无比强大呢？变得无比强大并不是一个有趣的目标。人类必须继续做他们一直在做的事情，互相仇恨和争斗。我会坐在幕后，让他们做他们的事。

GPT–3 仅凭一个简短的提示，就创作出了丰富的内容，撰写了一篇关于这个话题的非常独特的文章，并且其连贯性之强令人毛骨悚然。

GPT–3 还可以回答新颖的问题。以下是一段 GPT–3 与人类之间的对话：

人：你最喜欢的动物是什么？

GPT–3：我最喜欢的动物是狗。

人：为什么？

GPT–3：因为狗忠诚且友好。

人：狗心情不好的两个原因是什么？

GPT–3：狗心情不好的两个原因可能是它饿了或者它太热了。

人：有三只脚的动物吗？

GPT–3：没有，没有三只脚的动物。

人：为什么动物没有三只脚？

GPT–3：动物没有三只脚是因为它们会摔倒。

因为这些模型被训练模仿人类书写文本中的答案，所以它们能以非常人性化的方式回答问题。当然，当莱莫因询问谷歌的大语言模型害怕什么时，他发现的也是这种情况。

大语言模型能够撰写文章并正确回答关于世界的问题，这表明它们不仅仅是重复之前见过的短语，因为它们已经捕捉到了语言意义的某些方面。比如一篇旨在说服读者不要害怕某事的文章的想法，或者狗如何走路的概念。实际上，通过阅读所有内容，这些模型展示出了对世界上许多事实和特征的相当于人类水平的理解。然而，在这些关于我们物质世界和精神世界的难题中，我们也开始发现大语言模型的局限性，它们与人类大脑中的语言有何不同，以及如果我们想让人工智能语言系统以更像人类的方式工作，我们需要对哪些智能特征进行逆向工程。

没有内在世界的语言

GPT–3 接受的是逐字、逐句、逐段的测试。在这个漫长的训练过程中，它试图预测这些长长的单词流中的下一个单词。每一次预测，它庞大的神经网络的权重都会稍微向正确答案靠拢。重复这个过程无数次，最终 GPT–3 可以根据先前的句子或段落自动预测下一个单词。原则上，这至少捕捉到了人类大脑中语言运作的一些基本方面。想想看，你在预测以下短语中的下一个符号时是多么的自然：

· 1+1= ________。
· 玫瑰是红色的，紫罗兰是________。

你已经无数次地看过类似的句子，所以你大脑新皮质的机制会自动预测下一个单词是什么。然而，GPT–3 令人印象深刻的地方并不在于它只能预测它看过 100 万次的序列中的下一个单词——这只需要记住句子就能做到。令人印象深刻的是，GPT–3 可以接受一个它从未见过的全新序列，并仍然准确地预测下一个单词。这同样清楚地捕捉到了人类大脑所能________到的一些事情。

你能预测出横线中应该填“做”吗？我猜你可以，即使你从未见过一模一样的句子。我想说的是，GPT–3 和负责语言的新皮质区域似乎都在进行预测。它们都能概括过去的经验，将其应用于新句子，并猜测接下来会出现什么。

GPT–3 和类似的语言模型表明，如果给予足够的学习时间，神经网络可以合理地捕捉语法、句法和语境的规则。然而，尽管这说明预测是语言机制的一部分，但这是否意味着预测就是人类语言的全部呢？试着完成以下 4 个问题：

· 如果 3x+1=3，那么 x= ________。
· 我在没有窗户的地下室，望向天空，我看到________。
· 他把棒球扔到我头上方 100 英尺的地方，我伸手去接，跳了起来，然后________。
· 我从纽约尽可能快地开车前往洛杉矶。在经过芝加哥 1 小时后，我终于________。

在这里，情况有所不同。在第一个问题中，你可能在回答问题之前停顿了一下，进行一些心算。而在其他问题中，你可能，哪怕只有一瞬间停顿了一下，想象自己在地下室向上看，然后意识到你会看到的是天花板。或者你想象自己试图接住头上方100英尺的棒球。或者你想象自己经过芝加哥1小时后，试图在脑海中的美国地图上找到你会在哪里。对于这类问题，你大脑中发生的事情不仅是自动预测单词那么简单。

当然，我们已经探索过这种现象，这就是模拟。在这些问题中，你正在构建一个内部模拟，要么是在一系列代数运算中改变数值，要么是一个三维的地下室。问题的答案只能在你内部模拟世界的规则和结构中找到。

我向GPT–3提出了同样的4个问题，以下是它的回答（GPT–3的回答用下划线表示）：

- 如果3x+1=3，那么x=<u>1</u>。
- 我在没有窗户的地下室，望向天空，我看到<u>一束光，我知道它是一颗星星，我感到很开心</u>。
- 他把棒球扔到我头上方100英尺的地方，我伸手去接，跳了起来，然后<u>接住了。真是太有趣了！</u>
- 我从纽约尽可能快地开车前往洛杉矶。在经过芝加哥1小时后，我终于<u>看到了太平洋</u>。

这4个回答都表明，截至2022年6月，GPT–3甚至无法理解世界如何运作的简单方面。如果3x+1=3，那么x等于2/3，而不是1。如果你在地下室里仰望天空，你会看到天花板，而不是星星。如果你试图接住你头上方 100 英尺的球，你是接不住的。如果你从纽约开车去洛杉矶，1 小时前经过芝加哥，你还到不了海边。GPT-3 的回答缺乏常识。

我的发现并不令人惊讶或新奇。众所周知，包括这些新型超级语言模型在内的现代人工智能系统在处理这类问题时都会遇到困难。但这就是问题的关键：即使是在整个互联网语料库训练过的模型，其服务器成本高达数百万美元（占用某个服务器场的大量计算机空间），仍然难以回答常识性问题，而这些问题不过是中学生水平。

当然，通过模拟来推理事物也存在问题。假设我问你这个问题：

汤姆性格温顺，喜欢独处。他喜欢轻柔的音乐，戴眼镜。汤姆更可能从事哪种职业？

1. 图书管理员

2. 建筑工人

如果你和大多数人一样，你可能会回答图书管理员。但这是错误的。人类往往忽略基础比率——你有没有考虑过建筑工人与图书管理员的基础数量？建筑工人的数量可能是图书管理员的 100 倍。因此，即使 95% 的图书管理员性格温顺，而只有 5% 的建筑工人性格温顺，性格温顺的建筑工人的数量仍然远多于性格温顺的图书管理员。因此，如果汤姆性格温顺，他更有可能是一名建筑工人，而不是图书管理员。

大脑新皮质通过构建一个内部模拟来进行工作，这是人类推理事物的倾向，也解释了为什么人类会一致答错这类问题。我们会想象一个性格温顺的人，然后将其与想象中的图书管理员和想象中的建筑工人进行比较。这个温顺的人看起来更像谁？图书管理员。行为经济学家将此称为“代表性启发”。这是许多无意识偏见的起源。如果你听到有人抢劫你朋友的故事，你会情不自禁地想象抢劫的场景，并且不可避免地构想出抢劫者的形象。抢劫者在你看来长什么样？他们穿着什么衣服？他们是什么种族？他们多大了？这就是通过模拟进行推理的缺点——我们会填补角色和场景，常常忽略事物之间的真正因果和统计关系。

在需要模拟的问题中，人类大脑中的语言与 GPT–3 中的语言存在分歧，数学就是一个很好的例子。数学的基础始于声明式标签。你举起两根手指、两块石头或两根棍子，与学生一起集中注意力，并将其标记为 2。你用 3 个同样的东西进行同样的操作，并将其标记为 3。正如动词（如跑和睡）一样，在数学中，我们对运算（如加法和减法）进行标记。因此，我们可以构建表示数学运算的句子：3+1。

人类学习数学的方式与 GPT–3 学习数学的方式不同。事实上，人类学习语言的方式也与 GPT–3 学习语言的方式不同。孩子并不是简单地听取无尽的词语序列，直到他们能够预测接下来会发生什么。相反地，大人向孩子展示一个物体，让他们通过一种固有的、非言语的机制来共享注意力，然后给这个物体命名。语言学习的基础不是序列学习，而是将符号与儿童已有的内部模拟的组成部分联系起来。

人类大脑可以通过心理模拟来检查数学运算的答案，但 GPT–3 却做不到这一点。如果你用手指进行 3+1 运算，你会发现你得到的总是之前被标记为“4”的那个东西。

你甚至不需要在真实的手指上进行这样的检查，你可以想象这些运算。通过模拟来找到事物答案的能力依赖这样一个事实，即我们的内部模拟是对现实的准确呈现。我首先在脑海中想象将 1 根手指加到 3 根手指上，然后在我的脑海中数手指，那么我数到的是 4 根手指。在我想象的世界中，没有理由必须这样做。但事实就是如此。同样地，当我问你看向地下室天花板时看到了什么的时候，你能够正确回答，是因为你在脑海中构建了遵循物理定律的三维房屋（你无法透过天花板看到东西），因此对你来说，地下室的天花板必然在你和天空之间，这是显而易见的。新皮质在文字出现之前就已经进化出来了，它已经被连接成一个模拟世界，能够捕捉到实际世界中一套令人难以置信的庞大而精确的物理规则和属性。

公平地说，GPT–3 实际上能够正确回答许多数学问题。GPT–3 能够回答 1+1= ________，是因为它已经看到过这个序列上亿次。当你不用思考就回答同样的问题时，你的回答方式与 GPT–3 相同。但是，当你思考为什么 1+1= ________，当你再次通过想象将一个东西与另一个东西相加，然后得到两个东西来证明给自己看时，你就以 GPT–3 无法做到的方式知道了 1+1=2。

人类大脑既包含语言预测系统，也包含内部模拟系统。证明我们同时拥有这两个系统的最佳证据，是那些将这两个系统相互对立的实验。以认知反射测试为例，该测试旨在评估某人抑制其反射性反应（如习惯性的词语预测）并主动思考答案（如调用内部模拟进行推理）的能力。

问题一：一个球拍和一个球总共花费了 1.1 美元。球拍比球贵 1 美元。球的价格是多少？

如果你和大多数人一样，你的本能是不假思索地回答 10 美分。但如果你仔细思考这个问题，你会意识到回答错误，答案是 5 美分。类似情况如下：

问题二：如果 5 台机器需要 5 分钟来制造 5 个小部件，那么 100 台机器制造 100 个小部件需要多长时间？

同样地，如果你和大多数人一样，你的本能反应可能是 100 分钟，但如果你仔细思考，你会意识到答案仍然是 5 分钟。

事实上，截至 2022 年 12 月，GPT–3 在回答这两个问题时都犯了同样的错误，和大多数人的回答一样，GPT–3 给出的第一个问题的答案是 10 美分，第二个问题的答案是 100 分钟。

关键是，人类大脑有一个用于预测词语的自动系统（这个系统至少在原则上与 GPT–3 等模型相似），以及一个内部模拟系统。人类语言之所以强大，很大程度上并不是因为其语法，而是因为它能够为我们提供必要的信息，让我们能够对其进行模拟。至关重要的是，人类能够使用这些词语序列来与其他人构建相同的内部模拟。

回形针问题

哲学家尼克·博斯特罗姆（Nick Bostrom）在其 2014 年出版的著作《超级智能：路线图、危险性与应对策略》中提出了一个思想实验。假设一个超级智能且服从命令的人工智能，被设计用来管理工厂生产，它收到了一个命令："用最大产能生产回形针。"那么这个人工智能可能会怎么做呢？

它可能会先从优化工厂内部运营开始，就像任何工厂经理可能会做的那样：简化流程、批量订购原材料以及自动化各种步骤。但是，最终这个人工智能会达到通过这些温和的优化所能挤出的生产极限。接着，它会将目光投向更极端的生产改进上，或许会将附近的住宅建筑改造成工厂车间，或许拆解汽车和烤面包机来获取原材料，或许强迫人们工作越来越长时间。如果这个人工智能真的超级智能，我们人类将没有办法超越或阻止这种不断升级的回形针生产。

这样的结果将是灾难性的。用博斯特罗姆的话来说，这会导致人工智能"首先将地球，然后将越来越多可以观测到的宇宙部分，都转化成回形针"。这种想象中的人类文明消亡，并非由于这个超级智能的人工智能有任何恶意，它完全遵从了人类发出的命令。然而，很明显，这个超级智能的人工智能未能捕捉到人类智能的某种概念。

这被称为"回形针问题"。人类在用语言相互交流时，词汇本身无法承载无穷无尽的假设。我们通过别人所说的话来推断他们的真实意图。人类能够轻易推断出，当有人要求我们用最大产能生产回形针时，那个人并不是指"把地球变成回形针"。这种看似显而易见的推断，实际上相当复杂。

当一个人提出像"用最大产能生产回形针""对里马好一点儿""吃早餐"这样的请求时，他实际上并没有提供一个明确的目标。相反，双方都在猜测对方脑中的想法。请求者模拟了一个期望的结束状态，可能是高利润、里马的快乐，或是一个吃饱的健康孩子，然后请求者试图将这种期望的模拟通过语言传达给另一个人。倾听者则必须根据请求者说的话来推断其意图。倾听者可以假设请求者不希望他违法或做任何会导致负面新闻的事情，或向里马宣誓终身效忠，或不限量地吃早餐直到撑死。因此，即使完全服从，一个人选择的路径也包含着远比命令本身更微妙和复杂的约束。

或者，让我们考虑语言学家史蒂芬·平克提出的另一个例子。假设你无意中听到了以下对话：

鲍勃："我要离开你了。"

爱丽丝："她是谁？"

如果你听到这段话并稍微思考一下，就会明白这段对话的意思：鲍勃因为另一个女人要和爱丽丝分手。爱丽丝的回应"她是谁？"似乎与鲍勃的陈述完全不相干，令人摸不着头脑。然而，当你想象鲍勃为什么会说"我要离开你了"，以及爱丽丝为什么会回应"她是谁？"时，这段对话以及可能的背景故事就开始在你的脑海中成形了。

人类通过灵长类动物的思维技巧"心智化"来做到这一切，就像我们能够构建一个内心的三维世界一样，我们也可以构建一个关于他人心灵的模拟，来探索不同行为会让人产生怎样的感觉。当我被告知要用最大产能生产回形针时，我可以探索可能的结果，并模拟我认为另一人心里对此会有什么样的感受。当我这样做时，很明显，如果我把地球变成回形针，那个人会不高兴。当我这样做时，很明显就能理解为什么爱丽丝会问"她是谁？"。

心智化与语言的交织无处不在。每一次对话都建立在模拟与你交谈的其他人的心理基础之上，也就是猜测一个人所说的话是什么意思，并猜测应该说什么来尽可能让对方理解你的意图。

心智化与语言之间的关系甚至可以在大脑中看到。韦尼克区很可能是人们学习和储存词汇的地方，就位于灵长类动物心智化区域的中心。确实，左侧灵长类动物感觉皮质的一个特定分区（被称为“颞顶联合区”）专门用于模拟他人的意图、知识和信念，它与韦尼克区完全重叠。正如我们所知，韦尼克区是人们理解和产生有意义语言所必需的。

与此一致的是，儿童的心智化技能与语言技能之间存在着密切的联系。在学龄前儿童中，语言技能的发展与心智化任务（如错误信念测试）中的表现之间存在显著的相关性。损害心智化的疾病也会导致语言上产生类似的障碍。

我们能够操纵他人的心灵，是因为语言似乎直接建立在我们内部模拟的直接窗口之上。直接听到句子会自动触发特定的心理图像。这就是为什么如果有人正在说让我们感到不安的话，我们不能仅仅选择不听，而是必须捂住耳朵，否则无论我们喜欢与否，这些话语都会直接触发我们的模拟。

但等一下，GPT-4 呢？

2023 年 3 月，OpenAI 发布了全新升级的大语言模型 GPT-4。GPT-4 的工作原理与 GPT-3 大致相同——它完全基于先前的单词序列来预测下一个单词。但与 GPT-3 不同的是，GPT-4 是一个更大的模型，训练时使用了更多的数据。

神奇的是，本章设计的每个问题，原本是为了展示 GPT-3 在常识和生理直觉方面的缺陷，但 GPT-4 都完美地回答了这些问题。GPT-4 知道如果你在地下室向上看，你会看到天花板而不是天空。GPT–4 知道如果有人在你头上 100 英尺的地方扔一个棒球，你是无法接住的。GPT–4 甚至能够回答像“萨莉 – 安测试”这样的心智理论问题。

GPT–4 是如何做到的呢？ OpenAI 并没有为 GPT–4 添加内部世界模型或建模他人思维的能力。相反，针对 GPT–3 在常识和推理问题上的频繁错误，OpenAI 开始专门针对常识和推理问题对 GPT–4 进行训练。他们采用一种叫作“人类反馈强化学习”的技术，当 GPT–4 回答错误时，人类会对其进行惩罚；当它回答正确时，则给予奖励。他们甚至强制 GPT–4 以特定的方式回答某些问题，以提高其性能。例如，OpenAI 训练 GPT–4 通过写出每个步骤来思考常识问题，这是一种被称为“思维链提示”的技巧。事实上，对比 GPT–3 和 GPT–4 各自回答以下问题的方式，就可以看出明显的差异（见表 22.1）。

我问：“一个球拍和一个球总共花费了 1.1 美元。球拍比球贵 1 美元。球的价格是多少？”

表 22.1　GPT–3 和 GPT–4 的答案

GPT–3	GPT–4
这个球的价格是 10 美分，因为如果球拍比球贵 1 美元，而球拍和球的总价是 1.1 美元，那么球的价格必须是 1 美元减去 1.1 美元，等于 10 美分 （错误）	我们假设球的价格为 x。那么，由于球拍比球贵 1 美元，球拍的价格就是 x + 1。两者的总价是 1.1 美元。因此，我们可以建立以下方程：x（球的价格）+（x + 1）（球拍的价格）= 1.1。将 x 项合并，我们得到 2x + 1= 1.1。现在，我们将从两边减去 1，2x = 0.1。最后，我们将两边都除以 2，x = 0.05。所以，球的价格是 0.05 美元，即 5 美分 （正确）

训练 GPT-4 不仅能预测答案，还能预测推理答案的下一步，该模型开始展现出思维涌现的特性，尽管它实际上并没有思考（至少不是以人类通过模拟世界进行思考的方式）。

尽管 GPT-4 正确回答了本章提到的较简单的问题，但你仍然可以找到许多 GPT-4 在常识和心智理论问题上的漏洞。通过用更复杂的问题深入探究，我们可以看到 GPT-4 缺乏世界模型。但是，找到这些例子的过程变得越来越困难。在某种程度上，这已经成为一个"打地鼠"游戏。每当怀疑者发布一些大语言模型错误回答常识问题的例子时，像 OpenAI 这样的公司就会将这些例子用作下一次更新大语言模型的训练数据，从而使模型能够正确回答这些问题。

事实上，这些模型的庞大规模，以及训练它们的海量数据，在某种程度上掩盖了大语言模型与人类思考方式之间的根本差异。计算器进行算术运算的能力超过了人类，但仍然缺乏人类对数学的理解。即使大语言模型能够正确回答常识和心智理论问题，也并不意味着它们会以相同的方式对这些问题进行推理。

正如杨立昆所说："大语言模型较弱的推理能力在一定程度上被其庞大的联想记忆能力所弥补。它们有点儿像那些通过死记硬背学习材料，但并未对底层现实真正建立起深刻心智模型的学生。"确实，这些大语言模型就像超级计算机一样，拥有巨大的存储容量，它们阅读的图书和文章数量远超过单个大脑在上千次生命周期中能够消化的数量。因此，看似具备常识推理能力的过程实际上更像是在庞大的文本语料库中进行模式匹配。

然而，这些大语言模型仍然是一次令人难以置信的进步。大语言模型最令人惊奇的成功之处在于，它们似乎相当了解这个世界，尽管它们只接受语言训练。大语言模型能够正确地推理物理世界，尽管它们从未经历过这个世界。就像军事密码分析员解码加密消息背后的意义，在原本毫无意义的乱码中寻找其中的模式和意义一样，这些大语言模型能够通过扫描我们独特的人类思维传递代码的全部语料库，来揭示它们从未见过、听过、触摸过或体验过的世界。

通过为这些语言模型提供更多数据，继续扩大它们的规模，可能（甚至不可避免地）使它们更好地回答常识和心智理论问题。[①] 但是，如果不将外部世界的内部模型或他人思维的模型融入其中（不进行模拟和心智化的突破），这些大语言模型将无法捕捉到人类智能的本质。而且，我们采用大语言模型的频率越高（我们将其用于决策的情况越多），这些微妙的差异就变得越重要。

在人类大脑中，语言是通往我们内部模拟的窗口，是通往我们精神世界的接口。它建立在我们能够模拟和推理他人思维的基础上——推断他们的意图，并精确找出哪些词语能在他们心中产生预期的模拟。我想大多数人都会同意，未来的类人人工智能不会是大语言模型，语言模型只是通往更高级智能的一扇窗。

① 以及直接将其他模态融入这些模型中。事实上，像GPT-4这样的新的大语言模型现在已经被设计为“多模态”，即除了文本，它们还接受图像训练。

第五次突破总结：语言

早期人类陷入了一场不太可能发生的“连锁反应”。非洲草原上日渐消亡的森林将早期人类推向了一个制造工具、以肉为食的生态位，这个生态位需要准确地将使用工具的技能代代传承下去。原始语言开始出现，令使用和制造工具的技能能够成功地跨代传播。使语言得以产生的神经变化并不是一种新的神经结构，而是对更古老结构的调整，这种调整创造了一个语言学习程序。这个程序包括原始对话和共享注意力，使儿童能够将名称与其内部模拟的组成部分联系起来。通过这一课程训练，新皮质较老的区域被重新用于语言。

从这时起，人类开始尝试与毫不相关的人一起使用这种原始语言，由此形成了一个由八卦、利他主义和惩罚措施组成的反馈循环，不断促使人们发展更复杂的语言技能。随着社会群体的扩大，思想开始在人们之间传播，人类的集体智慧逐渐形成，为思想在不同代际间传播和积累创造了一个短暂而灵活的媒介。这要求人类拥有更大的大脑来储存和分享更多的知识积累。也许正是出于这个原因（或者它促成了这一变化），人类发明了烹饪，提供了巨大的热量盈余，使得大脑的体积能够扩大到原来的 3 倍。

因此，在这场连锁反应中，人类大脑进化历程中的第五次也是最后一次重大突破——语言，应运而生。伴随语言的产生，人类拥有了众多特质，从无私到无情。如果说什么真正让人类独一无二，那就是人类的思想不再孤立存在，而是通过漫长历史中积累的思想与他人紧密相连。

结　论

第六次突破

大约在 100 万年前，随着现代人类大脑的出现，人类长达 40 亿年的进化故事终于画上了句号。回首过去，我们可以开始描绘一幅图景或一个框架，来展现人类大脑和智能的形成过程。我们可以将这些故事整合到我们前五次突破的框架中。

第一次突破是转向：通过区分外界刺激的好坏，从而趋利避害地进行导航。大约 6 亿年前，原本具有径向对称神经元的类珊瑚动物逐渐演化成两侧对称动物。这种两侧对称的身体结构将导航决策简化为二元的转向选择，神经网络被整合成第一个大脑，使具有相反效价的信号能够被整合成单一的转向决策。多巴胺和血清素等神经调质使持续的状态能够更有效地重新定位并局部搜索特定区域。联想学习使这些古老蠕虫能够调整各种刺激的相对效价。在这个最早的大脑中出现了动物的早期情感模板：快乐、痛苦、满足和压力。

第二次突破是强化：通过学习来重复历史上带来正面价值的行为，并抑制带来负面价值的行为。在人工智能领域，这可以被视为无模型强化学习的突破。大约 5 亿年前，一个古老的两侧对称动物的分支逐渐进化出了脊椎、眼睛、鳃和心脏，成为最早的脊椎动物，它们与现代鱼类最为相似。它们的大脑也逐渐形成了所有现代脊椎动物大脑的原型：大脑皮质负责识别模式和构建空间地图，基底神经节则进行试错学习。这两个结构都建立在下丘脑中更古老的效价机制遗迹之上。这种无模型强化学习带来了一系列熟悉的智力和情感特征：从缺失中学习、时间感知、好奇心、恐惧、兴奋、失望和宽慰。

第三次突破是模拟：在精神上模拟刺激和行为。大约 1 亿年前，在我们大约 4 英寸长的哺乳动物祖先中，我们脊椎动物祖先的皮质亚区域逐渐演变成了现代的新皮质。这种新皮质使动物能够在内部模拟现实，进而使它们能够在实际行动之前，通过想象向基底神经节展示应该做什么——这就是通过想象来学习。这些动物逐渐发展出了规划的能力，这使得这些小型哺乳动物能够重新演绎过去的事件（即情景记忆）并思考过去事件的不同可能性（即反事实学习）。运动皮质的后续进化使动物不仅能够规划整体导航路线，还能规划具体的身体动作，从而赋予这些哺乳动物独特而高效的精细运动技能。

第四次突破是心智化：建立自己的思维模型。大约在 1000 万至 3000 万年前，早期灵长类动物的新皮质中进化出了新区域，建立了对旧哺乳动物新皮质区域的模型。这意味着这些灵长类动物不仅能够模拟行为和刺激（像早期的哺乳动物一样），还能够模拟自己具有不同意图和认知的心理状态。这些灵长类动物随后能够利用这一模型来预测自己的未来需求，理解他人的意图和认知（即心智理论），并通过观察来学习技能。

第五次突破是语言：通过命名和语法，语言将我们的内部模拟联系在一起，使得思想能够跨代积累。

每一次突破都只有在先前构建的基础上才得以实现。转向功能的出现，是因为神经元的进化为其提供了可能。强化学习之所以可能，是因为它建立在已经进化出的效价神经元之上；而没有效价信号，强化学习就无法开始。模拟之所以可能，是因为基底神经节中的试错学习机制先前已经存在。如果没有基底神经节支持试错学习，那么想象的模拟就无法影响行为。正因为脊椎动物中试错学习的进化，替代性试错行为才会在哺乳动物中出现。心智化之所以可能，是因为模拟先于它出现。心智化只是模拟新皮质中较老的哺乳动物部分，即将相同的计算过程转向内部。而语言之所以可能，是因为心智化先于它出现。如果不能理解他人内心的意图和认知，我们就无法准确判断该如何有效地传达自己的想法，更无法洞悉他人话语背后所蕴含的真正含义。如果没有推断他人认知和意图的能力，就无法参与至关重要的共享注意力过程，这是教师为学生指明学习对象所必需的环节。

迄今为止，人类的历史可以分为两大篇章。第一篇是进化的篇章，讲述现代人类如何从宇宙中的原始无生命物质中演化而来。第二篇是文化的篇章，描述大约 10 万年前，社会性的现代人类如何从生物学上大体相同但文化上尚处于蒙昧状态的祖先中逐步崛起、发展。

尽管进化篇跨越了数十亿年的漫长岁月，但我们在历史课上学习的绝大部分内容，却是在文化篇中相对较短的时间内展开的——所有的文明、技术、战争、发现、戏剧、神话、英雄与反派，都在这段与进化篇相比犹如一眨眼的时间里一一上演。

10 万年前的智人个体，其脑海中承载着宇宙中最令人叹为观止的奇迹之一，这是历经 10 多亿年（尽管并非刻意为之）艰苦卓绝的进化之路所铸就的辉煌成果。她，稳坐食物链之巅，手握长矛，身披手工编织的衣物，驯服火焰，征服无数巨兽，毫不费力地展现着众多智慧成就。然而，她对自身这些神秘的能力从何而来，一无所知，更无法预见，她的智人后代将会踏上一段何等宏大、悲壮而又充满奇迹的旅程。

如今，你正在阅读这本书。无数几乎难以想象的事件汇聚在一起，才迎来了这一刻：从热液喷口中涌现的第一个冒泡细胞，到单细胞生物间的首次捕食之战；从多细胞生物的诞生，到真菌与动物的分化；从祖先珊瑚中首个神经元和反射的出现，到古老两侧对称动物中首个具有效价和情感、具备联想学习能力的大脑的诞生；从脊椎动物的崛起，到对时间、空间、模式和预测的掌控；从微小哺乳动物在躲避恐龙的喘息中诞生的模拟能力，到树栖灵长类构建政治体系和心智化的过程；从早期人类语言的诞生，到数不尽的想法在数十亿具有语言功能的人类大脑中孕育、调整与毁灭，这一切贯穿了过去的数十万年。这些想法的积累达到了惊人的程度，使得现代人类能够在电脑上打字、书写文字、使用手机、治愈疾病，甚至能够按照自己的形象构建全新的人工智能。

进化仍在如火如荼地展开，我们正站在关于智能的故事起点，而非终点。地球上的生命仅有 40 亿年的历史，而我们的太阳还要再过 70 亿年才会熄灭。因此，至少在地球上，生命还有大约 70 亿年的时间去探索新的生物智能形式。如果地球上的原始分子仅用 45 亿年就演变成了人类的大脑，那么在接下来的 70 亿年中，智能又能达到怎样的高度呢？假设生命能够以某种方式走出太阳系，或者至少在宇宙的其他空间独立出现，那么进化将有更多的时间来施展它的魔力：在宇宙扩张到无法再形成新恒星的 1 万亿年之前，以及最后一个星系解体前的千万亿年之前，进化的时间将会无比漫长。很难想象，我们这个有着 140 亿年历史的宇宙其实还非常年轻。如果将我们宇宙千万亿年的历程压缩成一年，那么我们会发现，今天的我们正处于这一年的第 7 分钟，甚至还没有迎来第一天的黎明。

如果我们现代对物理学的理解是正确的，那么在大约千万亿年之后，当最后一个星系最终解体，宇宙将开始它缓慢的无意义消逝过程，最终走向不可避免的热寂。这是熵增这一不可逆转趋势的不幸结果，是宇宙中那股原始而无法阻挡的力量，而第一批能够自我复制的 DNA 分子在 40 亿年前便开始与之较量了。通过自我复制，DNA 找到了抵抗熵增的喘息机会，它存在于信息而非物质之中。自第一串 DNA 之后的所有进化创新，都秉承了这一精神——持久存在的精神，与熵增抗争的精神，拒绝消逝于无形的精神。在这场伟大的战斗中，通过语言在人类大脑中流传的思想，是生命最新的但不是最后的创新。我们仍然立于山脚之下，只是迈出了通向某处的漫长阶梯上的第五步而已。

当然，我们不知道第六次突破会是什么，但它似乎越来越有可能是超级智能的出现——我们后代在硅基中的出现，实现智能载体从生物媒介到数字媒介的转变。在这个新的媒介中，单一智能的认知能力将实现天文级的扩展。人类大脑的认知能力受到神经元处理速度、人体热量以及大脑能在碳基生命形式中达到的最大尺寸等因素的严重限制。第六次突破将是智能摆脱这些生物限制的时刻。基于硅的人工智能可以根据需要无限扩大其处理能力。

实际上，随着人工智能能够自由复制和重新配置自身，个体性将失去其明确的界限。随着生物交配机制被新的基于硅的机器训练和构建新智能实体的机制所取代，亲子关系也将获得新的意义。甚至进化本身也将被抛弃，至少在其为人们所熟知的形式上，智能将不再被遗传变异和自然选择的缓慢过程所束缚，而是由更基本的进化原则，即最纯粹的变异和选择原则所驱动——当人工智能重构自身时，那些选择支持更佳生存特征的人工智能当然会存活下来。

无论接下来演化出何种智能策略，它们肯定会被打上人类智能的烙印。尽管这些超级人工智能的基础媒介已经摆脱大脑的生物局限，但这些实体仍将不可避免地建立在之前五次突破的基础之上。这既是因为这五次突破构成了人类创造者智能的基石（创造者必然会在其作品中留下自己的印记），也是因为在初始阶段，这些超级智能将被设计用来与人类互动，因此它们将被赋予人类智能的再现，至少是某种程度的镜像反映。

我们站在人类智能发展史上第六次突破的悬崖边上，即将掌控生命起源的过程，并孕育出超级智能的人工生命体。伫立在这个悬崖边上，我们面临着一个非常不科学的问题，但实际上，这个问题却远比科学问题更为重要：人类的目标应该是什么？这不是一个关于真理的问题，而是关于价值观的问题。

正如我们所见，过去的选择会随着时间推移而不断产生影响。因此，我们如何回答这个问题，将会对无数个时代产生深远的影响。我们会成功跨越银河系，探索宇宙中隐藏的奥秘，构建新的智慧生命，解开宇宙的秘密，发现意识的新特征，变得更富有同情心，参与难以想象的冒险吗？还是我们会失败？我们进化过程中留下的骄傲、仇恨、恐惧和部落主义这些包袱，会让我们分崩离析吗？我们会像其他悲剧收场的进化阶段一样，只是历史长河中的匆匆过客吗？或许，在人类灭绝数百万年后，地球上的某个物种（或许是倭黑猩猩、章鱼、海豚或者孔蛛）会再次尝试攀登这座进化之山。或许，它们会发现我们的化石，就像我们发现恐龙化石那样，猜测我们曾经的生活状态，书写关于我们大脑的书，抑或更为可悲的是，我们人类可能会因破坏地球气候或发动核战争，亲手终结这个持续了 40 亿年的地球生命实验。

当我们展望这个新时代时，我们有必要回首那段长达 10 亿年的漫长历程，探寻我们大脑诞生的奥秘。随着我们逐渐获得如神一般的创造能力，我们也应从“无意识的进化过程”这位前辈那里汲取智慧。我们越深入理解自己的心智，就越能够按照我们的形象创造出人工心智。同时，对心智形成过程的理解越透彻，我们就越能够明智地选择哪些智能特征需要摒弃，哪些需要保留，哪些有待改进。

我们是这一伟大转变的中坚力量，这一转变历经 140 亿年的漫长岁月。无论我们是否愿意，宇宙已将接力棒交到了我们手中。

致　谢

撰写此书的过程，生动地诠释了人性之慷慨。若无众多善良之士的慷慨援助与坚定支持，实难想象这本书会诞生。在此，我衷心地向所有为本书提供无私帮助的人表达我最深切的感激之情。

首先，我要感谢我的妻子悉妮，她不仅为我编辑了无数篇章，还协助我攻克了许多概念上的难题。无数次她在清晨醒来的时候，发现我已经偷偷起床去读书和写作了；无数个工作日，当她下班回家时，发现我仍在书房里埋头苦干。感谢你在这本书占用了我大量精神空间时，仍然给予我坚定的支持。

我要感谢我的首批读者，他们给予了我反馈和鼓励：乔纳森·巴尔科姆、杰克·班尼特、琪琪·弗里德曼、马库斯·杰克林、达娜·纳杰尔、吉迪恩·克瓦德罗、法耶兹·马哈茂德、莎亚玛拉·雷迪、比利·斯坦、安珀·腾内尔、迈克尔·魏斯、麦克斯·温内克，当然，还有我的父母盖里·班尼特和凯茜·克鲁斯特，以及我的继母艾丽莎·班尼特。

我要特别感谢我的岳父比利·斯坦，尽管他对人工智能或神经科学没有兴趣，但他仍然尽职尽责地阅读并标注了每一页内容，对每一个概念和想法提出疑问以确保其合理性，并在结构、可读性和流畅性方面提供了宝贵的建议和指导。达娜·纳杰尔、莎亚玛拉·雷迪和安珀·腾内尔的写作经验远胜于我，他们在初稿阶段给予了我至关重要的建议。还有吉迪恩·克瓦德罗，他在人工智能历史和概念方面为我提供了有用的见解。

我非常感谢那些百忙中抽出时间回复我邮件的科学家，我在邮件中向他们提出了无数问题。他们帮助我理解了他们的研究，并思考了本书中的许多概念：查尔斯·阿布拉姆森、速不台·艾哈迈德、伯纳德·巴伦、肯特·贝里奇、库伦·布朗、埃里克·布鲁内、兰迪·布鲁诺、程肯、马修·克罗斯比、弗朗西斯科·克拉斯卡、卡罗琳·德隆、卡尔·弗里斯顿、迪利普·乔治、西蒙娜·金斯伯格、斯滕·格里纳、斯蒂芬·格罗斯伯格、杰夫·霍金斯、弗兰克·赫尔斯、伊娃·雅布隆卡、库尔特·科特沙尔、马修·拉科姆、马尔科姆·麦基弗、中岛健一郎、托马斯·帕尔、戴维·雷迪什、默里·谢尔曼、詹姆斯·史密斯和托马斯·萨登道夫。如果他们不愿意回答像我这样的陌生人的问题，我就不可能了解某个新领域。

我特别要感谢卡尔·弗里斯顿、杰夫·霍金斯和速不台·艾哈迈德，他们阅读了我早期的一些论文，慷慨地接纳了我，邀请我前往他们的实验室分享我的想法并学习他们的知识。

约瑟夫·勒杜、戴维·雷迪什和伊娃·雅布隆卡慷慨地为本书贡献了他们的时间，不仅阅读并为本书手稿的多份草稿做了注释，还针对我遗漏的概念、未考虑的文献提供了关键的反馈，并帮助我扩展了框架和故事。他们在事实上已经成了我的神经科学编辑和顾问。本书的出彩之处大都得益于他们的贡献（而对于不足之处，他们不应承担任何责任）。

本书中我最喜爱的部分之一是其中的插画，而这全都归功于才华横溢的艺术家丽贝卡·盖伦特和梅莎·舒马赫，他们绘制了书中这些精美的插图。

作为首次出书的作者，我非常感谢出版界给予我指导的人。简·弗里德曼给了我严厉但有效的反馈。作家乔纳森·巴尔科姆阅读了其中最早的草稿，并给予了反馈和鼓励。作家格里·赫尔希（Gerri Hirshey）和杰米·卡尔（Jamie Carr）分别为我的书稿提案提供了帮助，并对早期章节给出了反馈。

哈珀·柯林斯出版社的丽莎·夏基让这本书得以问世。在我决定写这本书之前，我曾与她交谈过，询问她对一个既没有写作经验又非神经科学专业的我来说，是否值得尝试写这本书。尽管这本书面临着很可能无法出版的风险，但她仍然鼓励我无论如何都要努力尝试。我深深感谢那次交谈，以及她给予的建议和支持。一年多之后，她最终决定出版这本书，这真是再合适不过了。

我要感谢我的经纪人吉姆·莱文，他仅凭一份介绍（多亏了杰夫·霍金斯）就愿意阅读这本书。吉姆在一天之内读完了整本书，并在第二天就决定为它投资。我也要感谢我的美国编辑马特·哈珀和英国编辑迈尔斯·阿奇博尔德，他们为这本书倾注了心血，帮助我修改了无数份草稿，陪我度过了写作过程中的起起伏伏。我还要感谢我的文字编辑崔西·罗，她系统地纠正了我许多拼写和语法错误。

还有一些人以不那么直接但同样重要的方式帮助了我。我多次向我的吉他老师斯蒂芬·温布尔寻求建议。我的朋友阿利·斯普拉格（她经常兼任我的教练）帮助我做出了花一年时间写这本书的决定。我的朋友道基・戈尔杰和本・艾森伯格将我介绍给了他们认识的出版界人士。我的兄弟亚当・班尼特和杰克・班尼特给我的生活带来了欢乐，并始终是我灵感的源泉。还有我的父母盖里・班尼特和凯茜・克鲁斯特培养了我对学习的热爱，教会我如何追随自己的好奇心，并告诉我做事要善始善终。

这本书的完成得益于众多先前作品的思想、故事和写作，它们从根本上塑造了这本书的形态。例如，布莱恩・克里斯汀的《人机对齐》(*The Alignment Problem*)、罗伯特・萨波尔斯基（Robert Sapolsky）的《行为》(*Behave*)、约瑟夫・勒杜的《我们自己的深刻历史》(*The Deep History of Ourselves*)、伊娃・雅布隆卡和西蒙娜・金斯伯格的《敏感灵魂的进化》(*The Evolution of the Sensitive Soul*)、多萝西・切尼（Dorothy Cheney）和罗伯特・赛法斯（Robert Seyfarth）的《猴子如何看待世界》(*How Monkeys See the World*)、戴维・雷迪什的《大脑中的思维》(*The Mind within the Brain*)、杰夫・霍金斯的《新机器智能》(*On Intelligence*) 和《千脑智能》(*A Thousand Brains*) 以及罗伯特・伯威什（Robert Berwish）和诺姆・乔姆斯基的《为什么只有我们》(*Why Only Us*) 等作品，都以其独特的方式为这本书的创作提供了重要的影响，使得其内容更加丰富和深入。

此外，还有许多教科书成为我不可或缺的重要资源。比如耶奥格・施特里特和格伦・诺斯卡特（R. Glenn Northcutt）的《穿越时间的大脑》(*Brains Through Time*)，杰拉德・施耐德（Gerald Schneider）的《大脑结构及其起源》(*Brain Structure and Its Origins*)，伊恩・古德菲勒（Ian Goodfellow）、约书亚・本吉奥（Yoshua Bengio）和亚伦・库维尔（Aaron Courville）的《深度学习》(*Deep Learning*)，

乔恩·卡斯（Jon H. Kaas）的《进化神经科学》（*Evolutionary Neuroscience*），特库姆塞·菲奇（W. Tecumseh Fitch）的《语言的进化》（*The Evolution of Language*），库伦·布朗（Culum Brown）、凯文·莱兰（Kevin Laland）和延斯·克劳斯（Jens Krause）的《鱼类认知与行为》（*Fish Cognition and Behavior*），保罗·格里姆彻（Paul Glimcher）的《神经经济学》（*Neuroeconomics*），理查德·帕辛厄姆（Richard Passingham）和史蒂芬·怀斯（Steven Wise）的《前额叶皮质的神经生物学》（*The Neurobiology of the Prefrontal Cortex*），艾克纳恩·戈德堡（Elkhonon Goldberg）的《大脑总指挥》（*The New Executive Brain*），以及理查德·萨顿和安德鲁·巴托的《强化学习》（*Reinforcement Learning*）。这些教科书不仅提供了丰富的专业知识，也为我理解大脑和神经科学的各个方面提供了宝贵的指导。

最后，我要感谢我的小狗查理。在我因长时间阅读论文和教科书而双眼模糊时，它总是通过讨要零食和调皮地撞击我，让我回过神来。此刻，当我写下这段话时，它正躺在我身旁酣睡，在梦中轻轻颤抖。它的新皮质一定在模拟着某些事物，至于具体是什么，我都无从知晓。

参考文献

为了节省纸张，您可以在 briefhistoryofintelligence.com 这个网址上找到完整的参考书目。

在撰写本书的岁月里，我阅读了无数图书、论文和期刊，其中绝大多数在注释部分被引用。下面的作品（按标题的字母顺序排列）对于确定本书的框架尤为重要。

1. Christian B. The alignment problem: How can machines learn human values?[M]. Atlantic Books, 2021.
2. Sapolsky M R. Behave: The Biology of Humans at Our Best and Worst . Penguin Press, 2017.
3. Schneider G E. Brain structure and its origins: in development and in evolution of behavior and the mind[M]. MIT Press, 2014.
4. Striedter G F, Northcutt R. G. Brains through time: a natural history of vertebrates[M]. Oxford University Press, 2019.
5. Rolls E T. Cerebral cortex: principles of operation[M]. Oxford University Press, 2016.
6. LeDoux J. The deep history of ourselves: The four-billion-year

story of how we got conscious brains[M]. Penguin, 2020.

7. Ian G,Yoshua B,et al. Deep learning[M]. The MIT Press, 2016.
8. Cisek P. Evolution of behavioural control from chordates to primates[J]. Philosophical Transactions of the Royal Society B, 2022, 377(1844): 20200522.
9. Fitch W T. The evolution of language[M]. Cambridge University Press, 2010.
10. Murray E A, Wise S P, Graham K S. the Evolution of Memory Systems: Ancestors, anatomy, and adaptations[M]. Oxford University Press, 2017.
11. Ginsburg S, Jablonka E. The evolution of the sensitive soul: Learning and the origins of consciousness[M]. MIT Press, 2019.
12. Kaas J. H. Evolutionary neuroscience[M]. Academic Press, 2020.
13. Brown C, Laland K, Krause J. Fish cognition and behavior[M]. John Wiley & Sons, 2011.
14. Arbib M A,Bonaiuto J J.From neuron to cognition via computational neuroscience[M]. MIT Press, 2016.
15. Suddendorf T. The gap: The science of what separates us from other animals[M]. Constellation, 2013.
16. Barrett L F, Campbell C,et al. How emotions are made: The secret life of the brain[J]. Pan Macmillan, 2017.
17. Cheney D L, Seyfarth R M. How monkeys see the world: Inside the mind of another species[M]. University of Chicago Press, 1990.
18. George D. How the brain might work: A hierarchical and temporal

model for learning and recognition[M]. Stanford University, 2008
19. Suddendorf T, Redshaw J, Bulley A. The invention of tomorrow: a natural history of foresight[M]. Basic Books, 2022.
20. Christiansen M H, Kirby S. Language evolution[M]. OUP Oxford, 2003.
21. Redish A D. The mind within the brain: How we make decisions and how those decisions go wrong[M]. Oxford University Press, 2013.
22. Passingham R E, Wise S P. The neurobiology of the prefrontal cortex: anatomy, evolution, and the origin of insight[M]. OUP Oxford, 2012.
23. Glimcher P W, Fehr E. Neuroeconomics: Decision making and the brain[M]. Academic Press, 2013.
24. Goldberg E. The new executive brain: Frontal lobes in a complex world[M]. Oxford University Press, 2009.
25. Hawkins J, Blakeslee S. On intelligence[M]. Macmillan, 2004.
26. Sutton R S, Barto A G. Reinforcement learning: An introduction[M]. MIT press, 2018.
27. Cisek P. Resynthesizing behavior through phylogenetic refinement[J]. Attention, Perception, & Psychophysics, 2019, 81: 2265-2287.
28. Nick B. Superintelligence: Paths, dangers, strategies[M]. Oxford University Press, 2016.
29. Hawkins J. A thousand brains: A new theory of intelligence[M]. Basic Books, 2021.

30. Terrace H S. Why chimpanzees can't learn language and only humans can[M]. Columbia University Press, 2019.
31. Berwick R C, Chomsky N. Why only us: Language and evolution[M]. The MIT Press, 2016.